高等院校“互联网+”系列精品教材

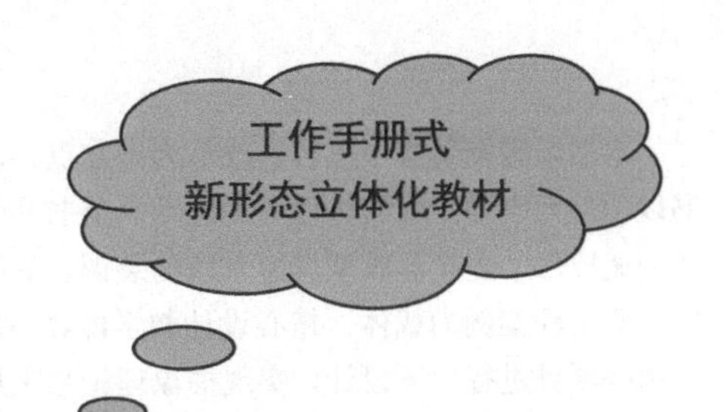

交流变频原理及应用技术

王瑜瑜　刘少军　主　编
张　芬　乔琳君　魏严锋　副主编

電子工業出版社
Publishing House of Electronics Industry
北京·BEIJING

内容简介

本书以贯彻落实“三教”改革为出发点，以本课程的在线开放课程为基础完成配套教材的开发编写。本书以项目为引导，以具体任务为驱动。全书共分4个项目，下设12个任务及29个子任务，内容包括初识变频调速技术，变频器典型调速系统的装调，变频器综合调速系统的装调及变频器的选用、安装与维护。本书以企业工程案例为载体，精心设计教学内容与项目化课程知识体系，教学项目的设计由易到难、层层递进，并围绕项目进行任务设计，实现抽象理论与工程实践的紧密结合、教学过程与工作过程的高效统一，以及知识传授与价值引领的有机融合，解决原有教材资源滞后性、单一性的问题，以及教材内容操作任务与实际应用脱节的问题。

本书为新形态立体化教材，配套开发了教学动画、微课视频、技能实训录像、指导文档、高清实物图片等学习资源，利于学习者进行线上、线下学习。

本书为高等应用型本科院校、高职高专院校各专业相应课程的教材，也可作为开放大学、成人教育、自学考试、中职学校及培训班的教材，以及工程技术人员的参考书。

本书配有免费的电子教学课件、习题参考答案和在线开放课程网站（网站提供全套的教学资源），详见前言。

图书在版编目（CIP）数据

交流变频原理及应用技术 / 王瑜瑜，刘少军主编. —北京：电子工业出版社，2021.9
高等院校“互联网+”系列精品教材
ISBN 978-7-121-36608-6

Ⅰ. ①交… Ⅱ. ①王… ②刘… Ⅲ. ①交流电机－变频调速－高等学校－教材 Ⅳ. ①TM340.12

中国版本图书馆CIP数据核字（2019）第098649号

责任编辑：陈健德（E-mail：chenjd@phei.com.cn）
印　　刷：北京七彩京通数码快印有限公司
装　　订：北京七彩京通数码快印有限公司
出版发行：电子工业出版社
　　　　　北京市海淀区万寿路173信箱　邮编　100036
开　　本：787×1 092　1/16　印张：12.75　字数：326.4千字
版　　次：2021年9月第1版
印　　次：2024年8月第5次印刷
定　　价：52.00元

凡所购买电子工业出版社图书有缺损问题，请向购买书店调换。若书店售缺，请与本社发行部联系，联系及邮购电话：（010）88254888，88258888。

质量投诉请发邮件至zlts@phei.com.cn，盗版侵权举报请发邮件至dbqq@phei.com.cn。

本书咨询联系方式：chenjd@phei.com.cn。

前　言

随着我国高等职业教育专业教学改革的不断深入，变频器应用技术课程的教学模式和内容设置都呈现职业化、实用化的特点。本课程组教师认真贯彻落实“职教二十条”文件精神，扎实推进“三教”改革，基于工作过程系统化和建构主义学习理论，按照“项目引导、任务驱动”模式编写本书。以培养学生变频调速系统的设计、安装、调试、维护的综合应用能力为目标，并以工作过程为横向行动导向，以岗位职业生涯发展为纵向目标，进行立体化教学设计，将教学内容整合为 4 个递进关系的项目。任务由简单到复杂、层层递进，实现学生从“初学者到技术骨干”的职业角色转变，在完成任务过程中实现学生综合职业能力的培养并突出职业活动的教育性，项目 1 至项目 4 在设计过程中依次融入“爱国精神”“最美精神”“职业精神”“工匠精神”4 种思政元素，力求同时达到“职业性”“教育性”的双重目的。

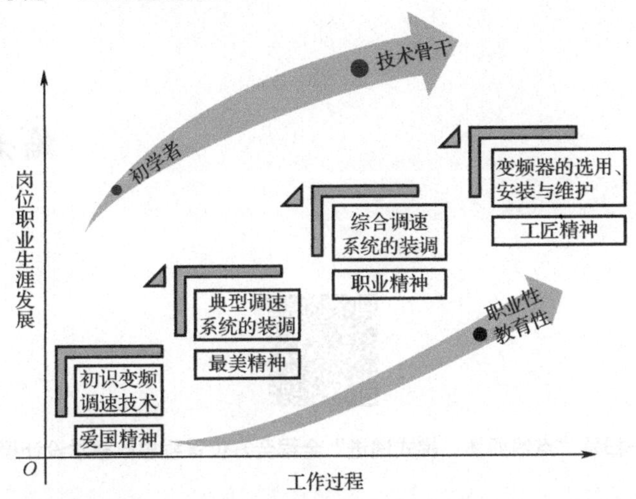

本书内容由 4 个项目、12 个任务及 29 个子任务构成，每个子任务包括“任务描述”“任务目标”“相关知识”“任务实施”“任务拓展”环节。各个任务内容在安排时突出工作过程的导向流程，提出任务实施的目的和要求；在“相关知识”部分，将任务涉及的理论知识进行梳理；在“任务实施”部分，将所讲知识加以应用；努力使教学内容以“理实一体化”的模式呈现，脱离传统单调的单向面授教学形式。

其中，项目 1 设有 2 个任务，介绍变频调速理论基础及对变频器的认识。项目 2 设有 3 个任务，介绍 MM440 变频器面板及参数设置、变频器的面板控制操作及变频器的外部端子控制操作。项目 3 设有 4 个任务，介绍变频器在离心机调速系统中的应用、变频器在送料传输系统中的应用、变频器在消防排风系统中的应用以及变频器在恒压供水系统中的应用。项目 4 设有 3 个任务，介绍变频器的选用、安装、调试与维护等。

本书由西安航空职业技术学院王瑜瑜、刘少军任主编，西安航空职业技术学院张芬、乔琳君和中航西飞民用飞机有限责任公司魏严锋任副主编。其中，王瑜瑜编写项目 3 和项目 4 的任务 4.1；刘少军编写项目 1 和项目 2 的任务 2.1；张芬编写项目 4 的任务 4.2 和任务 4.3；乔琳君编写项目 2 的任务 2.3；魏严锋编写项目 2 的任务 2.2。全书由王瑜瑜统稿，王宏军主审。

本书在编写过程中，得到了西安航空职业技术学院许多同事的关心、指导和帮助，2015 级、2016 级的多位同学提出了很多建议，同时，作者参阅了国内外大量的文献资料，在此一并表示深深的敬意和衷心的感谢！

尽管我们在探索教材特色建设方面做出了许多努力，但教材内容仍可能存在一些疏漏和不足之处，恳请读者批评指正。

为了方便教师教学，本书还配有微课视频、教学课件、习题参考答案等，请有此需要的教师扫一扫书中二维码阅览或登录华信教育资源网（http://www.hxedu.com.cn）注册后再进行下载，在有问题时请在网站留言或与电子工业出版社联系（E-mail:hxedu@phei.com.cn）。

扫一扫看“点线面体、梯式递进”全程全方位课程思政教学设计模式

目 录

本书配套核心资源说明

资源类型	对 应 内 容	数量
微课视频	变频器在自动控制系统中的应用	106
	变频器的端子认识	
	变频器的面板认识	
	变频器的端子控制操作	
	变频器频率给定线的设置	
	变频器的模拟量控制运行操作	
	变频器有效“0”的设置	
	变频器死区的设置	
	变频器多段速的实现方法	
	……	
动画	电动机 360 度展示	4
	电动机旋转原理	
	工业洗衣机运行	
	PID 控制	
文档	MM 系列变频器主要区别	22
	MM440 常见故障与报警	
	变频器主电路接线的注意事项	
	变频器控制方法比较	
	……	

资源类型	对 应 内 容	数量
教学课件	MM440 变频器参数的设置	46
	变频器故障复位	
	变频器基本调速电路	
	变频器运行数据浏览	
	变频器上下限频率的设置	
	变频器跳跃频率的设置	
	变频器加减速时间的设置	
	变频器 S 型加减速模式的设置	
	变频器开关量输入端子功能设置	
	……	
习题	变频调速理论的认知	12
	变频器的面板控制操作	
	变频器在消防排风变频系统中的应用	
	变频器调试与维护	
	……	
大赛链接	高职组“智能电梯装调与维护”赛项	3
课证对接	高级电工维修证	2
课程思政	教材整体课程思政设计、项目课程思政设计	5

项目 1

初识变频调速技术

项目概述

变频调速技术的基本原理是根据电动机转速与工作电源输入频率成正比的关系：$n=60f(1-s)/p$（式中，n、f、s、p 分别表示电动机转速、电源频率、电动机转差率、电动机磁极对数），通过改变电动机的工作电源频率达到改变电动机转速的目的。变频器就是基于上述原理采用交-直-交电源变换技术，集电力电子、微电脑控制等技术于一身的综合性电气产品。

变频调速技术已深入人们生活的每个角落，变频调速系统的控制方式包括 U/f、矢量控制（vector control，VC）、直接转矩控制（direct torque control，DTC）等。U/f 控制主要应用在低成本、性能要求较低的场合；而矢量控制主要应用在高性能变频调速系统方面。近年来随着半导体技术的发展及数字控制的普及，矢量控制的应用已经从高性能领域扩展至通用驱动及专用驱动场合，乃至变频空调、冰箱、洗衣机等家用电器。变频器已在工业机器人、自动化出版设备、机械加工工具、电梯、空气压缩机、轧钢机、风机水泵、电动汽车、起重设备等领域中得到广泛应用。半导体技术的飞速发展，使微控制单元（microcontroller unit，MCU）的处理能力愈加强大，处理速度不断提升；使变频调速系统完全有能力处理复杂的任务，实现复杂的观测控制算法，传动性能也因此达到前所未有的高度。而变频驱动主要使用脉冲宽度调制（pulse width modulation，PWM）合成驱动方式，这要求其控制器有很强的PWM生成能力。

学习导航

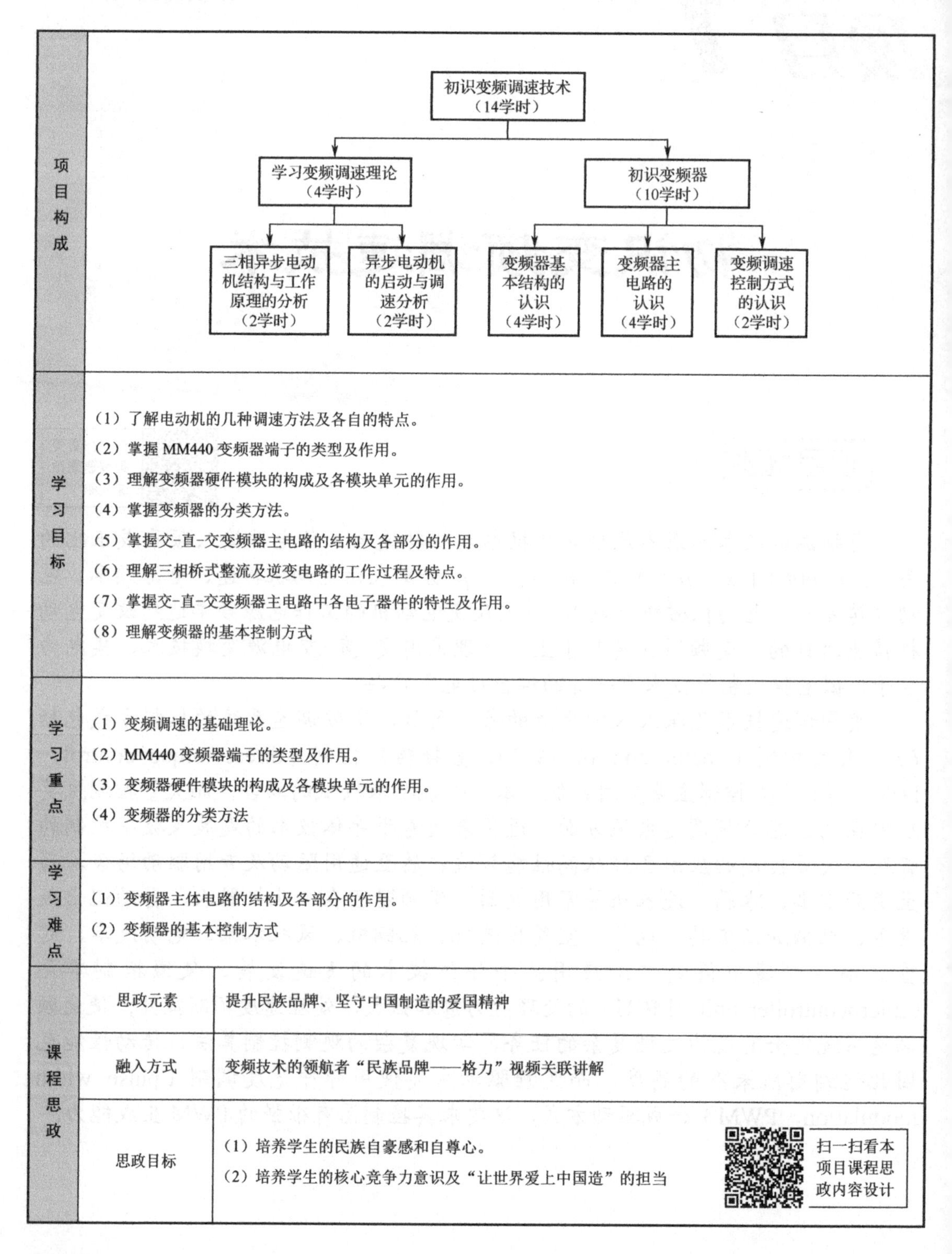

项目构成	初识变频调速技术（14学时）
	├ 学习变频调速理论（4学时）
	│ ├ 三相异步电动机结构与工作原理的分析（2学时）
	│ └ 异步电动机的启动与调速分析（2学时）
	└ 初识变频器（10学时）
	  ├ 变频器基本结构的认识（4学时）
	  ├ 变频器主电路的认识（4学时）
	  └ 变频调速控制方式的认识（2学时）	

学习目标	（1）了解电动机的几种调速方法及各自的特点。 （2）掌握MM440变频器端子的类型及作用。 （3）理解变频器硬件模块的构成及各模块单元的作用。 （4）掌握变频器的分类方法。 （5）掌握交-直-交变频器主电路的结构及各部分的作用。 （6）理解三相桥式整流及逆变电路的工作过程及特点。 （7）掌握交-直-交变频器主电路中各电子器件的特性及作用。 （8）理解变频器的基本控制方式	
学习重点	（1）变频调速的基础理论。 （2）MM440变频器端子的类型及作用。 （3）变频器硬件模块的构成及各模块单元的作用。 （4）变频器的分类方法	
学习难点	（1）变频器主体电路的结构及各部分的作用。 （2）变频器的基本控制方式	
课程思政	思政元素	提升民族品牌、坚守中国制造的爱国精神
	融入方式	变频技术的领航者“民族品牌——格力”视频关联讲解
	思政目标	（1）培养学生的民族自豪感和自尊心。 （2）培养学生的核心竞争力意识及“让世界爱上中国造”的担当 扫一扫看本项目课程思政内容设计

任务 1.1　学习变频调速理论

子任务 1.1.1　三相异步电动机结构与工作原理的分析

任务描述

交流电动机分为异步电动机和同步电动机两大类，其中异步电动机结构简单、运行可靠、维护方便、价格低廉，是电动机中应用较广泛的一种。据统计，目前在电力驱动场合中，有 90%以上的采用异步电动机；在电力系统负荷中，有 50%以上的采用三相异步电动机。因此，了解三相异步电动机具有重要意义。本任务要求按照步骤对三相异步电动机进行拆卸，记录操作中的工艺要求，对拆卸后的三相异步电动机进行内部结构认识，并分析其工作原理。

任务目标

（1）了解异步电动机的基本结构。

（2）了解异步电动机的旋转原理。

（3）掌握电动机的应用场合及选用方法。

扫一扫看电动机的应用及发展现状

扫一扫看电动机结构与工作原理微课视频

相关知识

1. 三相异步电动机的构造

三相异步电动机的两个基本组成部分为定子（固定部分）和转子（旋转部分）。此外还有端盖、风扇等附属部分，其结构解剖图和爆炸图分别如图 1-1 和图 1-2 所示。

扫一扫看三相异步电动机结构与工作原理微课视频

扫一扫看电动机 360° 展示动画

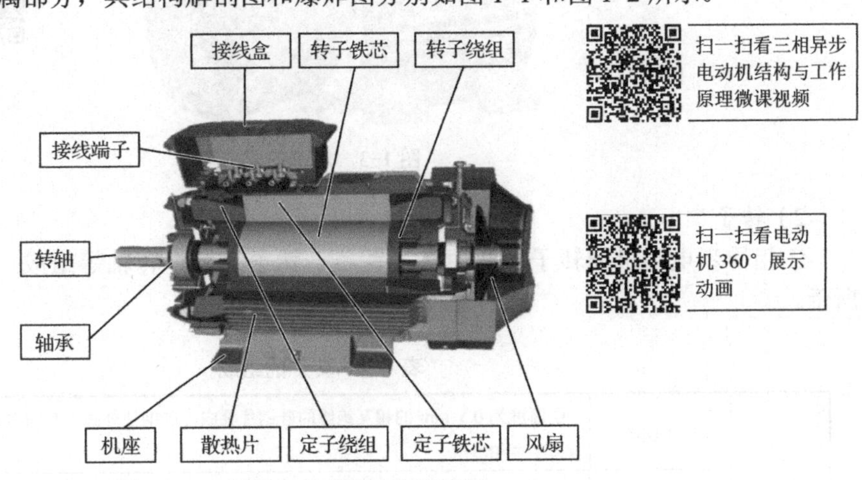

图 1-1　三相异步电动机结构解剖图

1）定子

三相异步电动机的定子由定子铁芯、定子绕组和机座三部分组成，如表 1-1 和图 1-3 所示。

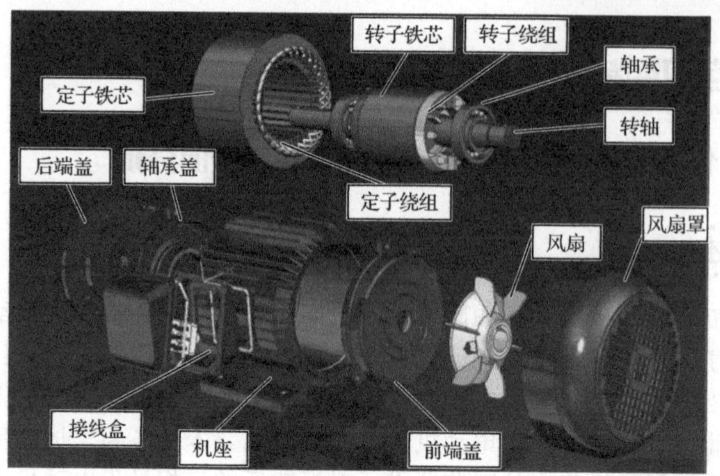

图 1-2 三相异步电动机爆炸图

扫一扫看电动机机械结构微课视频

表 1-1 定子的组成

定子	定子铁芯	由厚度为 0.5 mm 的相互绝缘的硅钢片叠成，硅钢片内圆上有均匀分布的槽，其作用是嵌放定子三相绕组 AX、BY、CZ
	定子绕组	三组用漆包线绕制好的相同线圈，被对称地嵌入定子铁芯槽内。这三组绕组可接成星形或三角形
	机座	机座用铸铁或铸钢制成，其作用是固定铁芯和绕组

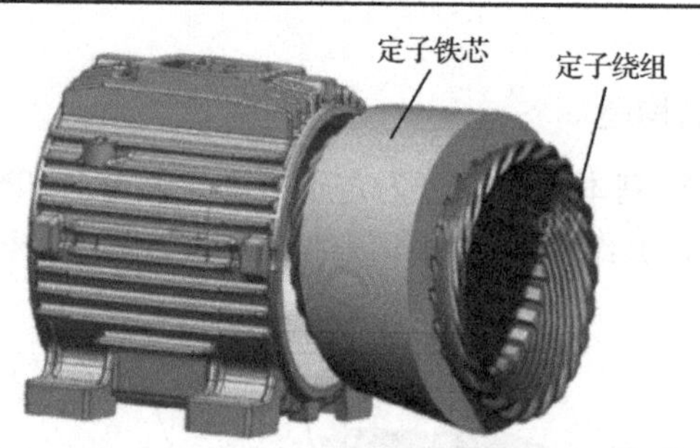

图 1-3 定子的组成

扫一扫看定子的组成微课视频

2）转子

三相异步电动机的转子主要由转子铁芯、转子绕组、转轴等组成，如表 1-2 和图 1-4 所示。

表 1-2 转子的组成

转子	转子铁芯	由厚度为 0.5 mm 的相互绝缘的硅钢片叠成，硅钢片外圆上有均匀分布的槽，其作用是嵌放转子三相绕组
	转子绕组	转子绕组有两种形式： 鼠笼式——鼠笼式异步电动机； 绕线式——绕线式异步电动机
	转轴	转轴上加机械负载

鼠笼式异步电动机由于构造简单、价格低廉、工作可靠、使用方便，成为生产上应用得较广泛的一种电动机。

为了保证转子能够自由旋转，在定子与转子之间必须留有一定的空气隙，中小型电动机的空气隙为0.2～1.0 mm。

2. 三相异步电动机的工作原理

1）基本工作原理

为了说明三相异步电动机的工作原理（如图1-5所示），做如下演示实验。

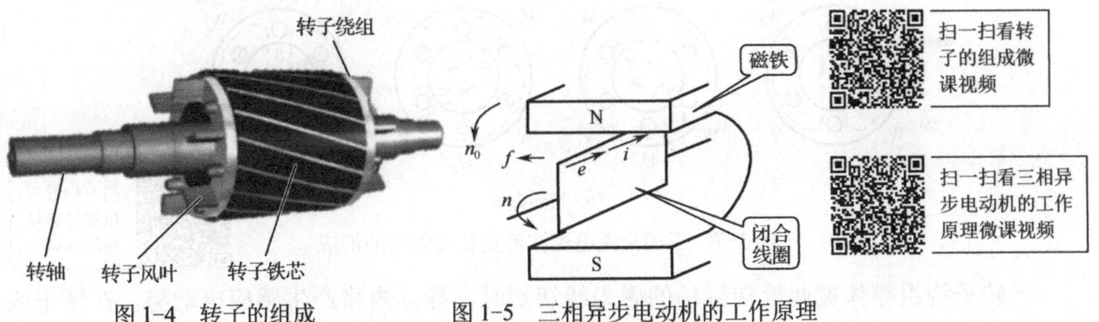

图1-4 转子的组成　　图1-5 三相异步电动机的工作原理

（1）演示实验：在装有手柄的蹄形磁铁的两极间放置一个闭合线圈，当转动手柄带动蹄形磁铁旋转时，发现线圈也跟着旋转；若改变磁铁的转向，则线圈的转向也跟着改变。其旋转原理实验示意如图1-6所示。

扫一扫看电动机旋转原理动画
转动磁铁，将引起鼠笼式转子跟着磁场一起旋转，且方向相同。磁铁转得快时，转子转得也快；磁铁转得慢时，转子转得也慢

图1-6 三相异步电动机的旋转原理实验示意

（2）现象解释：当磁铁旋转时，磁铁与闭合的线圈发生相对运动，鼠笼式线圈导体切割磁力线而在其内部产生感应电动势和感应电流。感应电流又使线圈导体受到一个电磁力的作用，于是线圈就沿磁铁的旋转方向转动起来，这就是异步电动机的基本工作原理。

（3）结论：欲使异步电动机旋转，必须有旋转的磁场和闭合的转子绕组。转子绕组转动的方向和磁极旋转的方向相同。

2）旋转磁场

三相异步电动机的定子上装有相位互差 120° 的 U、V、W 三相对称绕组，当给三相绕组 U、V、W 加上三相对称交流电压后，就产生相位互差 120° 的三相对称交流电流，其波形如图 1-7（a）所示。在 t_1～t_4 时刻的一个周期里，定子绕组产生的磁场旋转一周（360°），如图 1-7（b）所示。当电源频率 f_1=50 Hz 时，流入定子绕组的三相对称电流在电动机的气隙内产生一个转速为 $n_0=60f_1/p$（p 为电动机的磁极对数）的旋转磁场。

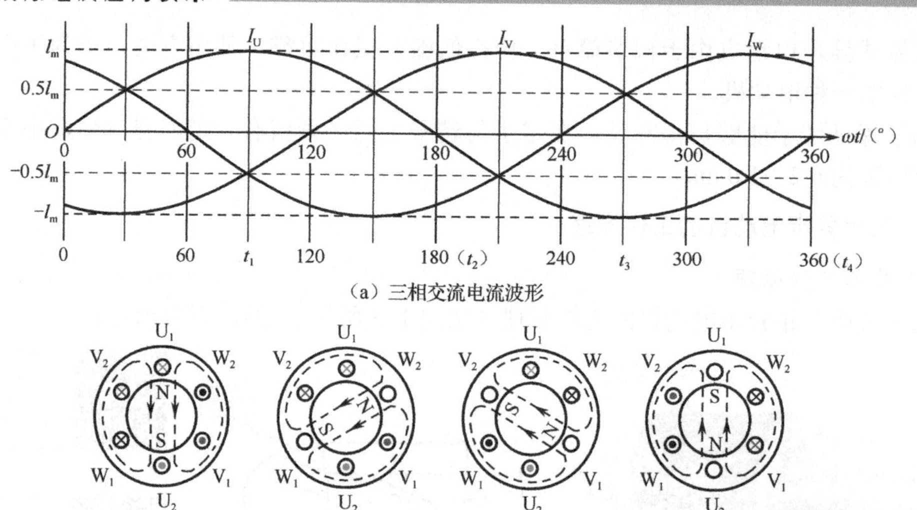

（a）三相交流电流波形

（b）旋转磁场

图 1-7 三相交流电流波形及旋转磁场的形成

扫一扫看三相旋转磁场微课视频

当转子绕组导体被此旋转磁场的磁力线切割时，导体内将产生感应电动势，在转子线圈回路闭合的情况下，转子绕组导体中就有电流流通。根据载流导体在磁场中产生电磁力的作用，用左手定则就可以判断出转子受到了一个与旋转磁场同方向的转矩。当此转矩大于转轴上的阻力矩时，转子就转动起来，这就是异步电动机的基本工作原理。

电动机转子转动的方向与旋转磁场的方向虽然相同，但它们的转速却不相等。因为如果二者相等，转子绕组导体就不可能切割磁力线，转子电动势、电流就不可能存在，当然转矩也就没有了。因此，转子转速一定要小于旋转磁场的转速，也就是说旋转磁场与转子之间存在转速差，因此人们把这种电动机称为异步电动机，又因为这种电动机的转动是建立在电磁感应基础上的，故又称为感应电动机。

如果在外力驱动作用下，转子的转速大于旋转磁场的转速，则电动机就成了发电动机。如果用 n_0 表示旋转磁场转速（也称为同步转速），n 表示电动机转轴实际转速，s 表示转差率，则

$$n_0 = \frac{60f}{p} \tag{1-1}$$

$$s = \frac{n_0 - n}{n_0} \times 100\% \tag{1-2}$$

转差率是异步电动机的一个重要的物理量。当旋转磁场以同步转速 n_0 开始旋转时，转子则因机械惯性尚未转动，转子的瞬间转速 $n=0$，这时转差率 $s=1$。当转子转动起来后，$n>0$，n_0-n 的值减小，电动机的转差率 $s<1$。如果转轴上的阻力矩加大，则转子转速 n 降低，即异步程度加大，才能产生足够大的感应电动势和电流，产生足够大的电磁转矩，这时的转差率 s 增大。反之，s 减小。在异步电动机运行时，转速与同步转速一般很接近，转差率很小。在额定工作状态下 s 为 0.01～0.06。

☆**注意**：当 $s>0$ 时，为电动机运行状态；当 $s<0$ 时，为发电动机运行状态。

扫一扫看转差率的计算

根据式（1-2），可以得到电动机的转速常用公式为：

$$n=(1-s)n_0=(1-s)\frac{60f}{p} \tag{1-3}$$

练一练：有一台三相异步电动机，其额定转速 n=975 r/min，电源频率 f=50 Hz，求电动机的磁极对数和额定负载时的转差率 s。

解：由于电动机的额定转速接近而略小于同步转速，而同步转速对应于不同的磁极对数有一系列固定的数值。显然，与 975 r/min 最相近的同步转速 n_0=1000 r/min，与此相应的磁极对数 p=3。因此，额定负载时的转差率为：

$$s=1-\frac{n}{n_0}=1-\frac{975}{1000}=0.025$$

3. 异步电动机的电磁转矩

异步电动机的电磁转矩（简称转矩）T 是由旋转磁场的每极磁通 Φ 与转子电流 I_2 相互作用而产生的。电磁转矩的大小与转子绕组中的电流 I_2 及旋转磁场的强弱有关。经理论证明，它们的关系是：

$$T=K_{\mathrm{T}}\Phi I_2\cos\phi_2 \tag{1-4}$$

式中，T 为电磁转矩，单位为 Nm；

K_{T} 为与电动机结构有关的常数；

Φ 为旋转磁场每个磁极的磁通量，单位为 Wb；

I_2 为转子绕组电流的有效值，单位为 A；

ϕ_2 为转子电流滞后于转子电动势的相位角，单位为 rad。

若考虑电源电压及电动机的一些参数与电磁转矩的关系，式（1-4）修正为：

$$T=K'_{\mathrm{T}}\frac{sR_2U_1^2}{R_2^2+(sX_{20})^2} \tag{1-5}$$

式中，K'_{T} 为常数；

U_1 为定子绕组的相电压，单位为 V；

s 为转差率；

R_2 为转子每相绕组的电阻，单位为Ω；

X_{20} 为转子静止时每相绕组的感抗，单位为Ω。

扫一扫看电磁转矩微课视频

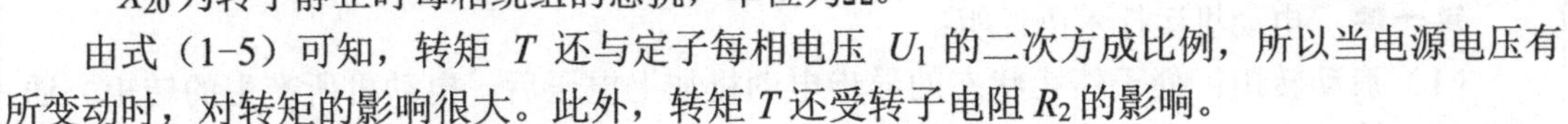

由式（1-5）可知，转矩 T 还与定子每相电压 U_1 的二次方成比例，所以当电源电压有所变动时，对转矩的影响很大。此外，转矩 T 还受转子电阻 R_2 的影响。

4. 异步电动机的机械特性曲线

在一定的电源电压 U_1 和转子电阻 R_2 下，电动机的转矩 T 与转差率 s 之间的关系曲线 $T=f(s)$ 或转速与转矩的关系曲线 $n=f(T)$，称为电动机的机械特性曲线，它可根据式（1-4）得出，如图 1-8 所示。

下面讨论机械特性曲线上的 3 个转矩。

1）额定转矩 T_{N}

额定转矩 T_{N} 是异步电动机带额定负载时转轴上的输出转矩。

$$T_{\mathrm{N}}=9550\frac{P_2}{n} \tag{1-6}$$

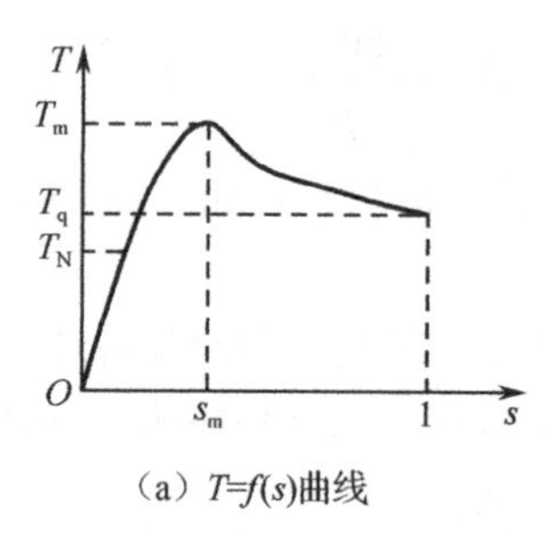

（a）$T=f(s)$曲线

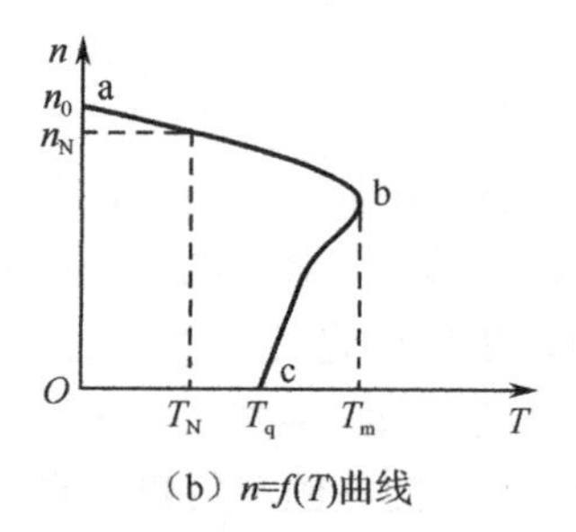

（b）$n=f(T)$曲线

图 1-8　三相异步电动机的机械特性曲线

式中，P_2为电动机转轴上输出的机械功率，单位为 kW；

n 为转速，单位为 r/min；

T_N为额定转矩，单位为 Nm。

当忽略电动机本身的机械摩擦转矩 T_0 时，阻力矩近似为负载转矩 T_L，电动机进行等速旋转运动时，电磁转矩 T 必与阻力矩 T_L 相等，即 $T=T_L$。当为额定负载时，则有 $T_N= T_L$。

2）最大转矩 T_m

T_m又称为临界转矩，是电动机可能产生的最大电磁转矩。它反映了电动机的过载能力。

最大转矩的转差率为 s_m，此时的 s_m 称为临界转差率，如图 1-8（a）所示。

最大转矩 T_m与额定转矩 T_N之比称为电动机的过载系数λ，即

$$\lambda= T_m/T_N$$

在一般情况下三相异步电动机的过载系数为 1.8～2.2。

在选用电动机时，必须考虑可能出现的最大负载转矩，而后根据所选电动机的过载系数算出电动机的最大转矩，它必须大于最大负载转矩。否则，就得重新选择电动机。

3）启动转矩 T_{st}

T_{st}为电动机启动初始瞬间的转矩，即 $n=0$、$s=1$ 时的转矩。

为确保电动机能够带额定负载时正常启动，必须满足 $T_{st}>T_N$。一般的三相异步电动机有 $T_{st}/T_N=1\sim2.2$。

读一读　电动机运行术语说明：

（1）启动转矩：处于停止状态的异步电动机加上电压后，电动机所产生的转矩。通常为额定转矩的 1.25 倍。

（2）最大转矩：在理想情况下，电动机在临界转差率为 s_m 时产生的最大转矩 T_m。

（3）启动电流：通常启动电流为额定电流的 4～7 倍。

（4）空载电流：电动机在空载时产生的电流，此时电动机的转速接近于同步转速。

（5）电动状态：电动机产生转矩，使负载转动。

（6）再生制动状态：负载的原因使电动机实际转速超过同步转速，此时，负载的机械能量转换为电能并反馈给电源，异步电动机作为发电动机运行。

（7）反接制动状态：将三相电源中的两相互换后，旋转磁场的方向发生改变，对电动机产生制动作用，负载的机械能将转换为电能，并消耗于转子线圈的电阻上。

任务实施

扫一扫看再生制动微课视频

扫一扫看反接制动微课视频

1. 认识三相异步电动机的技术数据

每台电动机的机座上都装有一块铭牌。铭牌上标注有该电动机的主要性能和技术数据，示例如表 1-3 所示。

扫一扫看三相异步电动机技术参数

表 1-3 三相异步电动机铭牌数据示例

三相异步电动机		
型　号　Y132M-4	功　率　7.5 kW	频　率　50 Hz
电　压　380 V	电　流　15.4 A	接　法　△
转　速　1440 r/min	绝缘等级　E	工作方式　连续
温　升　80℃	防护等级　IP44	质　量　55 kg
年　月　编号	××电动机厂	

2. 电压和转速的选择

对电动机电压等级的选择，要根据电动机的类型、功率及使用场合的电源电压来决定。Y 系列鼠笼式电动机的额定电压只有 380 V 一个等级。只有大功率异步电动机的额定电压才采用 3000 V 和 6000 V。

电动机的额定转速是根据生产机械的要求而选定的，但通常转速不低于 500 r/min。因为当功率一定时，电动机的转速越低，其尺寸越大，价格越高，且效率也较低。因此就不如购买一台高速电动机，再另配减速器合算。

异步电动机通常采用 4 个磁极的，即同步转速 n_0=1500 r/min。

做一做　有一台 Y225M-4 型三相鼠笼式异步电动机，额定数据如表 1-4 所示。

表 1-4 三相异步电动机额定数据

功率	转速	电压	效率	功率因数	I_{st}/I_N	T_{st}/T_N	$T_m/T_N(\lambda)$
45 kW	1480 r/min	380 V	92.3%	0.88	7.0	1.9	2.2

试求：（1）额定电流；（2）额定转差率 s_N；（3）额定转矩 T_N、最大转矩 T_m、启动转矩 T_{st}。

解：（1）4～10 kW 电动机通常采用 380 V 电源、△形接法。

$$I_N = \frac{P_2}{\sqrt{3}U_N\cos\varphi_N\eta} = \frac{45\times10^3}{\sqrt{3}\times380\times0.88\times0.923} \approx 84.2(\text{A})$$

（2）已知电动机是 4 个磁极的，即 $p=2$，$n_0=1500\ \text{r/min}$，所以

$$s_N = \frac{n_0-n}{n_0} = \frac{1500-1480}{1500} \approx 0.013$$

（3）

$$T_N = 9550\frac{P_N}{n_N} = 9550\times\frac{45}{1480} \approx 290.4(\text{Nm})$$

$$T_{st}=\frac{T_{st}}{T_N}T_N=1.9\times290.4\approx551.8(\text{N}\cdot\text{m})$$

$$T_m=\lambda T_N=2.2\times290.4\approx638.9(\text{N}\cdot\text{m})$$

任务拓展

1．拆卸电动机定子绕组并寻找每组线圈的连接规律。

2．为什么交流电动机会采用不同的转子形式？

3．为什么三相电源流过在空间互差一定角度、按一定规律排列的三相绕组时，便会产生旋转磁场？

4．交流电动机在生产、生活中有哪些应用？

子任务 1.1.2　异步电动机的启动与调速分析

任务描述

对比电动机的全压启动及运行特点，认识变频器的节能作用及实现电动机软启动、软停止功能。对比电动机的变极对数调速、变转差率调速，认识变频调速与其他调速方式相比的优势。

任务目标

（1）了解电动机的几种不同启动方式。

（2）掌握电动机的几种调速方法及各自特点。

相关知识

1．异步电动机的启动特性分析

扫一扫看三相异步电动机启动的分类与发展

1）启动电流 I_{st}

在刚启动电动机时，由于旋转磁场对静止的转子有着很大的相对转速，磁力线切割转子导体的速度很快，这时转子绕组中感应出的电动势和产生的转子电流均很大，同时，定子电流必然也很大。一般中小型鼠笼式电动机定子的启动电流可达额定电流的 5～7 倍。

☆**注意**：在实际操作时应尽可能不让电动机频繁启动。例如，在切削加工时，一般只是用摩擦离合器或电磁离合器将主轴与电动机轴脱开，而不让电动机停下来。

2）启动转矩 T_{st}

在启动电动机时，转子电流 I_2 虽然很大，但转子的功率因数 $\cos\varphi_2$ 很低，由前面公式可知，电动机的启动转矩较小。通常在启动转矩小时可造成以下问题：

（1）会延长电动机的启动时间；

（2）不能在电动机满载下启动。

因此应设法提高启动转矩，但启动转矩如果过大，会使传动机构受到冲击而损坏，所以一般机床的主电动机都是空载启动（启动后再进行切削加工操作），对启动转矩没有什么要求。

综上所述，异步电动机的主要缺点是启动电流大，而启动转矩小。因此，必须采取适当的启动方法，以减小启动电流并保证有足够的启动转矩。

2. 异步电动机的启动方法

扫一扫看常用的电动机启动方式对比

扫一扫看电动机启动方式教学课件

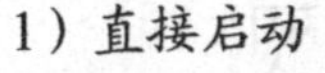

1）直接启动

直接启动又被称为全压启动，就是利用刀开关或接触器将电动机的定子绕组直接加到额定电压下进行启动。电路如图 1-9 所示。

这种方法只适用于小容量的电动机或电动机容量远小于供电变压器容量的场合。

扫一扫看降压启动微课视频

2）降压启动

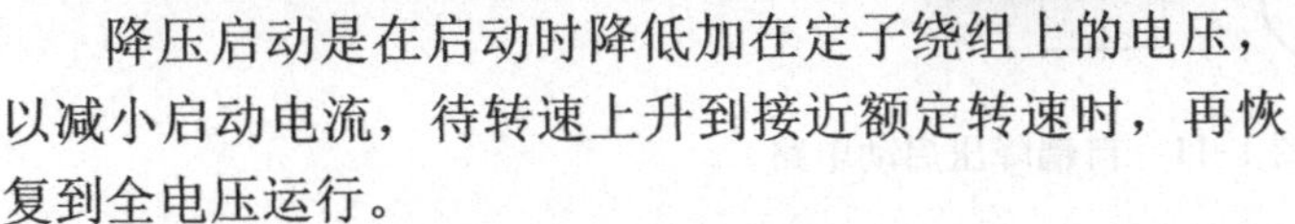

降压启动是在启动时降低加在定子绕组上的电压，以减小启动电流，待转速上升到接近额定转速时，再恢复到全电压运行。

此方法适用于大中型鼠笼式异步电动机的轻载或空载启动。

图 1-9 直接启动电路

（1）星形–三角形（Y–△）换接启动。启动时，将电动机的三相定子绕组接成星形，待转速上升到接近额定转速时，再换接成三角形。这样，在启动时就把定子每相绕组上的电压降到正常工作电压。电路如图 1-10 所示。

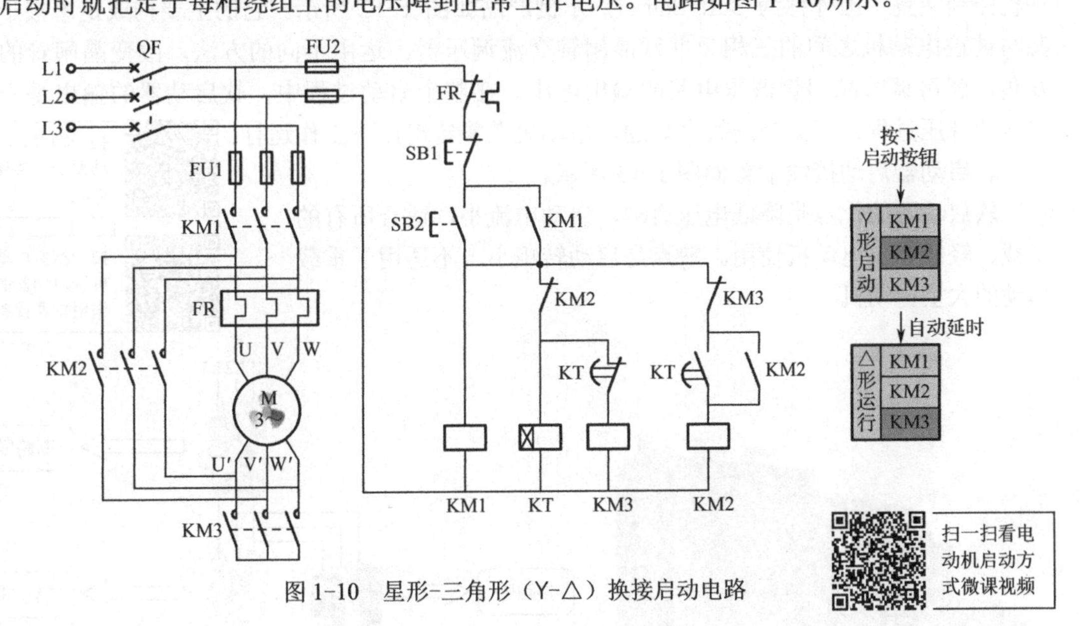

图 1-10 星形–三角形（Y–△）换接启动电路

扫一扫看电动机启动方式微课视频

此方法只能用于正常工作时定子绕组为三角形连接的电动机，这种换接启动方法可采用星三角启动器来实现。星三角启动器的体积小，成本低，寿命长，动作可靠。

（2）自耦降压启动。自耦降压启动是利用三相自耦变压器将电动机在启动过程中的端电压降低。电路如图 1-11 所示。启动时，先把开关扳到“启动”位置，当转速接近额定值时，将开关扳向“工作”位置，切除自耦变压器。

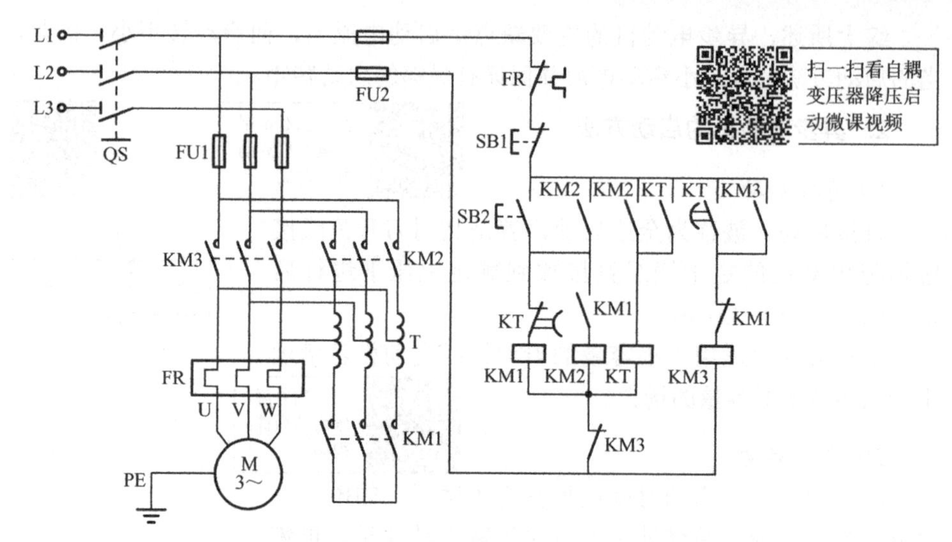

扫一扫看自耦变压器降压启动微课视频

图 1-11　自耦降压启动电路

采用自耦降压启动，同时能使启动电流和启动转矩减小。采用星形连接方式运行或容量较大的鼠笼式异步电动机，常用自耦降压启动。

3）软启动器启动

软启动器是一种集电动机软启动、软停车、轻载节能和多种保护功能于一体的新颖电动机控制装置，国外称为 Soft Starter，示例产品如图 1-12 所示。它的主要构成是串接于电源与被控电动机之间的三相反并联晶闸管交流调压器。运用不同的方法，改变晶闸管的触发角，就可调节晶闸管调压电路的输出电压。在整个启动过程中，软启动器的输出是一个平滑的升压过程，直到晶闸管全导通，电动机在额定电压下工作运行。

扫一扫看软启动器介绍微课视频

扫一扫看电动机软启动器的作用微课视频

软启动器启动接线示意如图 1-13 所示。

软启动器的优点是降低电压启动，启动电流小，适合所有的空载、轻载异步电动机使用。缺点是启动转矩小，不适用于重载启动的大型电动机。

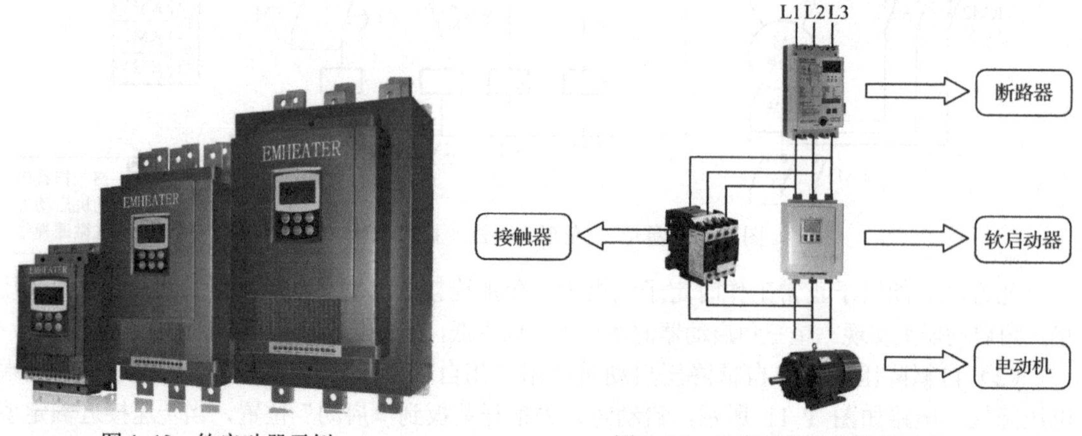

图 1-12　软启动器示例

图 1-13　软启动器启动接线示意

4）变频器启动

通常，把电压和频率固定不变的交流电变换为电压或频率可变的交流电的装置称为变频器。该设备首先要把三相或单相交流电变换为直流电（DC），然后再把直流电（DC）变换为三相或单相交流电（AC）。变频器同时改变输出频率与电压，也就是改变了电动机运行曲线上的 n_0，使电动机的运行曲线平行下移。因此变频器可以使电动机以较小的启动电流获得较大的启动转矩，即变频器可以启动重载负荷。

变频器具有调压、调频、稳压、调速等基本功能，应用了现代的科学技术，价格昂贵但性能良好，内部结构复杂但使用简单，所以不仅适用于启动电动机，而且广泛应用到各个领域，它的多种功率、外形、体积、用途等都已存在。随着变频技术的发展，产品成本的降低，变频器一定还会得到更广泛的应用。

3. 三相异步电动机的调速

调速就是在同一负载下能得到不同的转速，以满足生产过程的要求。由于电动机的转速 n 为：

扫一扫看转速的含义与参数微课视频

$$n=(1-s)\frac{60f}{p}$$

由上式可见，可通过三个途径进行调速：改变磁极对数 p、改变转差率 s、改变电源频率 f。第一和第三种是鼠笼式电动机的调速方法，第二种是绕线式电动机的调速方法。

1）改变磁极对数调速

改变磁极对数调速（简称变极调速）只适用于变极电动机，这种电动机在制造过程中会安装多套绕组，在运行时通过外部的开关设备控制绕组的连接方式以改变磁极对数，从而改变电动机的转速。其优点是每一个转速等级下都具有较硬的机械特性，稳定性好。缺点是转速只能在几个速度级上改变，调速的平滑性差；在某些接线方式下最大转矩较小，只适用于恒功率调速；电动机的体积大，制造成本高。

扫一扫看三相异步电动机调速方式微课视频

2）改变转差率调速

改变转差率调速可通过降低定子电压、转子串电阻和串级调速三种方法实现。

（1）降低定子电压调速。该方法适用于专门设计的具有较大转子电阻的高转差率异步电动机。当改变电动机定子电压时，可以使工作点处于不同的机械特性曲线上，从而改变电动机的转速。降低定子电压调速的特点是调速范围窄、机械特性软、适用范围窄。为改善调速特性，一般要使用闭环控制方式，系统的结构复杂。

（2）转子串电阻调速。转子串电阻调速适用于绕线式异步电动机，通过在电动机转子回路中串入不同阻值的电阻，人为改变电动机机械特性的硬度，从而改变在某种负载特性下的转速。优点是设备简单、易于实现。缺点是只能有级调速，平滑性差；低速时机械特性软，静差率大，转子铜损高，运行效率低。

（3）串级调速。串级调速是转子串电阻调速方式的改进，其基本原理也是通过改变转子回路的等效阻抗从而改变电动机的工作特性，以达到调速的目的。实现方法是：在转子回路中串入一个可变的电动势，相当于改变转子回路的内阻，进而改变电动机的转速。优点是可通过某种控制，使转子回路的能量回馈到电网，提高了效率；在适当的控制下，可以实现低

同步或高同步的连续调速。缺点是只适用于绕线式异步电动机，且控制系统相对复杂。

3）改变电源频率调速

改变电源频率调速（简称变频调速）能够连续改变电动机的转速，可获得平滑且范围较大的调速效果，因此属于无级调速。变频调速在经济性、调速的平滑性、机械特性方面都有明显的优势。

变频调速技术也是交流调速中发展最快、最有潜力的技术。随着交流电动机调速理论的创新和变频器性能的不断完善，变频调速已成为交流调速的主流。目前，交流调速系统的性能已经可以和直流调速系统相媲美，有些甚至已经超过了直流调速系统。

试一试：总结一下各种不同调速方式的优缺点，将表 1-5 填写完整。

表 1-5　不同调速方式总结

调速方式	适用场合	实现方式	优点	缺点
变磁极对数调速				
变转差率调速				
变频调速				

4. 三相异步电动机的制动

制动是给电动机一个与转动方向相反的转矩，促使它在断开电源后很快地减速或停转。电动机的制动，也就是要求它的转矩与转子的转动方向相反，这时的转矩称为制动转矩。常见的电气制动方法如下。

扫一扫看三相异步电动机制动方式微课视频

1）反接制动

当电动机快速转动而需停转时，改变供电电源的相序，使转子受到一个与原转动方向相反的转矩而迅速停转。

☆**注意**：当转子转速接近零时，应及时切断电源，以免电动机反转。

为了限制电流，对功率较大的电动机进行制动时必须在定子电路（鼠笼式）或转子电路（绕线式）中接入电阻。

这种方法比较简单，制动力强，效果较好，但在制动过程中的冲击也较为强烈，易损坏传动零部件，且能量消耗较大，频繁反接制动会使电动机过热。对有些中型车床和铣床的主轴的制动常采用这种方法。

2）能耗制动

在电动机脱离三相电源的同时，给定子绕组接入一个直流电源，使直流电流通入定子绕组，直流电流的大小一般为电动机额定电流的 0.5～1 倍。于是在电动机中便产生一个方向恒定的磁场，使转子受到与转子转动方向相反的力的作用，产生制动转矩，实现制动。

由于这种方法是用消耗转子的动能（转换为电能）来进行制动的，所以称为能耗制动。

这种制动的能量消耗小，制动准确而平稳，无冲击，但需要直流电流。在有些机床中采用这种制动方法。

3）发电反馈制动

电动机在外力（如起重机下放重物）作用下，其转速超过旋转磁场同步转速，转矩方

向与转子转向相反，形成制动转矩。此时电动机将机械能转化为电能回馈给电网，所以称为回馈制动。为了限制起重机下放速度，转子回路串入电阻不要过大。

例如，当起重机快速下放重物时，重物驱动电动机转子，使其转速 $n>n_0$，重物受到制动而等速下降。

任务实施

1. 认识变频调速软启动、软停止的作用

扫一扫看电梯的装配微课视频

（1）什么是电动机的全压启动？有什么缺点？

（2）什么是电动机的软启动、软停止？

（3）电梯通过什么措施保证乘客的舒适度？

① 电梯的运行过程。电梯是人们日常生活的常用工具，电梯的每一次运行过程如图 1-14 所示。有人进入电梯，电梯开始运行，进入加速过程。加速过程分为三个阶段：开始缓慢加速，然后线性加速，最后继续缓慢加速。进入匀速运行。快到达乘客登记的目标楼层时，进入减速过程。减速过程同样分为三个阶段：开始缓慢减速，然后线性减速，最后缓慢减速至停止。

扫一扫看电梯运行原理微课视频

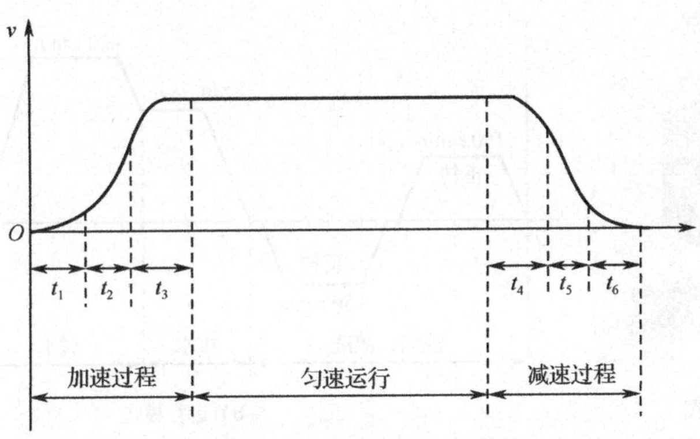

图 1-14 电梯的运行过程

② 电梯的加速和减速过程。考虑到电梯乘坐的舒适度这一性能指标，要求电梯启动和停止过程必须按照特定的要求进行设定，也就是电动机必须能够实现软启动和软停止，这就要求电梯的驱动电动机速度能够连续调节，这时变频器作为电动机的驱动装置，就可实现启动和停止过程的特定要求。

2. 认识变频调速

（1）什么是变频调速？其理论依据是什么？

（2）变频调速与其他调速方式相比的优势有哪些？

（3）举例说明变频调速在生产、生活中的应用。

3. 认识变频器在自动控制系统中的应用

扫一扫看变频器在自动控制系统中的应用教学课件

工业洗衣机是如何实现多种速度运行的？

1）全自动工业洗衣机的运行模式

工业洗衣机的结构和运行模式如图 1-15 所示，整个工作过程包括洗涤、漂洗、排水、

脱水等不同阶段。在洗涤、漂洗过程中，要求电动机正反转运行，电动机运行速度为 150 r/min；在排水过程中，要求电动机运行速度为 240 r/min；在脱水过程中，要求电动机运行速度为 420 r/min。

2）工业洗衣机电动机的控制要求

从工业洗衣机的运行模式能够很清楚地看出，工业洗衣机电动机要能够正反转运行，并且能够有三种速度进行切换。

扫一扫看变频器在自动控制系统中的应用微课视频

3）变频器对电动机的换向及换速作用

变频器具有一些控制端子，其中有一组控制端子用于接收开关信号，它外接的是数字量输入信号，驱动电压为 24 V，这些端子外接的开关可以实现电动机的正反转、正反转点动及多段速运行控制，从而实现电动机换向和换速的需求。其中，多段速可以设置多达 15 段速。变频器实现换向和换速的方法：首先要设置相应的功能参数，其次要控制外接开关的通断。不需要外接接触器，只需要接入开关信号即可，接线和功能控制都比较简单。结合 PLC 控制器，就可以实现丰富的自动控制系统，如工业洗衣机控制系统、自动门控制系统等。

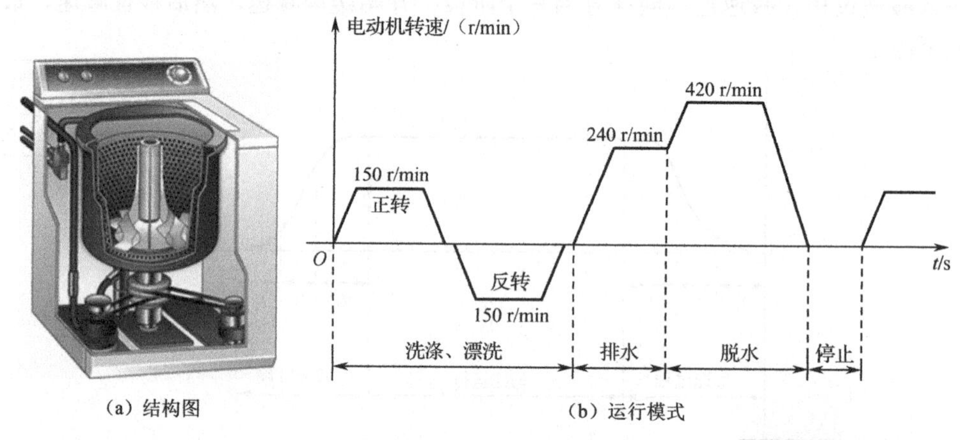

（a）结构图　　（b）运行模式

图 1-15　工业洗衣机的结构和运行模式

扫一扫看工业洗衣机运行动画

任务拓展

1．调查一下目前市场上常用的变频器品牌有哪些。

2．调查一下变频器的典型应用领域，解说其功能体现。

任务测验1

一、选择题

1．异步电动机旋转磁场的转向与（　　）有关。

A．电源频率　　B．转子转速　　C．电源相序

2．当电源电压恒定时，异步电动机在满载和轻载下的启动转矩是（　　）。

A．完全相同的　　B．完全不同的　　C．基本相同的

3．当三相异步电动机的机械负载增加时，如定子端电压不变，其旋转磁场速度（　　）。

A．增大　　B．减小　　C．相同

4．鼠笼式异步电动机在空载运行时与在满载运行时相比，其电动机的电流应（　　）。

A．增大　　B．减小　　C．相同

5．鼠笼式异步电动机在空载启动时与在满载启动时相比，启动转矩（　　）。

A．增大　　B．减小　　C．相同

6．三相异步电动机形成旋转磁场的条件是（　　）。

A．在三相绕组中通以任意的三相电流

B．在三相对称绕组中通以3个相等的电流

C．在三相对称绕组中通以三相对称的正弦交流电流

7．异步电动机启动电流大的原因是（　　）。

A．电压太高　　B．旋转磁场相对速度太大　　C．负载转矩过大

8．从降低启动电流的角度来考虑，三相异步电动机可以采用降压启动，但启动转矩将（　　），因而降压启动只适用于空载或轻载启动的场合。

A．减小　　B．增大　　C．相同

9．从降低启动电流的角度来考虑，三相异步电动机可以采用降压启动，但启动转矩将减小，因而降压启动只适用于（　　）或轻载启动的场合。

A．重载　　B．轻载　　C．空载

10．有两台三相异步电动机，它们的额定功率相同，但额定转速不同，则（　　）。

A．额定转速大的那台电动机，其额定转矩大

B．额定转速小的那台电动机，其额定转矩大

C．两台电动机的额定转矩相同

11．在工频电源条件下，三相异步电动机的额定转速为 1420 r/min，则电动机的磁极对数为（　　）。

A．1　　B．2

C．3　　D．4

12．一台磁极对数为3的三相异步电动机，其转差率为3%，则此时的转速为（　　）。

A．2910　　B．1455　　C．970

13．异步电动机的转动方向与（　　）有关。

A．电源频率　　B．转子转速

C．负载转矩　　D．电源相序

14．一台三相异步电动机，其铭牌上标明额定电压为220/380 V，其接法应是（　　）。

A．Y/△　　B．△/Y　　C．△/△　　D．Y/Y

15．三相异步电动机的额定功率是指电动机（　　）。

A．输入的视在功率　　B．输入的有功功率

C．产生的电磁功率　　D．输出的机械功率

二、填空题

1．电动机是将______能转换为______能的设备。

2．三相异步电动机主要由________和________两部分组成。

3．三相异步电动机的定子铁芯是用薄的硅钢片叠装而成的，它是定子的_______路部分，其内表面冲有槽孔，用来嵌放_________。

4．三相异步电动机的三相定子绕组是定子的________ 部分，它在空间上相互之间相差120°。

5．三相异步电动机的转子有_________式和_______式两种形式。

6．三相异步电动机的三相定子绕组通以_________，则会产生__________。

7．三相异步电动机旋转磁场的转速称为_______，它与电源频率和_______有关。

8．一台三相四极异步电动机，如果电源频率 f_1 =50 Hz，则定子旋转磁场每秒在空间转过_____ 转。

9．三相异步电动机的机械负载加重时，其定子电流将 _________。

10．三相异步电动机在负载不变而电源电压降低时，其转子转速将_________。

11．三相异步电动机采用 Y-△降压启动时，其启动电流是三角形连接全压启动电流的______，启动转矩是三角形连接全压启动时的_________。

12．三相异步电动机的额定功率是额定状态时电动机转子轴上输出的机械功率，额定电流是满载时定子绕组的_________电流，其转子的转速__________旋转磁场的速度。

13．电动机铭牌上所标的额定电压是指电动机绕组的_____________。

14．某台三相异步电动机的额定电压为380/220 V，当电源电压为220 V时，定子绕组应接成___________接法；当电源电压为380 V时，定子绕组应接成_________接法。

15．三相异步电动机旋转磁场的转速称为______转速，它与_______和磁极对数有关。

三、计算题

1．在额定工作情况下的 Y180L-6 型三相异步电动机，其转速为 960 r/min，频率为 50 Hz，问电动机的同步转速是多少？有几对磁极对数？转差率是多少？

2．一台两极三相异步电动机，额定功率为 10 kW，额定转速为 n_N=2940 r/min，额定频率 f_1=50 Hz，求：额定转差率 s_N 和输出轴的额定转矩 T_N。

3．一台三相异步电动机，电源频率为 f_1=50 Hz，额定转差率为 s_N=2%。求：当磁极对数 p=3 时电动机的同步转速 n_1 及额定转速 n_N。

4．磁极对数为8的三相异步电动机，电源频率 f_1=50 Hz，额定转差率 s_N=0.04，P_N=10 kW，求：额定转速和额定电磁转矩。

5．有一台三相异步电动机，其铭牌数据为：型号 Y180L-6，50 Hz，15 kW，380 V，31.4 A，970 r/min，cosϕ=0.88。当电源线电压为380 V时，问：①电动机满载运行时的转差率；②电动机的额定转矩；③电动机满载运行时的输入电功率；④电动机满载运行时的效率。

任务 1.2 初识变频器

子任务 1.2.1 变频器基本结构的认识

任务描述

（1）拆卸、安装 MM440 变频器的 I/O 板，说明变频器的端子功能。

（2）理解变频器的不同分类方法，并能够说明按不同方法如何完成分类。

任务目标

（1）掌握 MM440 变频器端子的类型及作用。

（2）理解变频器硬件模块的构成及各模块单元的作用。

（3）掌握变频器的分类方法。

相关知识

扫一扫看变频器介绍微课视频

1. 通用变频器的发展

自 20 世纪 80 年代初，通用变频器已更换了 5 代：第一代是 20 世纪 80 年代初的模拟式通用变频器；第二代是 20 世纪 80 年代中期的数字式通用变频器；第三代是 20 世纪 90 年代初的智能型通用变频器；第四代是 20 世纪 90 年代中期的多功能通用变频器；第五代是 21 世纪初研制上市的集中型通用变频器。

作为交流电动机变频调速用的高新技术产品，各种国产和进口的通用变频器在国民经济的各部门得到了广泛应用。“通用”一词有两方面含义：首先通用变频器可以用来驱动通用型交流电动机，而不常使用于专用电动机；其次通用变频器具有各种可供选择的功能，能适应许多不同性质的负载机械。通用变频器也是相对于专用变频器而言的，专用变频器是专门为某些特殊要求的负载机械而设计制造的。

随着电力电子器件的自动关断化、模块化，交流电路开关模式的高频率化，以及全数字化控制技术和微型计算机的应用，变频器的体积越来越小，性能越来越高，功能不断加强。目前，中小容量（600 kVA 以下）的一般用途变频器已经实现了通用化。交流变频器是强弱电混合、机电一体化的综合性调速装置。它既要进行电能的转换（整流、逆变），又要进行信息的收集、变换和传输。它不仅要解决与高压、大电流有关的技术问题和新型电力电子器件的应用问题，还要解决控制策略和控制理论等问题。目前，变频器主要的发展方向如下。

1）高技术控制

目前，通用变频器的控制技术中比较典型的有 *U*/*f* 恒定控制、转差频率控制、矢量控制和直接转矩控制。除以上 4 种外，还有基于现代控制理论的滑模变频控制技术、模型参考自适应技术、非线性解耦鲁棒观测器技术、针对某种指标意义的最优控制技术等。

2）主电路的集成化、高频化和高效率

（1）集成化主要是把功率元件、保护元件、驱动元件、检测元件进行大规模的集成，变成一个智能功率模块（intelligent power module，IPM），其体积小、可靠性高、价格低。

（2）高频化主要是开发高性能的 IGBT（insulated gate bipolar transistor，绝缘栅双极型晶体管）产品，提高其开关频率。目前，开关频率已提高到 10～15 kHz，基本上消除了电动机运行时的噪声。

（3）提高效率的主要办法是减小开关元件的发热损耗，通过减小 IGBT 的集电极-发射极饱和电压来实现。另外，用可控二极管整流，采取各种措施设法使功率因数增大到 1。

3）控制量的数字化

由变频器供电的调速系统是一个快速系统，在使用数字控制时要求的采样频率较高，通常高于 1 kHz，常需要完成复杂的操作控制、数字运算和逻辑判断，因此要求单片机具有较大的存储容量和较强的实时处理能力。全数字控制方式使信息处理能力大幅度增强，使得采用模拟控制方式无法实现的复杂控制在今天都已经成为现实，可靠性、可操作性、可维修性功能都得以完善。

4）多功能化和高性能化

随着电力电子器件和控制技术的不断进步，使变频器向多功能化和高性能化发展。特别是微型计算机的应用，以其简单的硬件结构和丰富的软件功能，为变频器的多功能化和高性能化提供了可靠的保证。

5）大容量和高压化

目前，高压大容量变频器主要有两种结构：一是采用升降压变压器的“高-低-高”式变频器，也称间接高压变频器；另一种是无输出变压器的“高-高”式变频器，也称直接高压变频器。后者省掉了输出变压器，减小了损耗，提高了效率，同时也减小了安装空间，它是大容量电动机调速驱动的发展方向。

2. 变频器的基本构成

1）变频器的外部特征

变频器是由计算机控制电力电子器件，将工频交流电变为频率和电压可调的三相交流电，用以驱动交流电动机以实现连续平滑的变频调速的电气设备。常见的变频器如图 1-16 所示。

西门子变频器

施耐德变频器

阿尔法变频器

三菱变频器

扫一扫看国内外的变频器品牌

图 1-16　常见的变频器

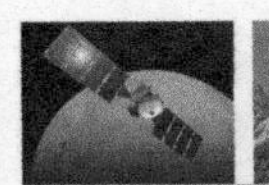

从外部结构来看，通用变频器有开启式和封闭式两种。开启式变频器的散热性能较好，接线端子外露，适合于电气柜内的安装；封闭式变频器的接线端子全部在内部，须打开面盖才能看见。以西门子 MM 系列封闭式变频器为例，其外形如图 1-17 所示。

扫一扫看 MM 系列变频器的主要区别

1—操作面板（可选）；2—状态显示面板。

图 1-17 西门子 MM 系列封闭式变频器的外形

2）变频器的内部结构

变频器的实际电路相当复杂，其内部组成框图如图 1-18 所示。从图 1-18 中可以看出，变频器内部主要由控制电路和主电路两部分组成，其中控制电路又包含控制通道、主控电路、控制电源、采样及检测电路、驱动电路。每一部分的功能介绍如下。

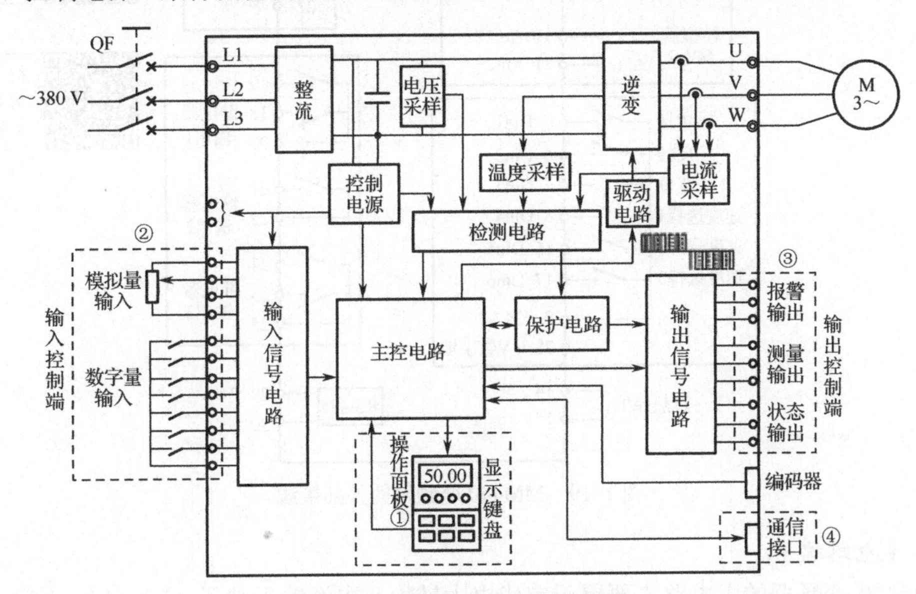

图 1-18 变频器的内部组成框图

（1）控制通道。图中①所示为操作面板，主要用于变频器的参数设置、参数显示和面板控制；②和③所示为输入/输出控制端，包括数字量输入端和模拟量输入端，继电器输出端主要用于远距离、多功能控制；④所示为通信接口，主要用于变频器与 PLC 和上位机之间的通信设置与控制。

（2）主控电路。主控电路主要用来处理各种外部控制信号、内部检测信号及用户对变频器的参数设定信号等，实现变频器的各种控制功能和保护功能，是变频器的控制中心。

（3）控制电源。控制电源主要为主控电路、外控电路等提供稳压电源。

（4）采样及检测电路。采样及检测电路的主要作用是提供控制用数据和保护采样，尤其是在进行矢量控制时，必须测量足够的数据，提供给主控电路进行矢量运算。

（5）驱动电路。驱动电路的主要作用是产生逆变环节开关管的驱动信号，受主控电路的控制。

（6）主电路。主电路主要包括整流电路、中间直流电路和逆变电路三个环节，电网电压由输入端（L1、L2、L3）接入变频器，经过整流电路整流成直流电压，由直流电路滤波后由逆变电路逆变成电压、频率可调的交流电压，从输出端（U、V、W）输出到交流电动机。

3. MM440 变频器的接线端子

MM440 变频器的外部接线如图 1-19 所示，主要包括主电路端子和控制电路端子两部分。

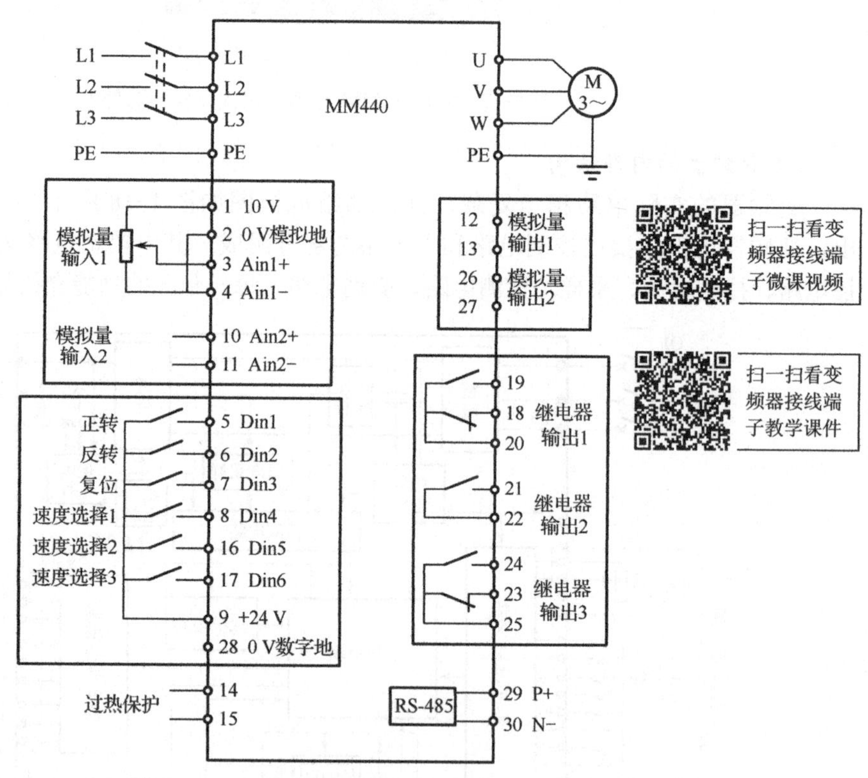

图 1-19　MM440 变频器的外部接线

1）主电路端子

MM440 变频器的主电路主要用于完成电力转换，电源输入端子（L1、L2、L3）接收三相恒压、恒频的正弦交流电压，经整流电路转换成恒定的直流电压，供给逆变电路。逆变电路在 CPU 的控制下，将恒定的直流电压逆变成电压和频率均可调的三相交流电压，经输出端子（U、V、W）供给电动机负载。

2）控制电路端子

（1）内部电源端子。MM440 变频器内部提供了两种电源：变频器主电路输入电源接通后，一种是高精度的 10 V 直流稳压电源，由端子 1、2 输出；另一种是 24 V 直流电压，由

端子 9、28 输出。

（2）模拟量输入端子。MM440 变频器为用户提供了两路模拟量通道：一路是 3、4 端子；另一路是 10、11 端子。这两路都可接收模拟量信号，作为变频器的给定信号，来调节变频器的运行频率。

（3）数字量输入端子。MM440 变频器为用户提供了 6 个完全可编程的数字量输入端，分别是 5、6、7、8、16、17，这些端子可接收数字信号，接收到的数字信号经光耦合隔离后输入 CPU，从而对电动机进行正反转运行、正反向点动、固定频率设定值控制等。

（4）模拟量输出端子。MM440 变频器有两路模拟量输出：一路是端子 12、13；另一路是端子 26、27。这两路模拟量输出信号默认输出 0～20 mA 的电流信号，可用于监测变频器的运行频率、电压和电流等信号。

（5）数字量输出端子。

MM440 变频器有 3 组继电器输出：第一组是端子 18、19、20；第二组是端子 21、22；第三组是端子 23、24、25。第一组和第三组是复合开关输出，这三组继电器输出的数字信号用于监测变频器的运行状态，如变频器准备就绪、启动、停止和故障等状态。

（6）保护端子。MM440 变频器的端子 14、15 为电动机过热保护输入端。

（7）通信端子。MM440 变频器的端子 29、30 为通信端子，控制设备通过 RS-485 通信接口控制变频器。

扫一扫看变频器的分类微课视频

4. 变频器的种类

变频器的分类方法很多，下面简单介绍几种主要的分类方法。

1）按变换环节分类

（1）交-交变频器：交-交变频器的主要优点是没有中间环节，变换效率高，但其连续可调的频率范围较窄，输出频率一般只有额定频率的 1/2 以下，电网功率因数较低，主要应用于低速大功率的驱动系统。

（2）交-直-交变频器：交-直-交变频器主要由整流电路、中间直流环节和逆变电路三部分组成。交-直-交变频器按中间环节的滤波方式又可分为电压型变频器和电流型变频器。

2）按滤波方式分类

（1）电压型变频器：电压型变频器的主电路典型结构如图 1-20 所示。在电路中，中间直流环节采用大电容滤波，直流电压波形比较平直，使施加于负载上的电压值基本不受负载的影响，基本保持恒定，类似于电压源，因而被称为电压型变频器。

（2）电流型变频器：电流型变频器与电压型变频器在主电路结构上基本相似，不同的是电流型变频器的中间直流环节采用大电感滤波，如图 1-21 所示，直流电流波形比较平直，使施加于负载上的电流基本不受负载的影响，其特性类似于电流源，所以被称为电流型变频器。

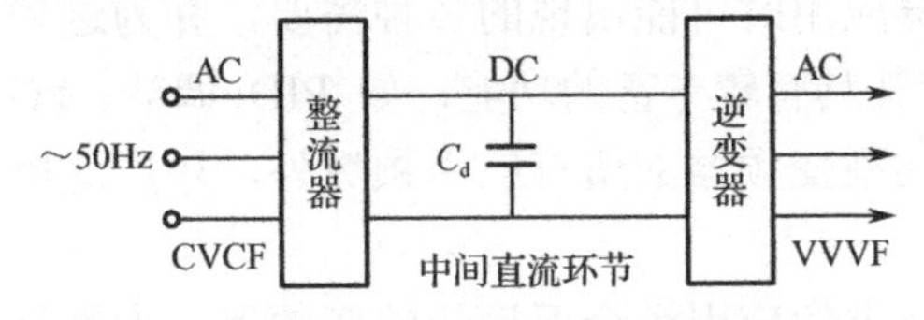

图 1-20 电压型变频器的主电路典型结构

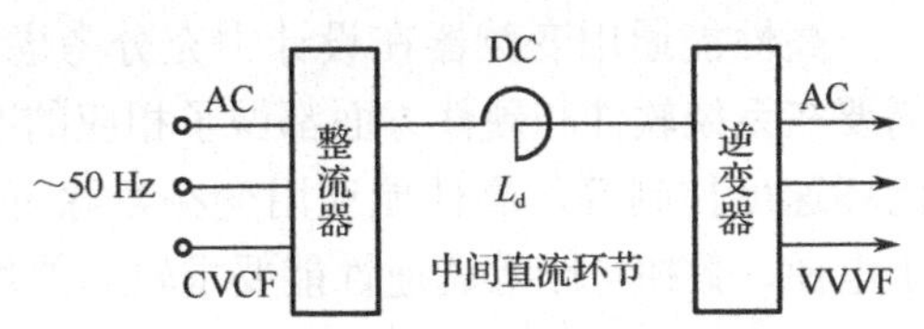

图 1-21 电流型变频器的主电路典型结构

3）按输入电源相数分类

（1）单相变频器：单相变频器的输入电源为单相交流电，经单相整流后转换为直流电源，再经逆变电路转换为三相交流电源去驱动电动机。单相变频器的容量较小，适用于只有单相交流电源的场合。

（2）三相变频器：三相变频器的输入电源是三相工频电源，市场上的大多数变频器属于三相变频器，有些变频器可当成单相变频器使用。

扫一扫看变频器的分类教学课件

4）按逆变电路开关方式分类

（1）PAM（pulse amplitude modulation，脉冲振幅调制）：它是通过调节输出脉冲的幅值来进行输出控制的一种方式。在调节过程中，整流电路部分负责调节电压或电流，逆变电路部分负责调频。

（2）PWM：它通过改变输出脉冲的占空比来实现变频器输出电压的调节，因此，逆变电路部分需要同时进行调压和调频。目前，普遍应用的 PWM 变频器脉宽是按正弦规律变化的，其采用正弦脉宽调制（sinusoidal PWM，SPWM）方式。

扫一扫看 SPWM 介绍微课视频

5）按逆变电路控制方式分类

（1）*U*/*f* 控制变频器：*U*/*f* 控制是同时控制变频器的输出电压和频率，通过保持 *U*/*f* 比值恒定，使得电动机的主磁通不变，在基频以下实现恒转矩调速，基频以上实现恒功率调速。它是一种转速开环控制，无须速度传感器，控制电路简单，多应用于精度要求不高的场合。

（2）转差频率控制变频器：转差频率控制又被称为 SF 控制方式，该方式采用控制电动机旋转磁场频率与转子转速频率之差来控制转矩。

（3）矢量控制变频器：矢量控制变频器主要是为了提高变频调速的动态性能，模拟自解耦的直流电动机的控制方式，对异步电动机的磁场和转矩分别进行控制，以获得类似于直流调速系统的动态性能。

（4）直接转矩控制变频器：直接转矩控制变频器是一种新型的变频器，它省掉了复杂的矢量变换与电动机数学模型的简化处理。该系统的转矩响应迅速，无超调，是一种具有高静态和动态性能的交流调速方法。

6）按变频器的用途分类

（1）通用变频器：通用变频器的特点是通用性，是变频器家族中应用最为广泛的一种。通用变频器主要包含两大类：节能型变频器和高性能通用变频器。

节能型变频器是一种以节能为主要目的而简化了其他一些系统功能的通用变频器，控制方式比较单一，一般采用 *U*/*f* 控制，主要应用于风机、水泵等调速性能要求不高的场合，具有体积小、价格低等优势。

高性能通用变频器在设计中充分考虑了变频器应用时可能出现的各种需要，并为这种需要在系统软件和硬件方面都做了相应的准备，使其具有较丰富的功能，如 PID 调节、PG 闭环速度控制等。高性能通用变频器除可用于节能型变频器的所有应用领域外，还广泛用于电梯、数控机床等调速性能要求较高的场合。

（2）专用变频器：专用变频器是针对某一种特定的应用场合而设计的变频器。为满足某种需要，这种变频器在某一方面具有较为优良的性能，例如，电梯及起重机用变频器等，还包括一些高频、大容量、高压等变频器。

7）按电压等级分类

（1）低压变频器：低压变频器又被称为中小容量变频器，其电压等级在 1 kV 以下，单相为 220～380 V，三相为 220～460 V，容量为 0.2～500 kVA。

（2）高中压变频器：高中压变频器的电压等级在 1 kV 以上，容量多为 500 kVA 以上。

试一试：按照前面的介绍，尝试将表 1-6 填写完整。

表 1-6　变频器分类汇总

分类方法	对应变频器	特　点
按变换环节		
按滤波方式		
按输入电源相数		
按逆变电路开关方式		
按逆变电路控制方式		
按变频器的用途		
按电压等级		

任务实施

（1）拆卸、安装 MM440 变频器的 I/O 板，说明变频器的端子功能。

使用一字螺钉旋具撬开变频器 I/O 板右上角的卡子，即可拆下 I/O 板，如图 1-22 所示。然后观察变频器的端子，说明各端子的功能作用。

（2）说明按不同分类方法对变频器如何进行分类。

根据前面所学知识，结合表 1-6 内容说明市场上的变频器按不同分类方法的分类。

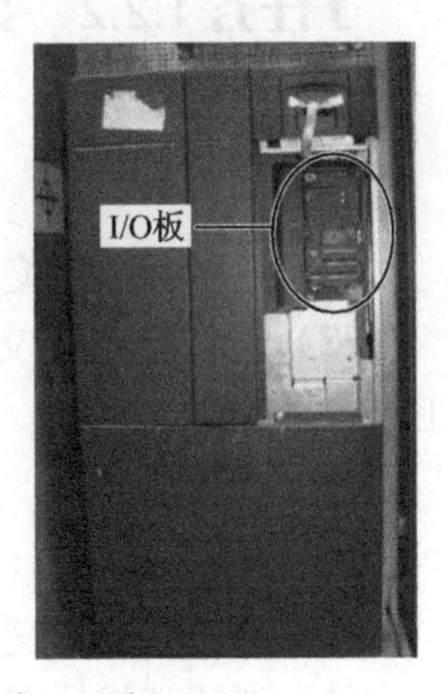

图 1-22　拆卸 I/O 板

任务拓展

变频器的主电路是强电部分，主要完成电力转换。变频器除主电路外，还有信号采集、信号处理、保护等电路，这些电路根据功能不同集成为相应的电路板或电路模块后通过插件级联在一起，实现了一个完整电路。

1. 电源电路板

电源电路板从直流母线输入 DC 537 V 电压，采用开关电源产生不同等级电压，供 CPU 控制板、风扇、温度传感器、外围电路、IGBT 驱动板等电源使用。

2. I/O 电路板

I/O 电路板主要负责数字量和模拟量信号的采集。

3. CPU 电路板

CPU 电路板控制整个变频器的工作，完成数据的处理、运算及控制指令的生成。其实物示例如图 1-23 所示。其主要功能如下：

（1）提供 SPWM 信号给 IGBT 模块。

（2）完成电流、电压、温度采集信号的处理。

（3）故障报警。

（4）频率设定输入信号。

（5）数字量输入、输出信号。

（6）进行 RS-232、RS-485 通信。

（7）键盘面板连接，数据显示，参数设置。

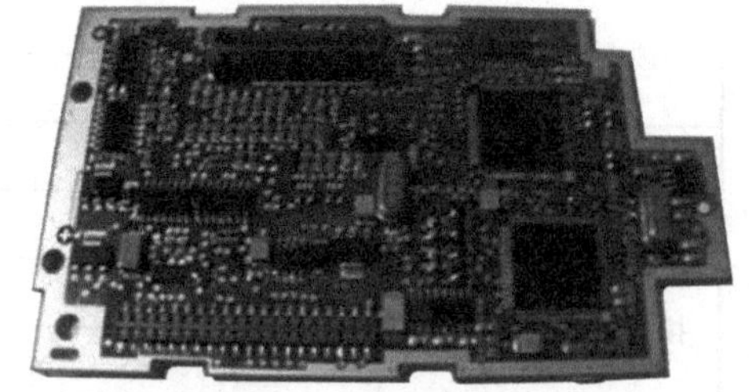

图 1-23　CPU 电路板实物示例

4. 驱动电路板

驱动电路板的作用是接收 CPU 发出的控制指令，驱动逆变电路完成电源转换。

5. 逆变电路模块

逆变电路模块将变频器的直流电通过逆变电路转换为三相交流电源输出。

子任务 1.2.2　变频器主电路的认识

任务描述

（1）认知交-直-交变频器主电路各单元电路的结构，说明变频器电源的变换过程。

（2）理解交-直-交变频器主电路中主要元器件的作用，能够说明各元器件故障对电路工作的影响。

任务目标

（1）掌握交-直-交变频器主电路的结构及各部分的作用。

（2）理解三相桥式整流及逆变电路的工作过程及特点。

（3）掌握交-直-交变频器主电路中各元器件的特性及作用。

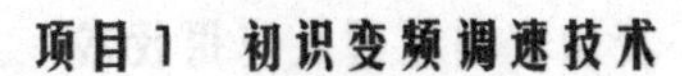

相关知识

扫一扫看变频器主电路教学课件

扫一扫看变频器主电路微课视频

变频器的主电路包括整流电路、中间电路和逆变电路，如图 1-24 所示。主电路的功能是对电能进行交-直-交的转换，将工频电源转换成频率可调的交流电源来驱动电动机。

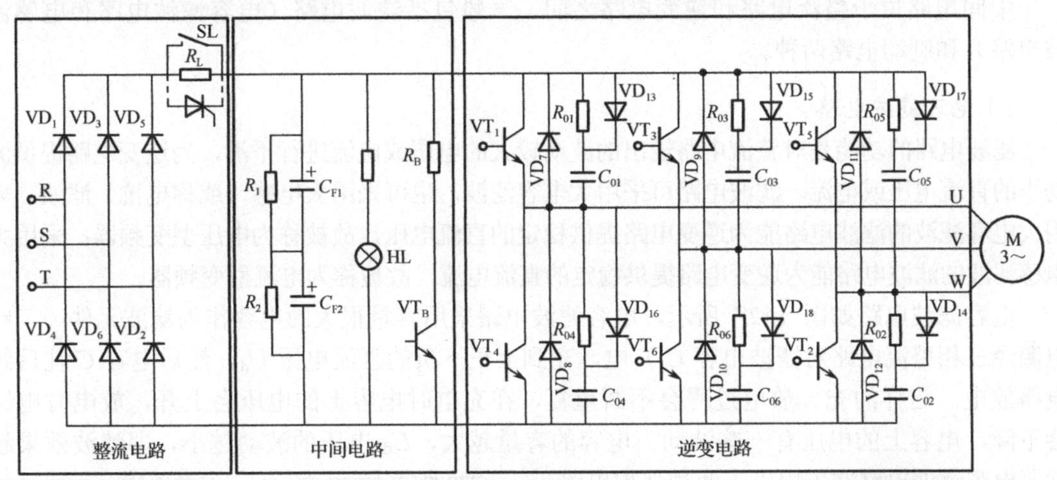

图 1-24　变频器主电路

扫一扫看整流电路原理微课视频

扫一扫看整流电路微课视频

1. 整流电路

变频器采用的整流电路主要有两种，即不可控整流电路和可控整流电路。

1）不可控整流电路

不可控整流电路以二极管作为整流器件，其整流过程不可控制。图 1-25 是一种由二极管构成的三相不可控整流电路，当电路输入三相工频电源时，会整流输出脉动的直流电压 U_d。

2）可控整流电路

可控整流电路采用可控电力电子器件（如晶闸管、IGBT 等）作为整流器件，其整流输出电压的大小可以通过改变开关器件的导通、关断来调节。常用的可控整流电路主要有晶闸管整流电路，有些性能优良的变频器采用 PWM 整流电路。

（1）可控晶闸管整流电路。图 1-26 是一种由晶闸管构成的三相可控整流电路。在工作时，改变晶闸管的控制脉冲角 α，就可以调节整流输出电压 U_d 的大小。

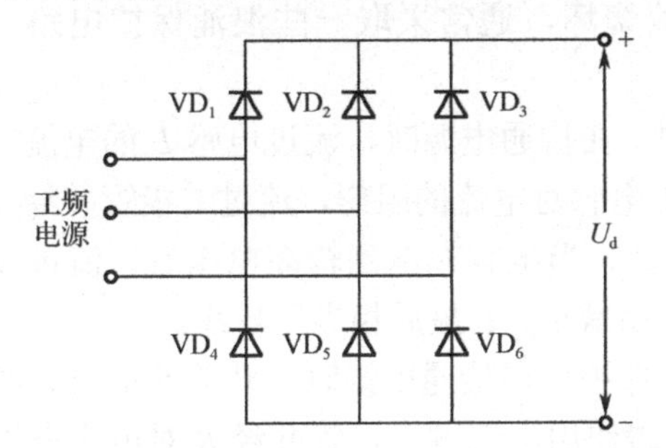

图 1-25　由二极管构成的三相不可控整流电路

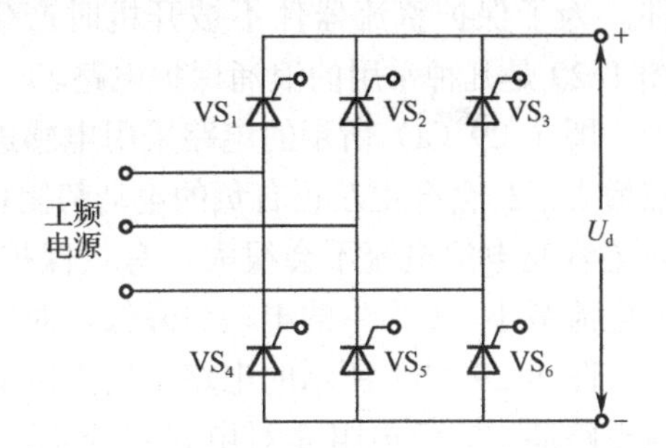

图 1-26　由晶闸管构成的三相可控整流电路

（2）PWM 整流电路。PWM 整流电路是一种性能优良的可控整流电路，其功率因数很高（即电源利用率高），且工作时不会对电网产生污染。PWM 整流电路如图 1-27 所示，该电路可通过改变 IGBT 的控制脉冲宽度来调节整流输出电压 U_d 的大小。

2. 中间电路

中间电路位于整流电路和逆变电路之间，一般包括滤波电路（电容滤波电路和电感滤波电路）和制动电路两种。

1）电容滤波电路

滤波电路的功能是对整流电路输出的波动较大的电压或电流进行平滑，为逆变电路提供波动小的直流电压或电流。滤波电路可采用大电容滤波，也可采用大电感（或称电抗）滤波。采用大电容滤波的滤波电路能为逆变电路提供稳定的直流电压，故被称为电压型变频器；采用大电感滤波的滤波电路能为逆变电路提供稳定的直流电流，故被称为电流型变频器。

电容滤波电路如图 1-28 所示，电容滤波电路采用容量很大的电容作为滤波元件。工频电源经三相整流电路对滤波电容 C 充电，充到上正下负的直流电压 U_d，然后电容 C 往后级电路放电。这样的充、放电过程会不断重复，在充电时电容上的电压会上升，放电时电压会下降，电容上的电压有一些波动，电容的容量越大，U_d 电压的波动越小，即滤波效果越好。电容滤波电路常采用以下两种保护电路。

扫一扫看滤波电路原理与分类

扫一扫看电容滤波电路微课视频

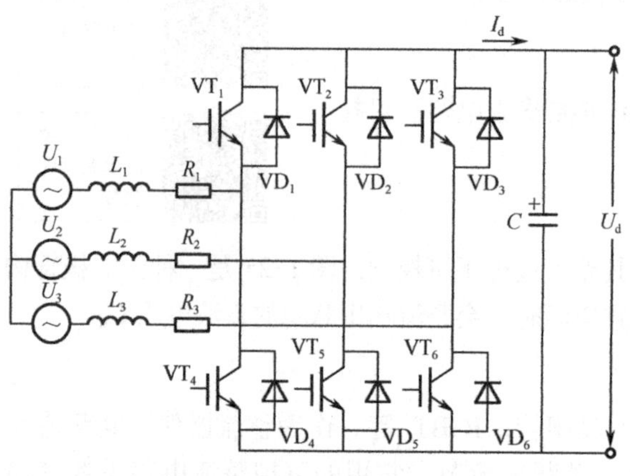

图 1-27　PWM 整流电路

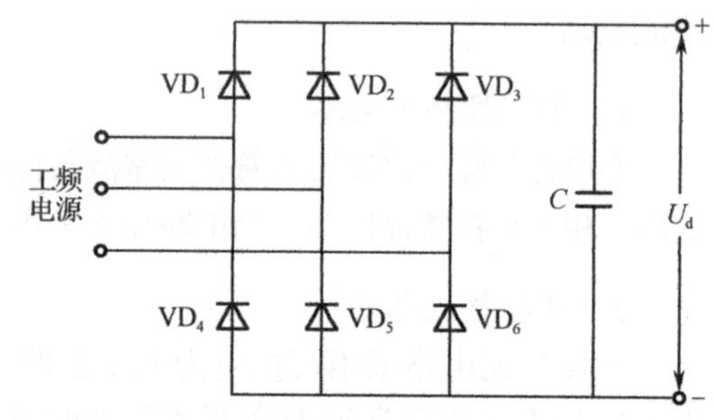

图 1-28　电容滤波电路

（1）浪涌保护电路。对于采用电容滤波的变频器，接通电源前电容 C 两端的电压为零，在刚接通电源时，会有很大的浪涌电流经整流器件对电容 C 充电，这样易烧坏整流器件。为了保护整流器件不被开机时产生的浪涌电流烧坏，通常采取一些浪涌保护电路。图 1-29 是几种常用的浪涌保护电路。

图 1-29（a）所示的电路采用电感进行浪涌保护。在接通电源时，流过电感 L 的电流突然增大，L 会产生左正右负的电动势阻碍电流，由于电感对电流的阻碍，流过二极管并经 L 对电容充电的电流不会很大，有效保护了整流二极管。当电容充电到较高电压后，流过 L 的电流减小，L 产生的电动势降低，对电流的阻碍作用减小，L 最后相当于导线。

图 1-29（b）所示的电路采用限流电阻进行浪涌保护。在接通电源时，开关 S 断开，整流电路通过限流电阻 R 对电容 C 充电，由于 R 的阻碍作用，流过二极管并经 R 对电容充电

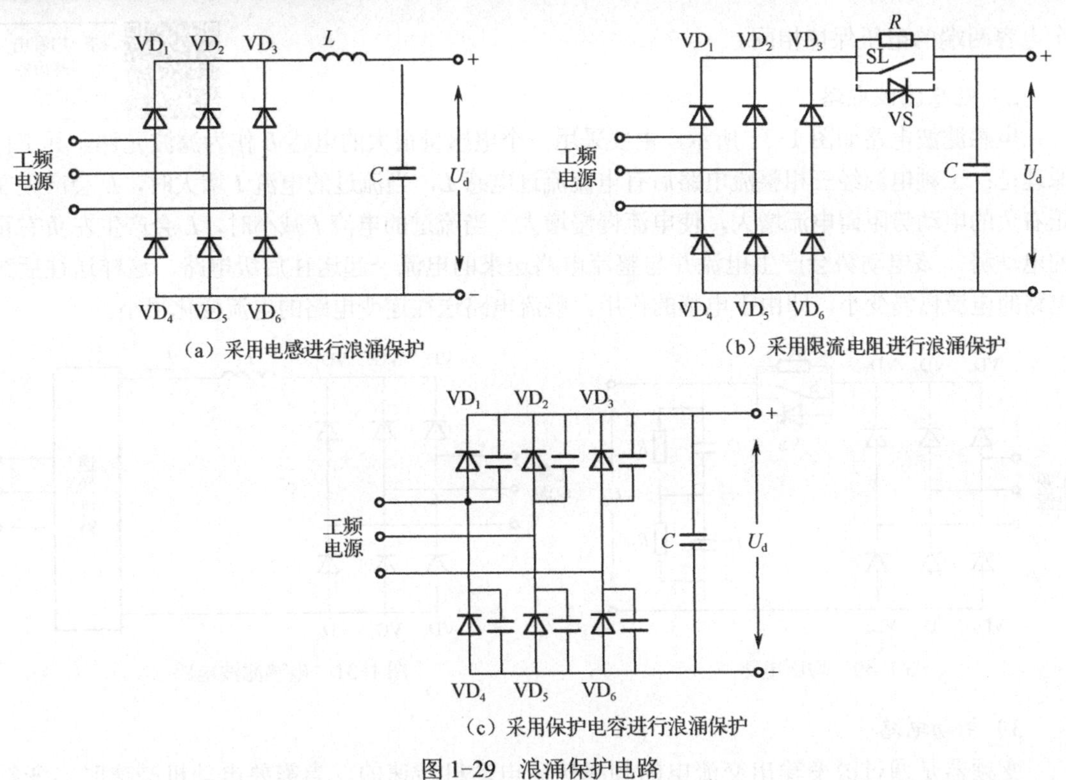

(a) 采用电感进行浪涌保护

(b) 采用限流电阻进行浪涌保护

(c) 采用保护电容进行浪涌保护

图 1-29 浪涌保护电路

的电流较小，保护了整流二极管。图 1-29（b）中的开关 S 一般由晶闸管取代，在刚接通电源时，晶闸管关断（相当于开关断开）；当电容充电到较高电压后晶闸管导通，相当于开关闭合，电路开始正常工作。

图 1-29（c）所示的电路采用保护电容进行浪涌保护。由于保护电容与整流二极管并联，在接通电源时，输入的电流除要经过二极管外，还会分流对保护电容充电，这样减小了通过整流二极管的电流。当保护电容充电结束后，滤波电容 C 也充电到较高电压，电流仅流过整流二极管，电路开始正常工作。

（2）均压电路。滤波电路使用的电容要求容量大、耐压高，若单个电容无法满足要求，可采用多个电容并联增大容量，或采用多个电容串联提高耐压。电容串联后总容量虽减小，但每个串联电容两端承受的电压与容量成反比（$U_1/U_2=C_2/C_1$），即电容串联后，容量小的电容两端要承受更高的电压。

图 1-30 所示电路中采用两个电容 C_1、C_2 串联来提高总耐压，为了使每个电容两端承受的电压相等，要求 C_1、C_2 的容量相同，总耐压为两个电容耐压之和。若 C_1、C_2 的耐压都为 250 V，那么它们串联后就可以承受 500 V 电压。由于电容的容量有较大的离散性，即使型号、容量都相同的电容，容量也可能有一定的差别。在两个电容串联后，容量小的电容两端承受的电压高，易被击穿，该电容被击穿短路后，另一个电容会承受全部电压，也会被击穿。为了避免这种情况的出现，往往要在串联的电容两端并联阻值相同的均压电阻，使容量不同的电容两端承受的电压相同。

图 1-30 所示电路中的电阻 R_1、R_2 就是均压电阻，其阻值相同，并且都并联在电容两端。当容量小的电容两端电压高时，该电容会通过并联的电阻放电来降低两端电压，使两

个电容两端的电压保持相同。

2）电感滤波电路

电感滤波电路如图 1-31 所示，主要采用一个电感量很大的电感 L 作为滤波元件。其工作原理是：工频电源经三相整流电路后有电流流过电感 L，当流过的电流 I 增大时，L 会产生左正右负的电动势阻碍电流增大，使电流慢慢增大；当流过的电流 I 减小时，L 会产生左负右正的电动势，该电动势会产生电流并与整流电路送来的电流一起送往后级电路，这样送往后级电路的电流慢慢变小，即由于电感的作用，整流电路送往逆变电路的电流变化很小。

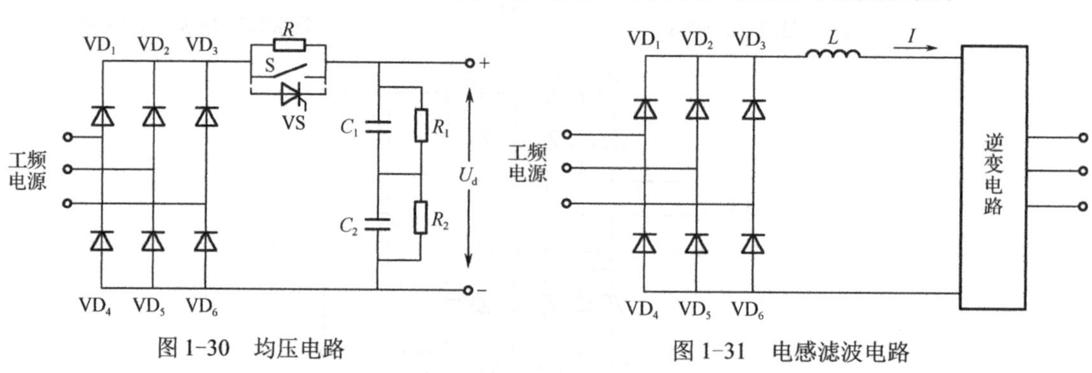

图 1-30　均压电路

图 1-31　电感滤波电路

3）制动电路

变频器是通过改变输出交流电的频率控制电动机转速的。当需要电动机减速时，变频器逆变电路输出的交流电频率下降，由于惯性原因，电动机转子转速会短时高于定子绕组产生的旋转磁场转速（该磁场由变频器提供给定子绕组的交流电产生），电动机处于再生发电制动状态，它会产生电动势通过逆变电路对滤波电容反充电，使电容两端的电压升高。

为了防止电动机减速再生发电制动时对电容所充电压过高，同时也为了提高减速制动速度，通常需要在变频器的中间电路中设置制动电路。

图 1-32 中的虚线框部分为制动电路，由 R_1、VT 构成。在对电动机进行减速控制过程中，由于电动机转子的转速高于绕组产生的旋转磁场的转速，电动机工作在再生发电制动状态，电动机绕组会产生电动势，经逆变电路对电容 C 充电，使 C 两端电压 U_d 升高。为了避免过高的 U_d 损坏电路中的元器件，在对电动机减速时，控制电路会将控制信号送到晶体管 VT 的基极，VT 导通，C 通过 R_1、VT 放电，使 U_d 下降。同时电动机通过逆变电路送来的反馈电流经 R_1、VT 形成回路，该电流在流回电动机绕组时，绕组会对转子产生很大的制动力矩，从而使电动机快速由高速转为低速，回路电流越大，绕组产生的磁场对转子形成的制动力矩就越大。如果电动机功率较大或电动机需要频繁调速，可给变频器外接制动电阻 R，R 和 R_1 并联后，电容放电回路和电动机

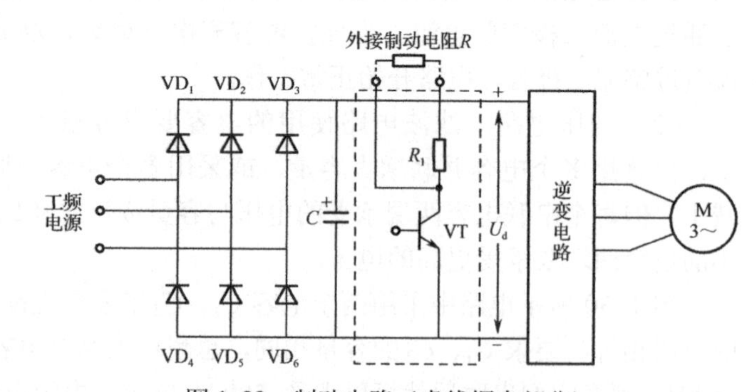

图 1-32　制动电路（虚线框内部分）

再生发电制动回路电阻都会减小，从而提高电容 C 的放电速度并增加电动机的制动力矩。

3. 逆变电路

扫一扫看逆变电路的分类与常见问题

逆变电路的功能是将直流电转换成交流电。变频器采用的逆变电路主要采用方波逆变电路和 SPWM 逆变电路。

1）方波逆变电路

图 1-33 中的虚线框部分是一种典型的三相桥式逆变电路。VT_1～VT_6 为大功率的电力晶体管，在控制电路（图中未画出）送来的脉冲控制下，方波逆变电路按一定的方式导通、关断，同时将直流电压 U_d 转换成三相交流方波电压送给电动机。通过改变晶体管的导通、关断频率可以改变电路输出的三相交流电频率，以实现对电动机的变频调速控制。该逆变电路输出的三相交流电压为方波电压，故称其为方波逆变电路。

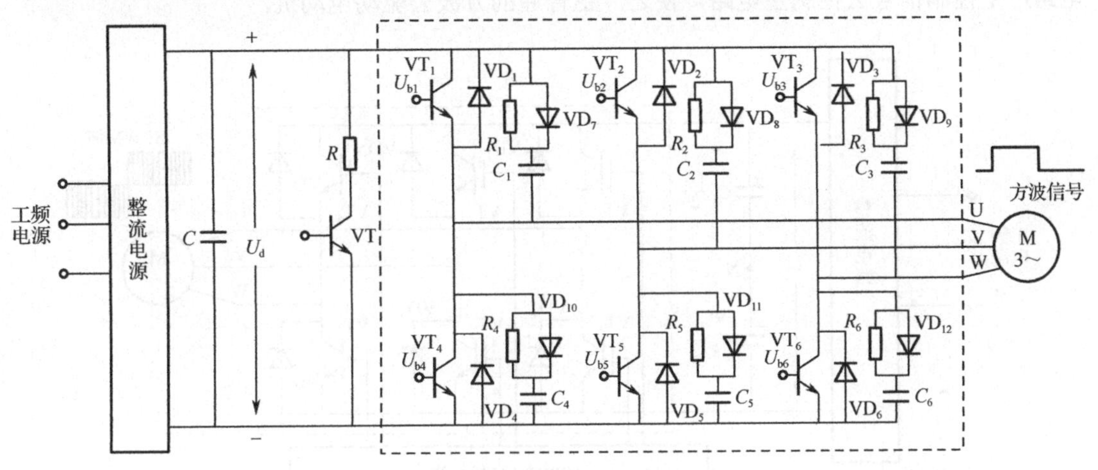

图 1-33　方波逆变电路

图 1-33 中的 VD_1～VD_6 为续流二极管，在晶体管导通、关断切换时，或者在电动机减速时，电动机绕组均会产生电动势，绕组产生的电动势通过续流二极管对滤波电容 C 充电，将电能回馈给直流电路，提高电能利用率。例如，在 VT_1、VT_6、VT_2 关断时，电动机产生的电动势极性为 V 端+、W 端+、U 端−，电动势会对电容 C 充电，充电途径是：V+→VD_2→C，W+→VD_3→C，两路充电电流对 C 充电后汇成一路，经 VD_4 回到 U−。

R_1～R_6、C_1～C_6、VD_7～VD_{12} 为缓冲保护电路，用来保护晶体管，防止晶体管被高电压、大电流损坏。以晶体管 VT_1 为例，在 VT_1 由导通转为截止状态时，若无 R_1、C_1、VD_7 这 3 个缓冲保护元件，VT_1 两端电压会突然由 0（忽略 VT_1 导通压降）瞬间升至很高，VT_1 易被瞬间升高的电压击穿。在 VT_1 两端并联了 R_1、C_1、VD_7 后，VT1 由导通转为截止时，由于 C_1 两端电压很低（C_1 在 VT_1 导通时会通过 VT_1 放电，两端电压接近 0），VT_1 两端电压 U_{VT1} 也很低（$U_{VT1}=U_{VD7}+U_{C1}$，$U_{VD7}=0.5\sim0.7\ V$，U_{C1} 接近 0），然后电压 U_d 经 VD_7 对 C_1 充电，C_1 两端电压逐渐上升，VT_1 两端电压也随之上升，因为 VT_1 电压逐渐上升，所以不易被损坏，实现了防瞬间高压损坏的保护。在 VT_1 由截止转为导通状态时，C_1 通过 R_1 经 VT_1

放电（VD_7 反向截止），由于 R_1 的阻碍，流过 VT_1 的放电电流不会很大，可以避免放电电流过大损坏 VT_1。

2）SPWM 逆变电路

由于方波逆变电路产生的是方波信号，其所含的谐波成分较多，会使电动机发热且转矩脉动大，在低速时影响转速平稳。解决这个问题的方法有两个：一是采用多个方波逆变电路组成多重方波逆变电路，以产生接近正弦波的信号去驱动电动机；二是采用 SPWM 逆变电路，产生与正弦波等效的 SPWM 波去驱动电动机。

图 1-34 中的虚线框部分为 SPWM 逆变电路。从图 1-34 中可以看出，SPWM 逆变电路与方波逆变电路基本相同，两者的不同之处主要在于控制电路，SPWM 逆变电路的控制电路产生控制信号去控制主电路，使之产生 SPWM 波去驱动电动机；而方波逆变电路的控制电路产生控制信号去控制主电路，使之产生普通的方波去驱动电动机。

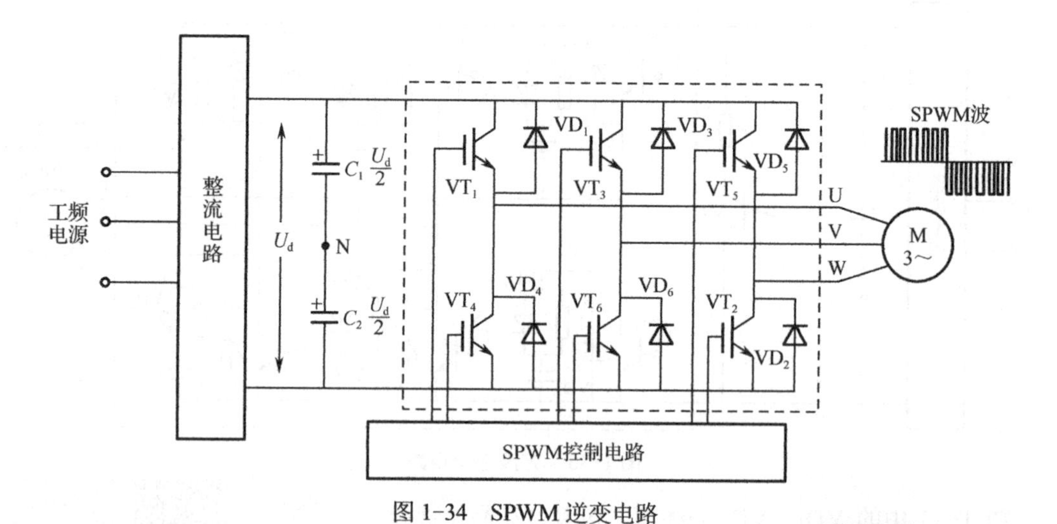

图 1-34　SPWM 逆变电路

扫一扫看逆变电路工作原理教学课件

任务实施

1. 识读电路

对照变频器的主电路图，并根据所学知识，说明各单元电路的主要作用，并说明其包含的主要元器件及元器件的作用。

2. 分析电路

说明电源从输入端到输出端驱动电动机电信号的变化。

任务拓展

（1）整流（AC-DC）、逆变（DC-AC）、交-交（AC-AC）这 3 种电源变换除在变频器中有相应应用外，还可应用于哪些方面？

（2）分别从电路结构、性能及适用范围角度，说明交-直-交变频器和交-交变频器的优缺点。

子任务 1.2.3 变频调速控制方式的认识

任务描述

变频器的控制方式有多种，通过对变频器控制方式的学习，要求：①明确各种控制方式的原理及优缺点；②说明 MM440 变频器的控制方式，并说明变频器实现变频、变压的原因。

任务目标

扫一扫看变频器基本控制方式微课视频

（1）了解变频器的基本控制方式。

（2）掌握 MM440 变频器的控制方式。

扫一扫看变频器基本控制方式教学课件

相关知识

变频调速控制方式主要有 4 种：电压/频率控制方式、转差频率控制方式、矢量控制方式和直接转矩控制方式。

1. 电压/频率控制方式

电压/频率控制方式又称 U/f 控制方式，该方式在控制主电路输出电源频率变化的同时，也调节输出电源的电压大小。

1）电压/频率同时调节的原因

变频器通过改变输出交流电压的频率来调节电动机的转速，交流电压的频率越高，电动机的转速越快。为什么在调节交流电压频率的同时要改变输出电压呢？原因主要有以下几点：

（1）电动机绕组对交流电呈感性，当变频器输出交流电压的频率升高时，绕组的感抗增大，流入绕组的电流减小；而当变频器输出交流电压的频率降低时，绕组的感抗减小，流入绕组的电流增大，过大的电流易烧坏绕组。为此，需要在交流电压的频率升高时提高电压，在交流电压的频率下降时降低电压。

（2）在异步电动机运转时，一般希望无论是高速还是低速时都具有恒定的转矩（即转力）。理论和实践证明，只要异步电动机绕组的交流电压与频率之比是定值，即 U/f=定值，转子就能产生恒定的转矩。根据 U/f=定值可知，为了使电动机产生恒定的转矩，要求 $U\uparrow \rightarrow f\uparrow$，$U\downarrow \rightarrow f\downarrow$，所以电压/频率控制也被称为恒磁通或者恒转矩控制。

2）电压/频率控制的实现方式

变频器电压/频率控制的实现方式有两种：整流变压逆变变频方式和逆变变压变频方式。

（1）整流变压逆变变频方式。整流变压逆变变频方式是指在整流电路进行变压，在逆变电路进行变频。图 1-35 是整流变压逆变变频方式示意图，由于在整流电路进行变压，故需采用可控整流电路。

在工作时，先通过输入调节装置设置输出频率，控制系统会按设置的频率产生相应的变压控制信号和变频控制信号，变压控制信号去控制可控整流电路改变整流输出电压（如设定频率较低，会控制整流电路降低输出电压）；变频控制信号去控制逆变电路，使之输出设定频率的交流电压。

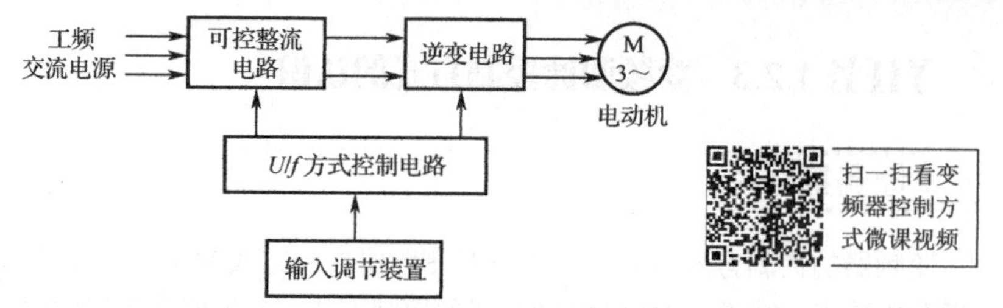

图 1-35　整流变压逆变变频方式示意图

（2）逆变变压变频方式。逆变变压变频方式是指在逆变电路中同时进行变压和变频。图 1-36 是逆变变压变频方式示意图。由于其无须在整流电路变压，故采用不可控整流电路。为了容易实现在逆变电路中同时进行变压变频，一般采用 SPWM 逆变电路。

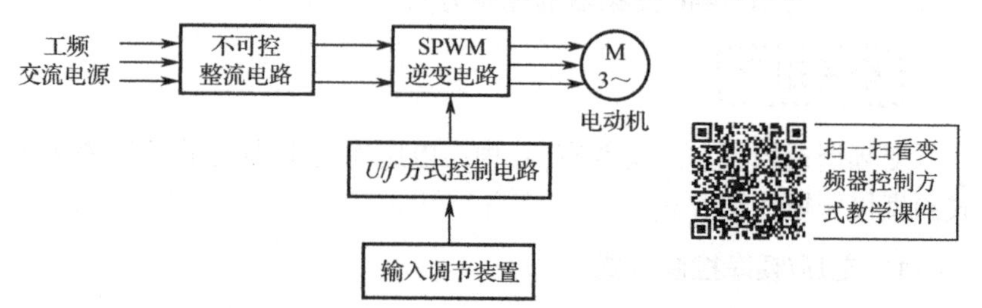

图 1-36　逆变变压变频方式示意图

在工作时，先设置好变频器的输出频率，控制系统会按设置的频率产生相应的变压变频控制信号去控制 SPWM 逆变电路，使之产生等效电压和频率同时改变的 SPWM 波去驱动电动机。

3）电压/频率控制的特点

采用电压/频率控制方式的变频器，优点是控制电路简单、通用性强、性价比高、可配接通用标准的异步电动机，故通用变频器广泛采用这种控制方式。由于电压/频率控制方式未采用速度传感器检测电动机的实际转速，故转速控制精度较差，另外在转速较低时产生的转矩不足。

☆注意： 不论何种电压/频率的实现方式，要使得 U/f=常数，前提是变频器的输出频率在额定频率以下。

想一想： 为什么变频器的输出频率如果在额定频率以上时，电压/频率控制方式就不被采用了呢？

2. 转差频率控制方式

转差频率控制方式又称 SF 控制方式，该方式通过控制电动机旋转磁场的频率与转子转速的频率之差来控制转矩。

1）转差频率控制原理

异步电动机是依靠定子绕组产生的旋转磁场来使转子旋转的，转子的转速略低于旋转磁场的转速，两者之差称为转速差。旋转磁场的频率用 ω_1 表示（ω_1 与磁场旋转速度成正比，转速越快，ω_1 越大），转子转速的频率用 ω 表示。理论和实践证明，在转差不大的情况下，只要保持电动机磁通 Φ 不变，异步电动机的转矩与转差频率 ω_s（$\omega_s=\omega_1-\omega$）就成正比。

从上述原理不难看出，转差频率控制有两个要点。

（1）在控制时要保持电动机的磁通 Φ 不变。磁通 Φ 的大小与定子绕组电流 I 及转差频率 ω_s 有关，图 1-37 是保持 Φ 恒定的 I、ω_s 曲线。该曲线表明，要保持 Φ 恒定，在转差频率 ω_s 大时须增大定子绕组电流 I，反之在 ω_s 小时须减小 I。例如，在 ω_s=0 时，只要很小的电流 I_0 就能保持 Φ 不变。电动机定子绕组的电流大小是通过改变电压来改变的，提高电压可增大电流。

（2）异步电动机的转矩与转差频率成正比。调节转差频率就可以改变转矩大小，如增大转差频率可以增大转矩。

2）转差频率控制的实现

图 1-38 是一种转差频率控制实现示意图。电动机在运行时，测速装置检测出转子转速的频率 ω，该频率再与设定频率 ω_1 相减，经调节器调节后得到转差频率 ω_s（$\omega_s=\omega_1-\omega$），ω_s 分作两路：一路经恒定磁通处理电路后形成控制电压 U，去控制整流电路改变输出电压。例如，ω_s 较大时，控制整流电路输出电压升高，以增大定子绕组电流。另一路 ω_s 与 ω 相加得到设定频率 ω_1，去变频控制电路，让它控制逆变电路输出与设定频率相同的交流电压。

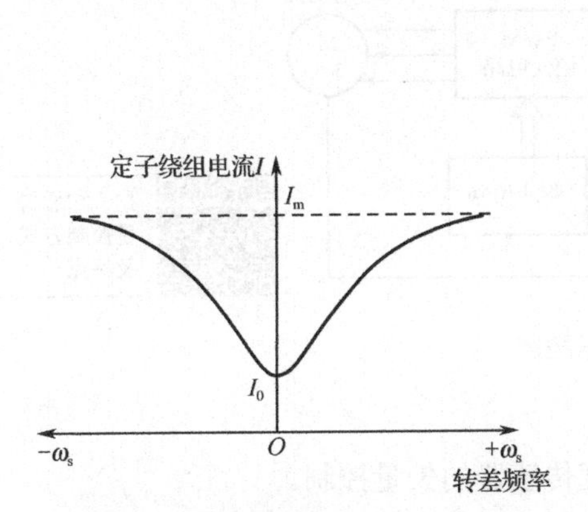

图 1-37　保持 Φ 恒定的 I、ω_s 曲线

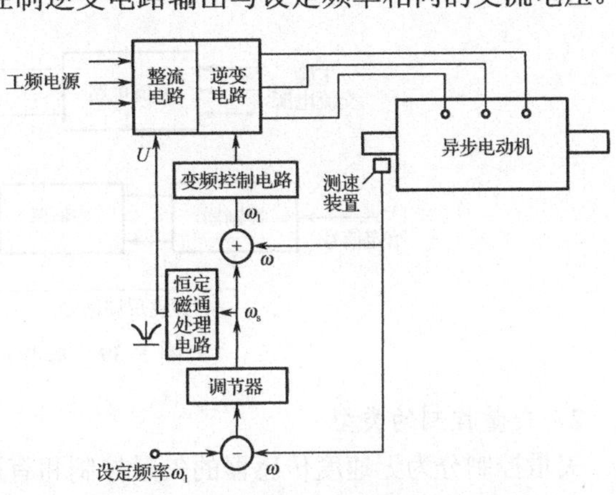

图 1-38　一种转差频率控制实现示意图

3）转差频率控制的特点

转差频率控制采用测速装置实时检测电动机转速的频率，再与设定的转速频率比较得到转差频率，然后根据转差频率形成相应的电压和频率控制信号，去控制主电路。这种闭环控制转差频率控制方式的加减速性能有较大的改善，调速精度也得到很大的提高。

转差频率控制需采用测速装置，由于不同的电动机特性有差异，在变频器配接不同电动机时需要对测速装置进行参数调整，除比较麻烦外，还会因调整偏差引起调速误差，所以采用转差频率控制方式的变频器通用性较差。

3. 矢量控制方式

矢量控制方式通过控制变频器输出电流的大小、频率和相位来控制电动机的转矩，进而控制电动机的转速。

1）矢量控制原理

直流电动机是一种调速性能较好的电动机。直流电动机可通过改变励磁绕组电流或电

枢绕组电流的大小进行调速。与异步电动机相比，直流电动机具有调速范围宽、能够实现无级调速等优点。为了使异步电动机也能实现如直流电动机一样良好的调速性能，异步电动机可采用矢量控制方式的变频器。

矢量控制是依据直流电动机调速控制的特点，将异步电动机定子绕组电流（即变频器输出电流）按矢量变换的方法分解形成类似于直流电动机的磁场电流分量（励磁电流）和转矩电流分量（转矩电流），只要控制异步电动机定子绕组电流的大小和相位，就能控制励磁电流和转矩电流，从而实现如直流电动机一样的良好调速控制。

基本的矢量控制如图 1-39 所示。从电动机反馈过来的速度反馈信号送到控制器，同时给定信号也送到控制器，两信号经控制器处理后形成与励磁电流和转矩电流对应的 I_1、I_2 电流。两电流再去变换器进行变换而得到三相电流信号。这三相电流信号再驱动控制电路形成相应的控制信号，去控制 PWM 逆变电路开关器件的通断，为电动机提供定子绕组电流。在需要对电动机进行调速时，改变给定信号，送给逆变电路的控制信号就会变化，逆变电路开关器件的通断情况也会发生变化，从而改变提供给电动机定子绕组电流的大小、频率和相位，以实现对电动机进行良好的调速控制。

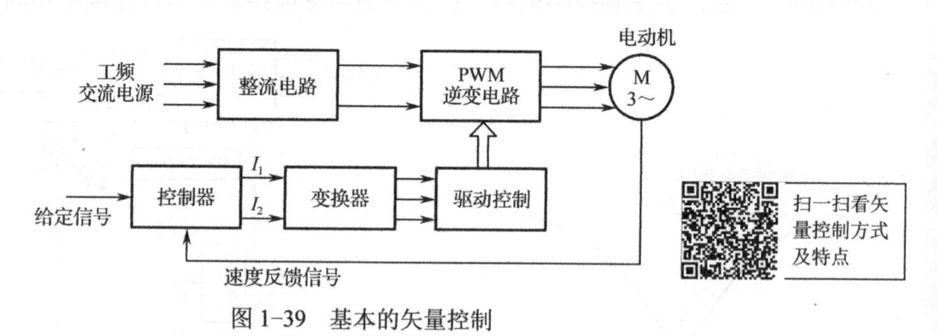

图 1-39　基本的矢量控制

2）矢量控制的类型

矢量控制分为无速度传感器的矢量控制和有速度传感器的矢量控制。

（1）无速度传感器的矢量控制。无速度传感器的矢量控制如图 1-40 所示。其没有应用速度传感器检测电动机转速信息，而是采用电流传感器（或电压传感器）检测定子绕组的电流（或电压），然后送到矢量控制的速度换算电路，推算出电动机的转速，再参照给定信号形成相应的控制信号去控制 PWM 逆变电路。

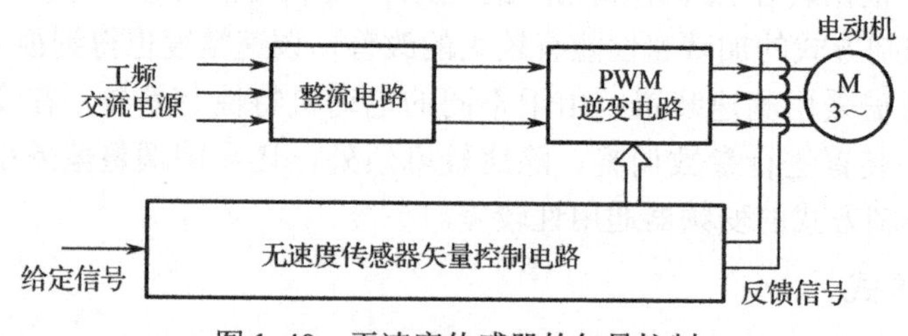

图 1-40　无速度传感器的矢量控制

（2）有速度传感器的矢量控制。有速度传感器的矢量控制如图 1-41 所示，主要采用速度传感器来检测电动机的转速。有速度传感器的矢量控制较无速度传感器的矢量控制在速度调节上范围更宽，前者可达后者的 10 倍，这主要是因为后者缺少准确的转速反馈信号。

采用速度传感器矢量控制方式的变频器通用性较差，因为速度传感器对不同特性的异步电动机检测会有差异。

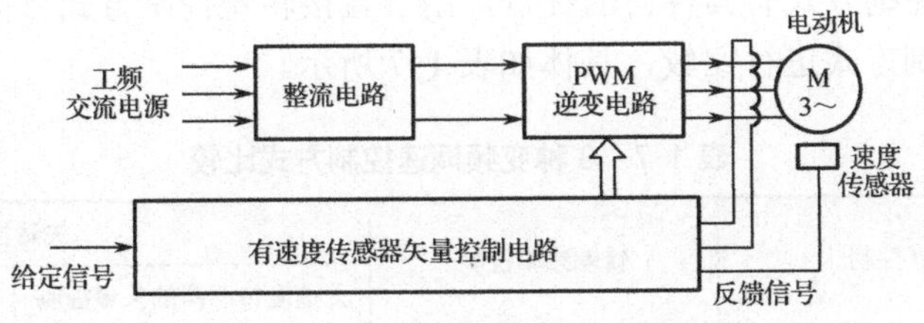

图 1-41 有速度传感器的矢量控制

3）矢量控制的特点及适用范围

矢量控制主要有以下特点：

（1）低频时的转矩大。一般通用变频器在低频时的转矩较小，在 5 Hz 以下无法满负荷工作，而采用矢量控制的变频器在低频时也能使转矩高于额定转矩。

（2）动态响应快。直流电动机不容许电流变化率过高，而矢量控制变频器容许异步电动机电流变化速度快，因此调速响应快，一般可达 ms 级。

（3）控制灵活。直流电动机通常根据不同的负载来选择不同特性的串励、并励或他励方式，而矢量控制的异步电动机可通过改变控制参数使其具有不同的特性。

矢量控制系统的适用范围主要有以下几种：

（1）恶劣的工作环境，如工作在高温高湿并有腐蚀气体环境中的印染机、造纸机可用矢量控制方式的变频器。

（2）要求高速响应的生产机械，如机械手驱动系统等。

（3）高精度的电力驱动，如钢板、线材卷取机等。

（4）高速电梯驱动系统等。

扫一扫看直接转矩控制微课视频

4. 直接转矩控制方式

直接转矩控制又称 DTC 控制，是目前最先进的交流异步电动机控制方式，但在中小型变频器中很少采用。直接转矩控制的基本原理是通过对磁链和转矩的直接控制来确定逆变器的开关状态，这样不需复杂的数学模型及中间变换环节，就能对转矩进行有效的控制，非常适用于重载、起重、电力牵引、大惯量、电梯等设备的驱动要求，且价格低、电路较矢量控制简单、调试容易，但精度不如矢量控制好。

直接转矩控制如图 1-42 所示，是通过检测定子电流和电压，计算出磁通和转矩，再经速度调节器、转矩调节器、磁链调节器、开关模式器来控制 PWM 逆变器的。

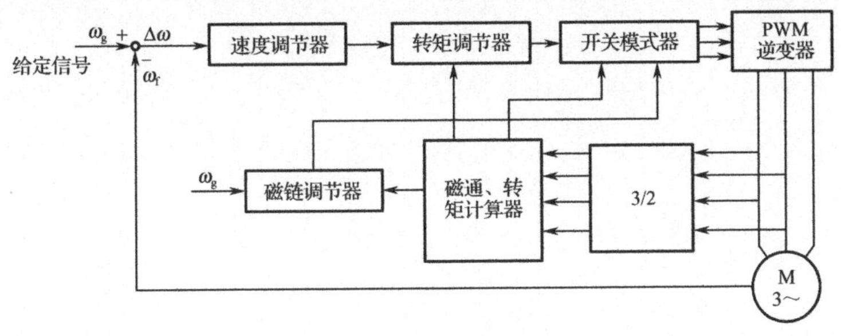

图 1-42 直接转矩控制

5. 变频调速控制方式比较

4 种变频调速控制方式有其各自的优点，由于直接转矩控制方式目前较少采用，下面仅将 3 种变频调速控制方式进行比较，具体如表 1-7 所示。

表 1-7　3 种变频调速控制方式比较

控制方式	*U/f* 控制	转差频率控制	矢量控制	
			无速度传感器的矢量控制	有速度传感器的矢量控制
速度传感器	不要	要	无	要
调速范围	1:20	1:40	1:100	1:1000
启动转矩	150%额定转矩（3 Hz 时）	150%额定转矩（3 Hz 时）	150%额定转矩（1 Hz 时）	150%额定转矩（0 Hz 时）
调速精度	−3%～−2% +2%～+3%	±0.03%	±0.2%	±0.01%
转矩限制	无	无	可以	可以
转矩控制	无	无	无	可以
应用范围	通用设备单纯调速或多电动机驱动	稳态调速精度提高，动态性能有限度提高	一般调速	伺服控制，高精度调速，转矩可控

任务实施

1. 明确变频器的各种控制方式

（1）了解变频器各种控制方式的原理。

（2）对变频器各种控制方式进行比较，明确各自的优缺点。

2. 明确 MM4 系列变频器的控制方式

（1）说明 MM4 系列变频器的控制方式（包括 MM420、MM430、MM440），并说明各自的优势。

（2）说明变频器实现变频、变压的原因。

任务拓展

（1）如何对变压变频控制方式进行验证？

（2）当变频器输出频率大于额定频率时，属于何种控制方式？

任务测验 2

一、选择题

1．正弦波脉冲宽度调制英文缩写是（　　）。

A．PWM　　B．PAM　　C．SPWM　　D．SPAM

2．对电动机从基本频率向上的变频调速属于（　　）调速。

A．恒功率　　B．恒转矩　　C．恒磁通　　D．恒转差率

3．目前，在中小型变频器中普遍采用的电力电子器件是（　　）。

A．SCR　　B．GTO　　C．MOSFET　　D．IGBT

4．IGBT 属于（　　）控制型器件。

A．电流　　B．电压　　C．电阻　　D．频率

5．变频器的调压调频过程是通过控制（　　）进行的。

A．载波　　B．调制波　　C．输入电压　　D．输入电流

6．根据已学知识判断型号为 FRN30G11S-40 的富士变频器，其适配的电动机容量为（　　）kW。

A．30　　B．11　　C．40　　D．10

7．高压变频器指工作电压在（　　）kV 以上的变频器。

A．3　　B．5　　C．6　　D．10

8．在变频调速过程中，为了保持磁通恒定，必须保持（　　）。

A．输出电压 U 不变　　B．频率 f 不变

C．U/f 不变　　D．$U\cdot f$ 不变

9．电压型变频器的中间直流环节采用（　　）作为储能环节。

A．大电感　　B．大电容　　C．大电阻　　D．二极管

10．变频器驱动恒转矩负载时，对于 U/f 控制方式的变频器而言，应有低速下的（　　）提升功能。

A．电流　　B．功率　　C．转速　　D．转矩

11．变频器的种类很多，其中按滤波方式可分为电压型和（　　）型。

A．电流　　B．电阻　　C．电感　　D．电容

12．在逆变电路中续流二极管 VD 的作用是（　　）。

A．续流　　B．逆变　　C．整流　　D．以上都不是

13．变频器的节能运行方式只能用于（　　）控制方式。

A．U/f 开环　　B．矢量　　C．直接转矩　　D．CVCF

14．在 SPWM 中，三角波决定了脉冲的频率，称为（　　）。

A．调制波　　B．谐波　　C．载波　　D．正弦波

二、填空题

1．变频器的种类很多，其中按用途可分为通用型和__________型。

2．变频器的组成可分为主电路和______电路。

3．为了使变频器制动电阻免遭烧坏，采用的保护方法是______________。

4．变频器是将工频交流电变为________和_______可调的____相交流电的电气设备。

5．变频调速时，基频以下的调速属于______调速，基频以上的属于_________调速。

6．变频器的显示屏可分为______显示屏和______显示屏。
7．变频器输入控制端子分为______端子和______端子。
8．变频器按变换环节可分为______型和______型变频器
9．基频以下调速时，变频装置必须在改变输出______的同时改变输出______的幅值。
10．变频器主电路由_____电路、中间_____电路、______三部分组成。
11．变频器的控制方式主要有______控制、______控制和______控制。

三、综合题

1．什么是 *U/f* 控制？变频器在变频时为什么要变压？
2．交流异步电动机变频调速的理论依据是什么？
3．已知某变频器的主电路如图 1-43 所示，试回答下列问题：
（1）电阻 R_L 和晶闸管的作用是什么？
（2）电阻 R_{01} 和二极管 VD_{13} 的作用是什么？
（3）电容 C_{F1} 和 C_{F2} 串联后的主要功能是什么？
（4）制动单元 R_B 和 VT_B 的作用是什么？

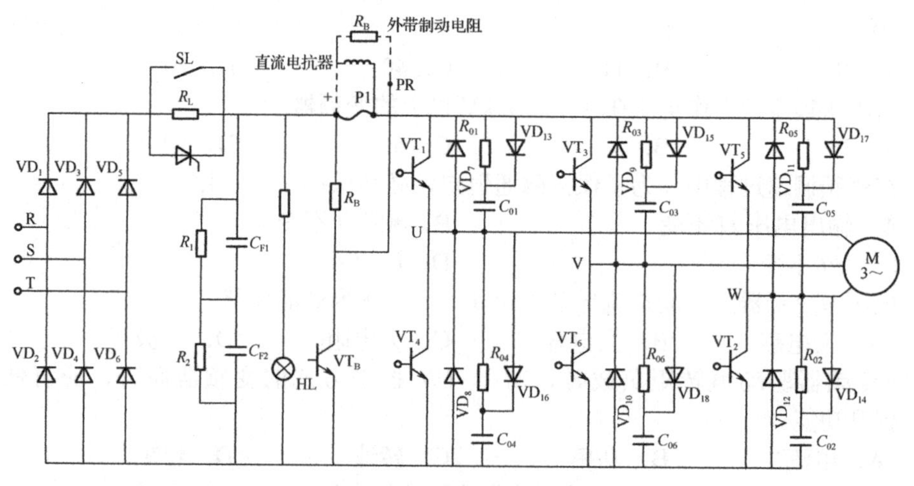

图 1-43　某变频器的主电路

4．请完成图 1-44 所示的交-直-交变频器的主电路图。
5．画出如图 1-45 所示半波整流电路的负载电阻 R_d 上的波形。

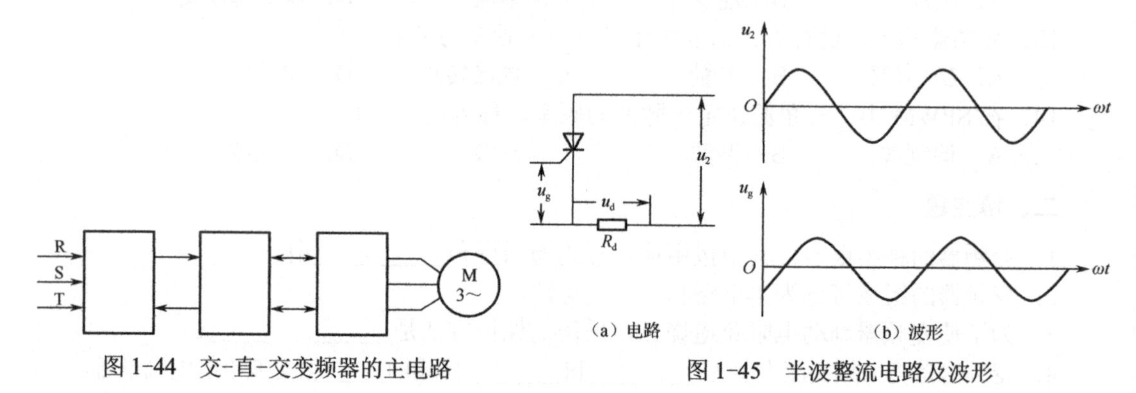

图 1-44　交-直-交变频器的主电路

图 1-45　半波整流电路及波形

项目2

变频器典型调速系统的装调

项目概述

扫一扫看 MM440 变频器工作原理与选型

随着科技的不断进步，变频器不断更新与换代，并且其应用日益广泛。尤其变频器的优良调速、节能、软启动等性能，备受广大用户的青睐。作为变频器的学习和使用者，熟悉并掌握变频器的正确现场调试方法与技术要领，对变频器的正常运作、故障减少、使用寿命延长至关重要。

变频调速系统通过改变电动机电源频率实现速度调节，是一种理想的高效率、高性能的调速手段。其常见的控制方式有两种：一种是面板控制方式，这种控制方式是通过变频器面板启动/停止变频器及修改频率等；另一种是通过外部控制器或仪表控制方式，这种控制方式主要通过控制器（如 PLC）给变频器启动/停止信号和频率信号，这种控制方式依据信号类型的不同又可以分为两种：一种类型是数字量信号和模拟信号，另外一种是通信数字信号。

本项目介绍 MM440 变频器、高性能典型变频调速系统的控制环节及其装调时的注意事项，既有原理介绍又有应用。在介绍原理时，强调物理概念，无抽象的矩阵推导；在介绍应用时，把众多工艺要求中的共性问题提炼出来，按照实现这些共性工艺要求的控制方法的不同，归纳出几类典型工艺控制系统，分别予以介绍。

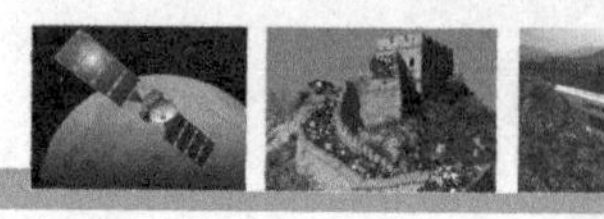

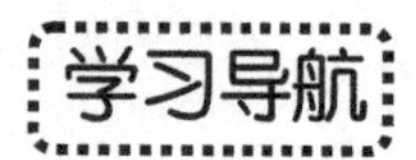

项目构成	变频器典型调速系统的装调（36学时） ├ 变频器面板的认识及参数设置（4学时）：MM440变频器面板的认识及操作（2学时）；变频器的参数设置与调试（2学时） ├ 变频器的面板控制操作（8学时）：变频器面板控制的基本操作（4学时）；变频器对电动机运行性能的优化与设置（4学时） └ 变频器的外部端子控制操作（24学时）：变频器的数字量控制操作（4学时）；变频器的模拟量控制操作（4学时）；变频器的自动再启动控制操作（4学时）；变频器的多段速控制操作（4学时）；变频器的输出量控制操作（4学时）；变频器的PID控制操作（4学时）
学习目标	（1）掌握MM440变频器基本操作面板的按键功能。（2）了解MM440变频器的参数类型。 （3）掌握MM440变频器的参数调试步骤及参数设置方法。 （4）掌握变频器主电路的接线方法并熟练掌握通过面板控制电动机运行的方法。 （5）掌握各种频率和时间的含义及对应参数设置的方法。（6）掌握与电动机运行性能相关的参数及其设置方法。 （7）掌握通过变频器外部数字量端子控制电动机运行的方法。 （8）掌握变频器的模拟量输入端子及参数设置，以及外接电位器控制变频器输出频率的方法。 （9）掌握变频器频率给定线的含义及相关参数的设置。（10）掌握变频器瞬时停电自动再启动控制的方法。 （11）掌握3种实现变频器多段速频率控制的方式。 （12）掌握数字量端子实现变频多速功能时的相关参数设置及多段速运行的应用操作。 （13）掌握MM440变频器的模拟量输出端子及参数设置。（14）掌握MM440变频器的继电器输出端子及参数设置。 （15）掌握MM440变频器的制动方法和参数设置。（16）掌握面板设定目标值的接线方法及参数设置。 （17）掌握端子设定多个目标值的接线方法及参数设置。（18）熟悉P、I、D参数调试方法
学习重点	（1）MM440变频器基本操作面板的按键功能。（2）变频器的参数调试步骤及参数设置方法。 （3）变频器的面板控制操作。（4）变频器外部端子的功能及对应的主要参数设置。 （5）变频器的数字量控制运行操作方法及相应参数设置。（6）变频器的模拟量输入端子操作方式及参数设置。 （7）变频器频率给定线及相关参数的设置。 （8）变频器瞬时停电自动再启动控制操作方法及相应参数设置方法。 （9）MM440变频器的继电器输出端子及参数设置。（10）MM440变频器的制动方法和参数设置。 （11）P、I、D参数调试方法
学习难点	（1）变频器外接电位器控制变频器输出频率的方法及参数设置。 （2）3种变频器多段速频率控制的实现方式。 （3）通过数字量端子实现变频多速功能时的参数设置及多段速的应用操作。 （4）面板设定目标值的接线方法及参数设置。 （5）端子设定多个目标值的接线方法及参数设置 扫一扫看本项目课程思政内容设计
课程思政	思政元素：严谨细致、追求卓越的最美精神 融入方式：别出心裁的评价方式——最美小组的评选 思政目标：（1）培养学生严谨细致、一丝不苟的工作精神，养成良好的操作习惯。（2）培养学生不断进取、追求卓越的竞争意识和奋斗精神

任务 2.1　变频器面板的认识及参数设置

子任务 2.1.1　MM440 变频器面板的认识及操作

任务描述

变频器有哪些类型的操作面板？基本操作面板有哪些按键？各按键的作用是什么？

任务目标

（1）了解 MM440 变频器操作面板的类型。

（2）掌握 MM440 变频器基本操作面板的按键分布及按键功能。

扫一扫看变频器面板的认识教学课件

相关知识

MM440 变频器安装的标准配置操作面板是状态显示面板（SDP）（标准件），对一般用户来说，利用状态显示面板（SDP）和出厂设置值就可使变频器成功运行。如果出厂时的设置值不适合用户的设备状况，就可利用基本操作面板（BOP）或高级操作面板（AOP）进行参数修改，使变频器与设备匹配。操作面板如图 2-1 所示。

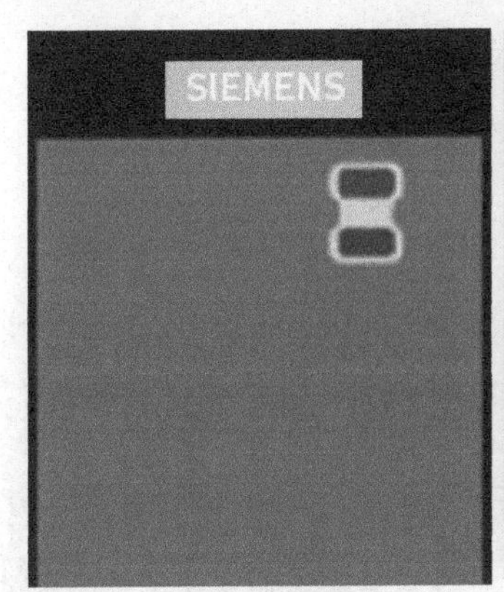

（a）SDP

（b）BOP

（c）AOP

图 2-1　操作面板

扫一扫看变频器面板的认识微课视频

1. 状态显示面板（SDP）操作

如果变频器安装的操作面板是状态显示面板（SDP），其上的两个 LED 指示灯可以显示变频器的运行状态，变频器的故障状态与报警信息可以由这两个 LED 指示灯显示出来，其状态说明如表 2-1 所示。

使用变频器安装的 SDP 可进行以下操作：启动和停止电动机（数字输入 DIN1 由外接开关控制）、使电动机反向（数字输入 DIN2 由外接开关控制）、故障复位（数字输入 DIN3 由外接开关控制）。再连接模拟输入信号，即可实现对电动机速度的控制，具体连接电路如图 2-2 所示。

表 2-1　状态显示面板（SDP）的状态说明

LED 指示灯		显示优先级	变频器状态说明
绿色	黄色		
OFF	OFF	1	供电电源未接通
OFF	ON	8	变频器故障（下列故障除外）
ON	OFF	13	变频器正在运行
ON	ON	14	运行准备就绪
OFF	R1	4	故障，过电流
R1	OFF	5	故障，过电压
R1	ON	7	故障，电动机过热
ON	R1	8	故障，变频器过热
R1	R1	9	电流极限报警（两个 LED 以相同的时间闪烁）
R1	R1	11	其他报警（两个 LED 交替闪烁）
R1	R2	6/10	欠电压跳闸/欠电压报警
R2	R1	12	变频器不在准备状态，显示>0
R2	R2	2	ROM 故障（两个 LED 同时闪烁）
R2	R2	3	RAM 故障（两个 LED 交替闪烁）

注：R1—闪烁时亮灯时间约为 1s；R2—闪烁时亮灯时间约为 0.3s。

使用 SDP 进行操作时，变频器的预先设定值必须与以下的电动机数据兼容：电动机的额定功率、电动机的额定电压、电动机的额定电流和电动机的额定频率（建议采用西门子公司的标准电动机）。

此外，还必须满足以下条件：

（1）按照线性 U/f 控制特性，由模拟电位计控制电动机速度。

（2）频率为 50 Hz 时最大速度为 3000 r/min（60 Hz 时为 3600 r/min），可通过变频器的模拟输入端用电位计控制。

（3）斜坡上升时间/斜坡下降时间为 10 s。

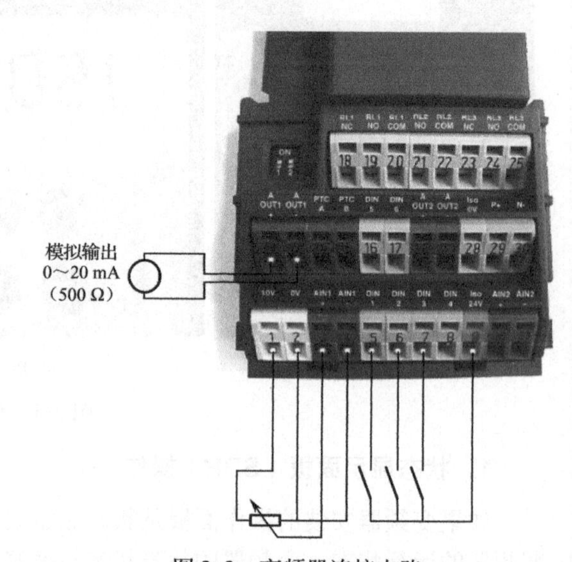

图 2-2　变频器连接电路

2. 基本操作面板（BOP）操作

基本操作面板（BOP）显示变频器的参数序号和参数的设定值与实际值，故障和报警信息及设置变频器的各个参数，设置值由 5 位数字和单位显示。为了用基本操作面板设置参数，用户首先须将状态显示面板（SDP）从变频器上拆卸下来，然后将基本操作面板直接安装在变频器上，或者利用安装组合件安装在电气控制柜的门上。操作面板（BOP/AOP）的显示状态和按键功能如表 2-2 所示。

表2-2 操作面板（BOP/AOP）的显示状态和按键功能

显示/按钮	功能	说明
r0000	参数状态	LCD显示变频器当前参数的设定值状态
I	启动电动机	按此键启动电动机。默认为运行时被封锁，为了使此键操作有效，应设定P0700=1
0	停止电动机	OFF1：按此键，变频器将按设定的斜坡下降速率减速停车，默认为运行时被封锁，为了使此键操作有效，应设定P0700=1。 OFF2：按此键两次（或一次时间较长），电动机将在惯性作用下自由停车。此功能总是“使能”的
	改变电动机的转向	按此键可改变电动机的旋转方向。反向用负号（－）表示，或用闪烁的小数点表示。默认为运行时此键被封锁，为了使此键的操作有效，应设定P0700=1
jog	电动机点动	在变频器无输出的情况下按下此键，将使电动机启动，并按预先设定的点动频率运行。释放此键，变频器停止。如果变频器/电动机正在运行，按此键将不起作用
Fn	功能	（1）浏览辅助信息 在变频器运行过程中，显示任何一个参数时按下此键并保持2 s，将显示以下参数值：①直流回路电压（用d表示，单位为V）；②输出电流（单位为A）；③输出频率（单位为Hz）；④输出电压（用o表示，单位为V）；⑤由P0005选定的数值［如果P0005选择显示上述参数中的任何一个（②、③或④），这里将不再显示］。 若连续多次按下此键，将轮流显示以上参数。 （2）跳转功能 显示任何一个参数时短时间按下此键，将立即跳转到r0000。若需要，可接着修改其他参数。或者再按P键，显示变频器运行频率后退出。 在出现故障或报警时，按下此键可以将操作面板上显示的故障或报警信息复位
P	访问参数	按下此键即可访问参数
▲	增大数值	按此键即可增大面板上显示的参数数值
▼	减小数值	按此键即可减小面板上显示的参数数值

3. 高级操作面板（AOP）操作

高级操作面板（AOP）是可选件，具有以下特点：

（1）清晰的多种语言文本显示。

（2）多种参数组的上传和下载功能。

（3）可以通过PC（personal computer，个人计算机）编程。

（4）具有连接多个站点的能力，最多可连接30台变频器。

任务实施

1. 区分3种不同类型的操作面板

区分状态显示面板（SDP）、基本操作面板（BOP）及高级操作面板（AOP），填写完成表2-3。

表 2-3　3 种变频器操作面板的区别

区分角度	SDP	BOP	AOP
运行监视方法			
监视的内容			
按键组成			

2. 熟练操作面板

熟练操作基本操作面板上的 8 个按键，并掌握各个按键的功能和作用。

任务拓展

（1）查看变频器输出频率的方式有几种？分别如何进行操作？在哪种方式下可以修改输出频率？

（2）变频器的基本操作面板可以轮流显示哪几个参数值？其中输出电压和直流回路电压有何区别？

子任务 2.1.2　变频器的参数设置与调试

任务描述

（1）查看和修改普通参数、带下标参数的设定值，设置带小数点参数的设定值。

（2）进行参数的复位及快速调试。

任务目标

（1）了解 MM440 变频器的参数类型。

（2）明确各种操作对应的意义。

（3）掌握 MM440 变频器的参数调试步骤。

相关知识

扫一扫看 MM440 变频器的参数设置微课视频

1. MM440 变频器的参数名称、类型

1）参数说明

MM4××变频器有两种参数类型：一类是以字母 P 开头的参数，为用户可修改的参数；另一类是以字母 r 开头的参数，表示本参数为只读参数。

MM430/MM440 变频器的参数分成控制参数组（CDS）、与电动机和负载相关的驱动参数组（DDS），以及既不属于 CDS 也不属于 DDS 的其他参数三大类。CDS 和 DDS 又分为 3 组，其结构如图 2-3 所示。

在变频器产品的参数手册中能够查询具体参数属于哪一类参数组。在默认状态下使用的当前参数组是第 0 组参数，即 CDS0 和 DDS0。

举例说明：P1000 的第 0 组参数，在 BOP 上显示为 in000，可写作 P1000.0、P1000[0]或者 P1000in000 等形式。在本书中为了一致，均以 P1000[0]的形式表示 P1000 的

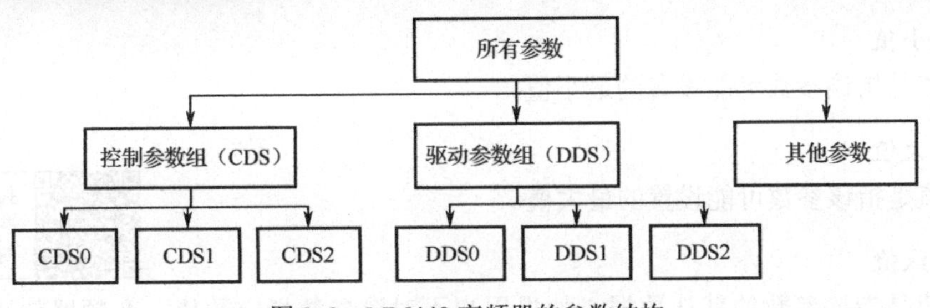

图 2-3 MM440 变频器的参数结构

第 0 组参数。

☆**注意：MM420 变频器没有控制参数组 CDS 和驱动参数组 DDS，它只有一套控制命令参数和驱动参数。**

2）参数号

参数号是指该参数的编号。参数号用 0000～9999 的 4 位数字表示。在参数号的前面冠以一个小写字母 r 时，表示该参数是只读参数，其他的所有参数号的前面都冠以一个大写字母 P。这些参数的设定值可以直接在标题栏的“最小值”和“最大值”之间进行修改。[下标]表示该参数是一个带下标的参数，并且指定了下标的有效序号。

3）参数名称

参数名称是指该参数的名称。有些参数的名称前面冠以缩写字母，如 BI、BO、CI、CO，其意义如下：

BI：二进制数据互联输入，表示该参数可以选择和定义输入的二进制数据信号源。

BO：二进制数据互联输出，表示该参数可以选择输出的二进制数据功能，或作为用户定义的二进制输出信号。

CI：模拟量互联输入，表示该参数可以选择和定义输入的模拟量数据信号源。

CO：模拟量互联输出，表示该参数可以选择输出的模拟量数据功能，或作为用户定义的模拟量输出信号。

CO/BO：模拟量/二进制数据互联输出，表示该参数可以作为模拟量或二进制数据输出信号，可由用户定义。

4）Cstat

Cstat 用于设置参数的调试状态。可能有三种状态，即调试（C）、运行（U）和准备运行（T）。对于一个参数，可以指定一种、两种或者全部三种状态。如果三种状态都被指定了，就表示这一参数的设定值在变频器的上述三种状态下都可以进行修改。

5）使能有效

使能有效表示该参数在输入新的参数值后立即修改；使能无效时要通过按下面板上的 P 键确认后才能使新输入的参数值有效，即确认该参数的修改值。

扫一扫看变频器的参数设置教学课件

6）数据类型

数据类型包括 U16（即 16 位无符号数）、U32（即 32 位无符号数）、I16（即 16 位整数）、I32（即 32 位整数）和 Float（即浮点数）。

7）最小值

最小值是指该参数可能设置的最小值。

8）最大值

最大值是指该参数可能设置的最大值。

扫一扫看参数 P0004 的功能

9）默认值

默认值是指该参数的默认数据，如果用户不对该参数指定数值，变频器就采用出厂时设定的这一数值作为该参数的值。

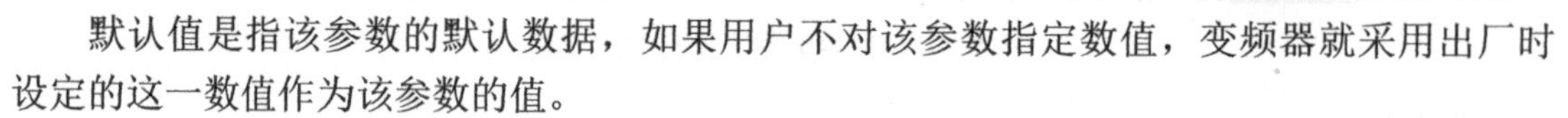

10）参数组

参数组是指具有特定功能的一组参数。参数 P0004（过滤参数）的功能是根据所选定的一组参数，对所有参数进行过滤（或筛选），并集中对过滤出的一组参数进行访问。

11）用户访问等级

用户访问等级是指容许用户访问参数的等级。变频器共有四个访问等级：标准级、扩展级、专家级和维修级。每个功能组中包含的参数取决于参数 P0003（用户访问等级）设定的访问等级。

2. 基本操作面板（BOP）的参数设置方法

1）设置变频器的普通参数

下面就以设置 P0004=3 的过程为例，介绍通过基本操作面板(BOP)修改设置参数的流程，如表 2-4 所示。

表 2-4　更改参数 P0004 数值的步骤

操作步骤		显示结果
1	按 P 键，访问参数	r0000
2	按 ▲ 键，直到显示出 P0004	P0004
3	按 P 键，进入参数数值访问级	0
4	按 ▲ 或 ▼ 键，到所需要的数值	3
5	按 P 键，确认并存储参数的数值	P0004

2）设置变频器的下标参数

下面以改变下标参数 P1000 的数值为例进行说明，操作步骤如表 2-5 所示。

表 2-5　改变下标参数的数值

操作步骤		显示结果
1	按 P 键，访问参数	r0000
2	按 ▲ 键，直到显示 P1000	P1000
3	按 P 键，显示 in000，即 P1000 的第 0 组参数	in000
4	按 P 键，显示当前值 2	2

续表

操作步骤		显示结果
5	按▼键，到所要求的数值 1	1
6	按P键，存储当前设置	P1000
7	按FN键，显示 r0000	r0000
8	按P键，显示频率	50.00

P1000[0]表示第 0 组参数，在 P1000 参数 in000 下设置；P1000[1]表示第 1 组参数，在 P1000 参数 in001 下设置。

☆注意：修改参数时，有时变频器会显示“busy”，表明变频器正在处理优先级别更高的任务。

3）改变参数数值的某位数字

为了快速修改参数的数值，可以一个个地单独修改显示出的每位数字，首先确认已处于某一参数数值的访问级，接下来进行如下操作。

（1）按Fn键（功能键），最右边的一位数字闪烁。

（2）按▲或▼键，修改这位数字的数值。

（3）再按Fn键（功能键），相邻的下一位数字闪烁。

（4）以此方法完成每位数字的修改，直到显示出所要求的数值。

（5）按P键，退出参数数值的访问级。

3. 变频器的参数调试

通常，一台新的 MM440 变频器一般需要经过如图 2-4 所示的三个调试步骤。

1）参数复位

参数复位是指将变频器的参数恢复到出厂时的参数默认值。一般在变频器初次调试或者参数设置混乱时执行该操作，以便于将变频器的参数值恢复到一个确定的默认状态，具体操作步骤如图 2-5 所示。

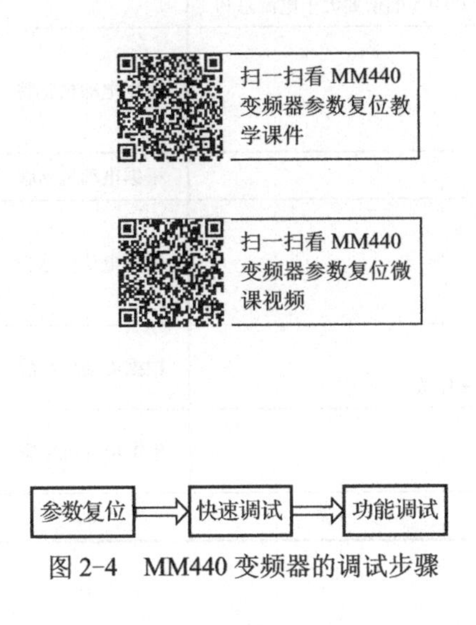

图 2-4　MM440 变频器的调试步骤

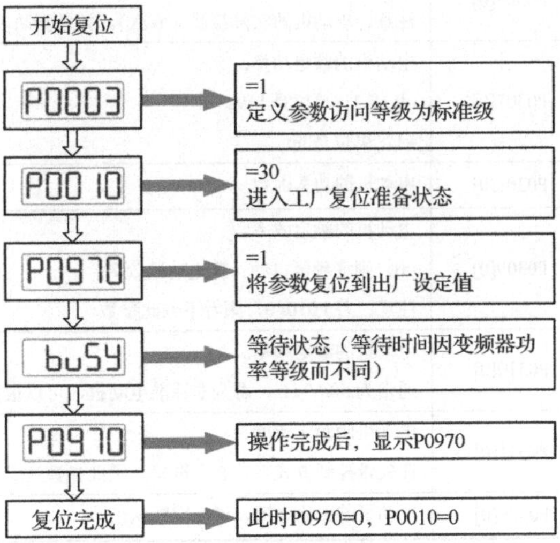

开始复位
P0003 → =1 定义参数访问等级为标准级
P0010 → =30 进入工厂复位准备状态
P0970 → =1 将参数复位到出厂设定值
buSY → 等待状态（等待时间因变频器功率等级而不同）
P0970 → 操作完成后，显示P0970
复位完成 → 此时P0970=0，P0010=0

图 2-5　变频器参数复位的操作步骤

2）快速调试

快速调试需要用户输入与电动机相关的参数和一些基本的驱动控制参数，使变频器可以良好地驱动电动机运转。一般在复位操作后，或者更换电动机后进行此操作。MM440 变频器的快速调试步骤如表 2-6 所示。

表 2-6　MM440 变频器的快速调试步骤

参数号	参数描述	推荐值
P0003	设置参数访问等级： =1，标准级（只需设置最基本的参数）； =2，扩展级； =3，专家级	3
P0010	=1，开始快速调试。 注意： （1）只有在 P0010=1 的情况下，电动机的主要参数才能被修改，如 P0304、P0305 等； （2）只有在 P0010=0 的情况下，变频器才能运行	1
P0100	选择电动机的功率单位和电网频率： =0，功率单位为 kW，电网频率为 50 Hz； =1，功率单位为 hp，电网频率为 60 Hz； =2，功率单位为 kW，电网频率为 60 Hz	0
P0205	变频器的应用对象特点： =0，恒转矩（压缩机、传送带等）； =1，变转矩（风机、水泵等）	0
P0300[0]	选择电动机的类型： =1，异步电动机； =2，同步电动机	1
P0304[0]	电动机的额定电压。 注意：电动机的实际接线（Y/△）	根据电动机铭牌
P0305[0]	电动机的额定电流。 注意：电动机的实际接线（Y/△）。如果驱动多台电动机，P0305 的值要大于电流总和	根据电动机铭牌
P0307[0]	电动机的额定功率： =0 或 2，单位是 kW； =1，单位是 hp	根据电动机铭牌
P0308[0]	电动机的功率因数	根据电动机铭牌
P0309[0]	电动机的额定效率。 =0，则变频器自动计算电动机效率。 注意：若 P010=0，则看不到此参数	根据电动机铭牌
P0310[0]	电动机的额定频率。 通常为 50/60 Hz。若为非标准电动机，可以根据电动机铭牌修改	根据电动机铭牌
P0311[0]	电动机的额定速度。 在矢量控制方式下，必须准确设置此参数	根据电动机铭牌
P0320[0]	电动机的磁化电流，通常取默认值	0

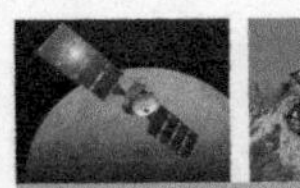

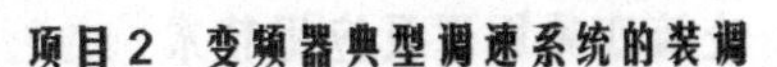

续表

参数号	参数描述	推荐值
P0335[0]	电动机的冷却方式： =0，利用电动机转轴上的风扇自行冷却； =1，利用独立的风扇进行强制冷却	0
P0640[0]	电动机的过载因子。 以电动机额定电流的百分比来限制电动机的过载电流	150
P0700[0]	选择命令给定源（启动/停止）： =1，BOP（操作面板）； =2，I/O 端子控制； =4，通过 BOP 链路（RS-232）的 USS 控制； =5，通过 COM 链路（端子 29、30）； =6，Profibus（CB 通信板）。 注意：改变 P0700 设置时，将复位所有的数字输入输出至出厂设置	2
P1000[0]	设置频率给定源： =1，BOP 电动电位计给定（面板）； =2，模拟输入 1 通道（端子 3、4）； =3，固定频率； =4，通过 BOP 链路的 USS 控制； =5，通过 COM 链路（端子 29、30）； =6，Profibus（CB 通信板）； =7，模拟输入 2 通道（端子 10、11）	2
P1080[0]	限制电动机运行的最小频率	0
P1082[0]	限制电动机运行的最大频率	50
P1120[0]	电动机从静止状态加速到最大频率所需时间	10
P1121[0]	电动机从最大频率降速到静止状态所需时间	10
P1300[0]	控制方式选择： =0，线性 *U/f*，要求电动机的电压频率比准确； =2，平方曲线的 *U/f* 控制； =20，无传感器矢量控制； =21，带传感器的矢量控制	0
P3900	结束快速调试： =1，电动机数据计算，并将除快速调试以外的参数恢复到出厂设置； =2，电动机数据计算，并将 I/O 设定恢复到出厂设置； =3，电动机数据计算，其他参数不进行出厂复位	3
P1910	=1，使能电动机识别，出现 A0541 报警时，马上启动变频器	1

在完成快速调试后，变频器就可以正常驱动电动机了。

3）功能调试

变频器的功能调试是指用户按照具体生产工艺需要进行的设置操作，这一部分的调试工作比较复杂，常常需要在现场进行多次调试完成。

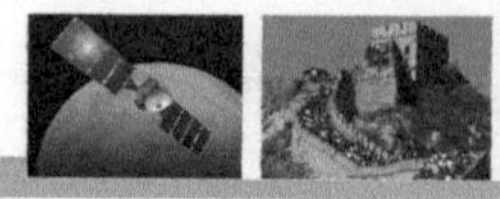

☆注意：要进行变频器的功能调试，首先应该将参数 P0003 修改为 2 或者 3 才能进行调试。

任务实施

（1）按照图 2-6 完成变频器主电路的接线。

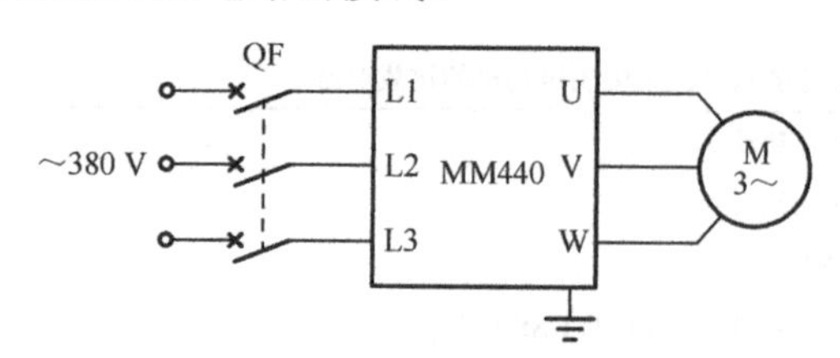

图 2-6　变频器主电路的接线

（2）合上空气开关 QF，使变频器通电。

（3）操作 BOP 面板，浏览参数，观看、修改、确认参数值。

① 浏览参数 P0004，查看参数 P0004 的值，将其设定值修改为 7。

② 浏览参数 P0719[0]，查看参数 P0719[0]的值，将其设定值修改为 12。

③ 浏览参数 P0305，查看参数 P0305 的值，将其设定值修改为 0.37。

④ 在显示屏显示参数 P0305，不通过按▲或▼键，而是按下Fn键，利用Fn键的跳转功能，进入 r0000 显示状态。

（4）调试变频器。

① 对变频器进行参数复位。

② 查看实训室变频器驱动电动机的额定值，填写完成表 2-7，然后进行变频器的快速调试。

表 2-7　电动机额定数值及设置

电动机的参数	电动机的额定值	对应的变频器参数设定值
电动机的类型		
额定电压		
额定电流		
额定功率		
额定功率因数		
额定效率		
额定频率		
额定转速		

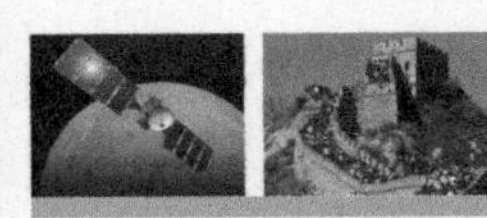

（5）通过 BOP 上的“启动”按键启动变频器。

① 观察变频器显示屏显示的内容，按▲或▼键，观察显示数据的变化及对应的电动机运行速度的变化。

② 将显示屏上的数据（变频器的运行频率）通过▲或▼键调节到 10 Hz，长按Fn键进入变频器运行参数的浏览界面，按Fn键可以查看以下参数，记录在表 2-8 中。

表 2-8 变频器运行参数值记录

运行参数	直流回路电压/V	输出电流/A	输出电压/V	电动机转速/（r/min）
运行参数值				

☆注意：

① 电动机的速度参数将无法在此状态下显示，需要先将参数 P0005 设置为 22。

② 进入变频器运行参数的浏览界面时，长按Fn键，将退回参数的浏览与修改界面。

（6）通过面板上的停止键，停止变频器的运行。

① 点按一下时，注意显示屏上的数据变化，观察电动机的停止过程。

② 快速按两下时，注意显示屏上的数据变化，观察电动机的停止过程。

③ 说明两种停止过程的区别。

任务拓展

1. 设置用户的访问级参数 P0003

（1）查看参数的默认值，并对其进行修改，观察设定值的大小与用户能访问的参数数目的关系。

（2）在进行参数设置时，若查不到对应的参数，可能的原因是什么？应该将参数 P0003 如何进行修改？

2. 设置参数过滤器 P0004

查看、修改参数 P0004 的数值，并说明该参数的意义。

扫一扫看 MM440 变频器常见故障与报警处理

3. 变频器故障复位

当变频器在运行中发生故障或者报警时，变频器会出现提示，并会按照设定的方式进行默认处理（一般是停车）。此时，需要用户查找故障原因并排除故障后，在面板上查看故障是否已排除。这里通过输出电源有一相断开故障代码（F0023）的故障复位过程来演示具体操作流程。

当变频器输出电源人为地断开一相时，面板会显示故障代码 F0023。按下Fn键，如果故障已经排除，变频器将复位到准备运行状态；如果故障仍然存在，则故障代码 F0023 会重复显示，需重新排除故障后，再进行复位。

扫一扫看变频器故障复位微课视频

任务测验 3

一、选择题

1．MM440 变频器的频率控制方式由功能码（　　）设定。

A．P0003　　B．P0010　　C．P0700　　D．P1000

2．MM440 变频器要使基本操作面板有效，应设参数（　　）。

A．P0010=1　　B．P0010=0　　C．P0700=1　　D．P0700=2

3．MM440 变频器基本操作面板上的显示屏幕可显示（　　）位数字或字母。

A．2　　B．3　　C．4　　D．5

4．对 MM440 变频器进行快速调试时，应设置 P0010=（　　）。

A．1　　B．0　　C．30　　D．以上都不是

5．下列制动方式不适用于变频调速系统的是（　　）。

A．直流制动　　B．回馈制动　　C．反接制动　　D．能耗制动

6．对 MM440 变频器进行复位时，应设置参数 P0010 和 P0970 分别为（　　）。

A．30，1　　B．0，1　　C．1，30　　D．0，1

二、填空题

1．变频器的面板给定方式有________、________。

2．MM440 变频器的显示屏可显示________位，以 r 开头的参数只能读不能写，是监控参数；以 P 开头的参数称为功能参数，也可以称为________，它可以读也可以写；以 A 开头的参数称为报警参数；以 F 开头的参数称为________。显示屏一旦出现后两类参数，修改数据时须用Fn键确认。

3．在变频器的运行控制端子中，I 代表_______，O 代表_______，JOG 代表_______。

4．变频器运行频率的设定方法主要有________给定、________给定、________给定和通信给定。

5．变频器的接线主要有两部分：一部分是________接线，另一部分是________接线。

三、综合题

1．叙述图 2-7 中 MM440 变频器的 8 个面板按键的功能。

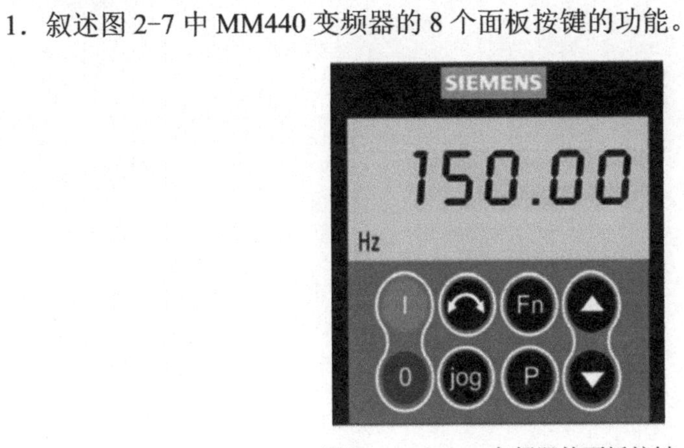

图 2-7　MM440 变频器的面板按键

2．变频器为什么要设置上限频率和下限频率？

3．MM440 变频器运行前主要设定的基本参数有哪几个？

4．怎样设置变频器的最大和最小运行频率？

5．变频器面板（BOP）控制要求：

按下 I 键，变频器和电动机开始运行，运行频率为 30 Hz，加速时间为 6 s；按下 O 键停止变频器，频率从 30 Hz 下降为 0，减速时间为 4 s；按下点动键，要求正反向点动频率为 25 Hz，点动加减速时间为 2 s。以上变频器控制参数应如何设置？

任务 2.2 变频器的面板控制操作

子任务 2.2.1 变频器面板控制的基本操作

任务描述

（1）完成变频器主电路接线，设置变频器面板控制参数。

（2）利用操作面板实现电动机的启动/停止、点动运行、正反转及调速。

（3）设置给定频率、点动频率，查看运行数据并分析运行数据的特点。

任务目标

（1）掌握通过面板控制变频器运行的参数设置方法。

（2）掌握通过变频器主电路的接线方法。

（3）熟悉通过面板控制变频器运行电动机的控制工艺。

相关知识

扫一扫看变频器基本调速电路教学课件

1. 变频器的系统接线

变频器主电路进线电源端子是 L1、L2、L3，电源电压为 380V，输出端子是 U、V、W，接电动机绕组，严禁接错，否则将烧毁变频器，系统接线如图 2-8 所示。

2. 变频器的信号源参数

1）参数 P0700

参数 P0700 用来选择变频器的控制信号源，其参数功能如表 2-9 所示。

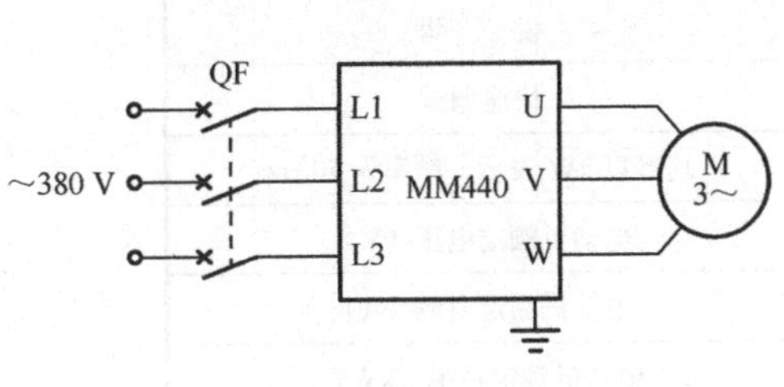

图 2-8 系统接线

表 2-9 P0700 参数功能

参数设定值	参 数 功 能
P0700=0	出厂默认值
P0700=1	BOP 设置
P0700=2	由端子排输入
P0700=4	通过 BOP 链路的 USS 设置
P0700=5	通过 COM 链路的 USS 设置
P0700=6	通过 COM 链路通信板 CB 设置

2）参数 P1000

参数 P1000 用来选择设定频率的信号“源”，主设定值由个位数字选择，附加设定值由十位数字选择，其参数功能如表 2-10 所示。

3. 变频器的功能电路

从变频器的启动/停止方式和变频器的调速方式两个角度出发，变频器的典型运行调速电路类型如表 2-11 所示。

扫一扫看变频器基本调速电路的微课视频

表 2-10 P1000 参数功能

参数设定值	参 数 功 能
P1000=0	无主设定值
P1000=1	MOP（电动电位计）设定值
P1000=2	模拟设定值
P1000=3	固定频率
P1000=4	通过 BOP 链路的 USS 设置
P1000=5	通过 COM 链路的 USS 设置
P1000=6	通过 COM 链路通信板 CB 设置
P1000=7	模拟设定值 2
P1000=12	模拟设定值+MOP 设定值

表 2-11 变频器的典型运行调速电路类型

参数设定值	运行调速类型
P0700=1 P1000=1	利用面板控制启动/停止 利用面板增大/减小键调速
P0700=2 P1000=1	利用外部数字量端子控制启动/停止 利用面板增大/减小键调速
P0700=1 P1000=2	利用面板控制启动/停止 利用外部模拟量端子调速
P0700=2 P1000=2	利用外部数字量端子控制启动/停止 利用外部模拟量端子调速
P0700=2 P1000=3	利用外部数字量端子控制启动/停止 利用外部数字量端子设定固定频率
P0700=5 P1000=5	通过 COM 链路的 USS 设定启动/停止信号源及运行频率

任务实施

1. 安装接线

按图 2-8 所示电路将电源、电动机、变频器连接好。

2. 设置参数

（1）设定 P0010=30 和 P0970=1，按下 P 键，变频器开始复位，复位过程大约需要 3min，这样就可保证变频器的参数恢复到出厂默认值。

（2）按表 2-12 所示进行快速调试，设置电动机参数及面板的控制功能参数。

表 2-12 快速调试参数设置

参数号	出厂值	设定值	说 明
P0010	0	1	快速调试
P0100	0	0	功率以 kW 表示，频率为 50 Hz
P0304	230	380	电动机额定电压（V）
P0305	3.25	1.05	电动机额定电流（A）
P0307	0.75	0.37	电动机额定功率（kW）
P0310	50	50	电动机额定频率（Hz）
P0311	0	1400	电动机额定转速（r/min）
P0700	2	1	由键盘输入设定值（选择命令源）
P1000	2	1	由键盘（电动电位计）输入设定值

续表

参数号	出厂值	设定值	说　明
P1080	0	0	电动机运行的最低频率（Hz）
P1082	50	50	电动机运行的最高频率（Hz）
P1120	10	10	斜坡上升时间（s）
P1121	10	10	斜坡下降时间（s）
P3900	3	1	结束快速调试

（3）按表 2-13 所示的参数进行功能调试，当表中参数设置完成后，设 P0010=0，变频器当前处于准备状态，可正常运行。

表 2-13　功能调试参数设置

参数号	出厂值	设定值	说　明
P0003	1	2	设用户访问级为扩展级
P1040	5	20	设定键盘控制的频率值（Hz）
P1058	5	10	正向点动频率（Hz）
P1059	5	10	反向点动频率（Hz）
P1060	10	5	点动斜坡上升时间（s）
P1061	10	5	点动斜坡下降时间（s）

（4）当参数设置完成后，短按Fn键，跳转到 r0000 状态显示，便于观察变频器的运行状态。

3. 变频器运行操作

接线并检查电路正确无误后，合上主电源空气开关 QF，变频器开始工作，电动机启动，显示屏有参数显示。

扫一扫看MM440 变频器停车方式

1）变频器的启动/停止

（1）在 BOP 上按运行键，观察电动机是否转动。

（2）注意观察变频器的启动过程及稳定下来后变频器的启动运行频率。

（3）按下变频器面板上的键，变频器将驱动电动机降速至零。注意观察两种不同停车方式的区别。

2）正反转运行

（1）在变频器正常启动的情况下，按下操作面板上的键，注意观察电动机的运行方向及显示屏频率参数的变化。

（2）再次按下变频器面板上的键，注意观察电动机的运行方向及显示屏频率参数的变化情况。

3）加减速运行

（1）在变频器正常启动的情况下，按下操作面板上的键，注意观察变频器输出频率的变化及电动机转速的变化情况。

（2）按下操作面板上的键，注意观察变频器输出频率的变化及电动机转速的变化情况。

4）点动运行

（1）在变频器停止状态，按下操作面板上的点动键，观察电动机是否转动。

（2）观察变频器频率稳定下来的点动运行频率。

（3）松开操作面板上的点动键，电动机停止运行。

（4）松开面板上的点动键，变频器将驱动电动机降速至零。这时，按下操作面板上的换向键，再重复上述的点动运行操作，观察电动机点动运行的方向。

4. 设置给定频率

（1）查看参数 P1040 的默认值。

（2）观察参数 P1040 的值与变频器启动运行频率的关系。

（3）修改参数 P1040 的值，再次按下启动键，观察变频器启动运行频率的变化情况。

（4）说明参数 P1040 的值的含义。

想一想：是否启动运行频率只与参数 P1040 有关？变频器启动运行频率的大小由哪些参数决定？

5. 设置点动频率

（1）查看参数 P1058 和 P1059 的默认值。

（2）观察参数 P1058 和 P1059 的值与变频器点动运行频率的关系。

（3）修改参数 P1058 和 P1059 的值，再次按下点动键，观察变频器点动运行频率的变化情况。

（4）说明参数 P1058 和 P1059 的值的含义。

☆注意：

（1）变频器要点动运行，必须一直按住点动键不放，一旦放开点动键，点动运行将停止。

（2）点动运行频率通过面板按键修改不了，只能通过参数 P1058 和 P1059 进行修改。

（3）点动运行的换向仍然可以通过面板换向键实现。

6. 记录数据

扫一扫看变频器运行数据浏览微课视频

（1）启动变频器，控制电动机运行、调试过程，并记录数据。

（2）修改参数 P0005=22（显示转速）。

（3）按下变频器操作面板上的键，长按键，进入运行状态浏览界面，通过调节变频器操作面板上的和键，设置如表 2-14 所示的频率，记录对应频率下变频器和电动机的运行数据。

表 2-14 变频器运行参数数据记录

f/Hz	10	20	30	40	50
I/A					
U/V					
n/（r/min）					

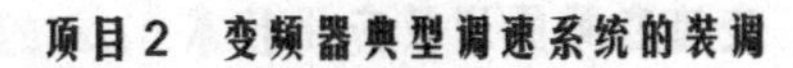

（4）当数据记录完毕，按下变频器操作面板上的⓪键，使电动机停止运行。

（5）分析运行数据，说明 U-f 及 n-f 的关系。

扫一扫看变频器运行数据浏览教学课件

7. 断电

使变频器停止运行，切断电源，拆线并整理工作台。

任务拓展

（1）根据前边所学内容，说明恒定电压频率比控制在 MM440 变频器中是如何实现的。

① 通过前面的任务实施，总结 U-f 的关系。

② 修改参数 P1300[0]的值的大小，通过进一步实验说明其与控制方式之间对应的关系。

（2）从自动控制的角度出发，说明面板控制变频器启动/停止、正反转、点动运行及速度调节的缺陷。

子任务 2.2.2 变频器对电动机运行性能的优化与设置

任务描述

设置变频器对电动机运行性能优化的各参数，记录相关参数，观察运行特点。

任务目标

（1）理解电动机在特定场合的特殊要求。

（2）掌握各种频率和时间的含义及对应参数的设置方法。

（3）掌握与电动机运行性能相关的参数及其设置方法。

相关知识

扫一扫看变频器上、下限频率设置微课视频

扫一扫看变频器上、下限频率设置教学课件

1. 变频器的上限频率和下限频率

变频器的上、下限频率是指变频器输出的最高和最低频率，常用 f_H 和 f_L 来表示。MM440 变频器的上、下限频率参数分别是 P1082 和 P1080。根据驱动系统所带负载的不同，有时要对电动机的最高、最低转速予以限制，以保证驱动系统的安全和产品的质量。此外，对操作面板的误操作及外部指令信号的误动作会引起频率过高或过低，设置上、下限频率可以起到保护作用，常用的方法就是给变频器的上、下限频率参数赋值。当变频器的给定频率高于上限频率 f_H 或低于下限频率 f_L 时，变频器的输出频率就被限制在 f_H 或 f_L。

例如：预置参数 P1080=10 Hz 和 P1082=60 Hz，若给定频率为 50 Hz 或 20 Hz，则变频器的输出频率与给定频率一致；若给定频率为 70 Hz 或 5 Hz，则输出频率被限制在 60 Hz 或 10 Hz。

2. 变频器的跳跃频率

变频器的跳跃频率也被称为回避频率，是指不容许变频器连续输出的频率，常用 f_J 表示。由于生产机械运转时的振动是和转速有关的，当电动机调节到某一转速（变频器输出某一频率），机械振动的频率和它的固有频率一致时就会发生谐振，此时对机械设备的损害

是非常大的。为了避免机械谐振的发生，应当让驱动系统跳过谐振所对应的转速，所以变频器的输出频率就要跳过谐振转速所对应的频率。

变频器在预置跳跃频率时通常预置一个跳跃区间，区间的下限是 f_{J1}、上限是 f_{J2}，如果给定频率处于 f_{J1}、f_{J2} 之间，则变频器的输出频率将被限制在 f_{J1}。为方便用户使用，大部分变频器提供了 2～4 个跳跃区间。MM440 变频器最多可设置 4 个跳跃区间，分别由 P1091、P1092、P1093、P1094 设置跳跃区间的中心点频率，由 P1101 设置跳跃频率的频带宽度，跳跃频率的工作区间可用图 2-9 表示。

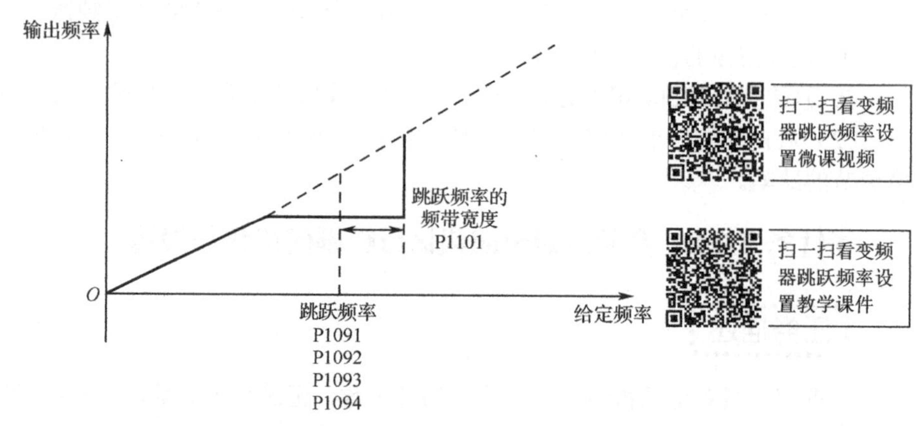

图 2-9　跳跃频率与频带宽度

例如：当 P1091=33 Hz，P1101=3 Hz 时，若给定频率为 32 Hz，则变频器的输出频率为 30 Hz。

☆**注意：**跳跃频率一定是一个频率区间，而不是某一个固定频率。

3. 电动机启动过程设置

扫一扫看变频器加减速时间设置微课视频

1）加减速时间

变频器启动时，启动频率可以很低，加速时间可以自行给定，这样可以解决启动电流大和机械冲击的问题。加速时间是指工作频率从 0 Hz 上升至最大频率（即上限频率）所需要的时间。在一般情况下变频器可以通过参数设置加速时间，用户应该根据驱动系统的情况自行给定一个加速时间。MM440 变频器用参数 P1120 设定加速时间，单位为 s。加速时间越长，启动电流就越小，启动过程也就越平缓，但延长了驱动系统的过渡时间，对于一些频繁启动的机械来说，会降低生产效率。

变频器减速时，在频率下降的过程中，电动机处于再生制动状态，如果驱动系统的惯性大，频率下降又很快，电动机将处于强烈的再生制动状态，从而产生过电流和过电压，使变频器出现电源跳闸现象。为了避免这样的情况发生，可以适当延长减速时间。

减速时间是指变频器的输出频率从最大频率减至 0 Hz 所需的时间。MM440 变频器用参数 P1121 来设定减速时间，单位为 s。在一般情况下，加速和减速选择同样的时间。

2）加减速模式

不同的生产机械对加减速过程的要求是不同的。根据各种负载的特性，变频器给出了不同的加减速模式。常见的加减速模式有线性模式、S 曲线模式等。

（1）线性模式。线性模式就是在加减速的过程中，频率与时间呈线性关系，如图 2-10 所示。如果没有特殊要求，一般负载可以选用线性模式。

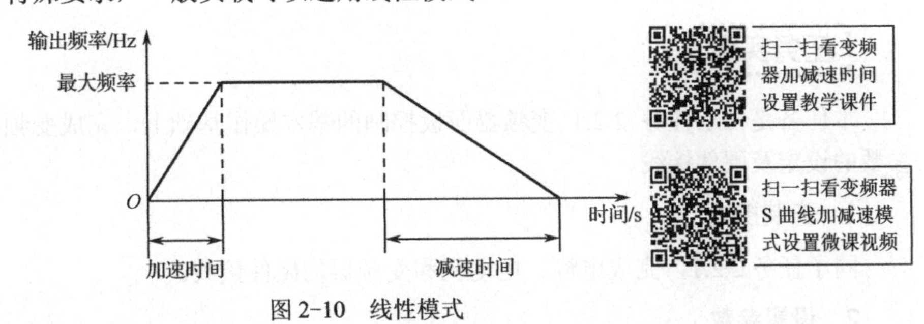

图 2-10　线性模式

（2）S 曲线模式。S 曲线加减速模式如图 2-11 所示，这种模式的初始阶段加减速缓慢变化，中间阶段为线性加减速，尾段的加减速缓慢变化（逐渐增大到设定值或降为零）。这种加减速模式适用于带式输送机一类的负载，这类负载往往满载启动，传送带上的物体静摩擦力较小，刚启动时加速较慢，以防止传送带上的物体滑倒，到尾段加减速慢也是这个原因。

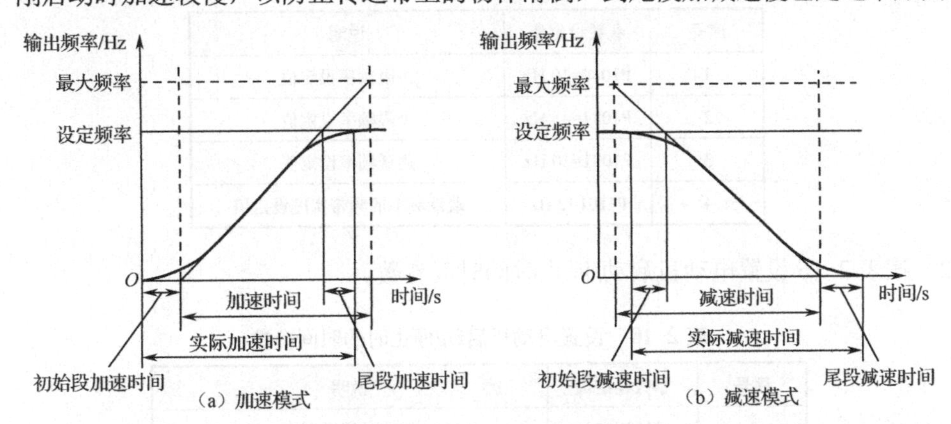

图 2-11　S 曲线加减速模式

（3）半 S 曲线模式。加速时一半为 S 曲线模式，另一半为线性模式。对于风机和泵类负载，低速时负载较轻，加速过程可以快一些。随着转速升高，其阻转矩迅速增加，加速过程应适当减慢。反映在图上，就是加速的前半段为线性模式，后半段为 S 曲线模式。而对于一些惯性较大的负载，加速初期的加速过程较慢，到加速的后期可适当加快其加速过程。反映在图上，就是加速的前半段为 S 曲线模式，后半段为线性模式。

MM440 变频器用参数 P1120（斜坡上升时间）设定加速时间，由参数 P1130（斜坡上升曲线的起始段圆弧时间）和 P1131（斜坡上升曲线的结束段圆弧时间）直接设置加速模式曲线。用参数 P1121（斜坡下降时间）设定减速时间，由参数 P1132（斜坡下降曲线的起始段圆弧时间）和 P1133（斜坡下降曲线的结束段圆弧时间）直接设置减速模式曲线。

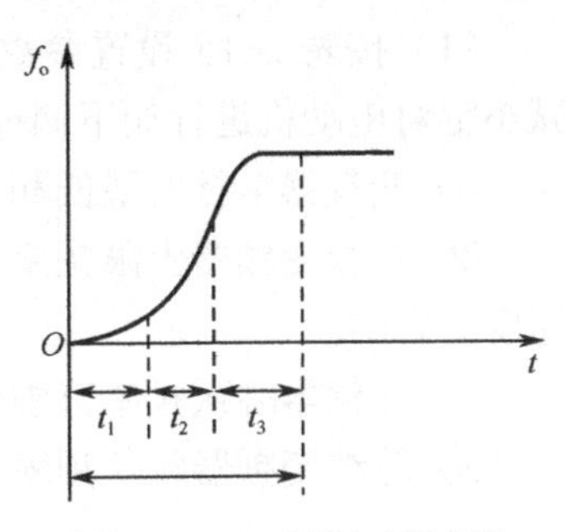

图 2-12　S 曲线加速过程

举例： S 曲线加速过程如图 2-12 所示，它的整个加速过程分为 3 段，第 1 段斜坡上升曲线的起始段圆弧时间 t_1 通过参数 P1130 设置，线性加速时间 t_2 通过参数

P1120 设置，第 3 段斜坡上升曲线的结束段圆弧时间 t_3 通过参数 P1131 设置，则总体加速时间等于 3 个参数设置的对应时间相加。

任务实施

本任务是在子任务 2.2.1 变频器面板控制的基本操作基础上，完成变频器和电动机运行参数的设定及硬件接线。

1. 安装接线

同子任务 2.2.1，完成电源、电动机和变频器的硬件接线。

2. 设置参数

同子任务 2.2.1，完成参数复位、快速调试及功能调试。

（1）按表 2-15 设置变频器的频率参数。

表 2-15　设置变频器的频率参数

序号	参数设定值	说明
1	P1080=10 Hz	下限频率设定值
2	P1082=45 Hz	上限频率设定值
3	P1091=30 Hz	跳跃频率设定值
4	P1101=2 Hz	跳跃频率的频带宽度设定值

（2）按表 2-16 设置电动机启动/停止时的时间参数。

表 2-16　设置电动机启动/停止时的时间参数

序号	参数设定值	说明
1	P1120=5 s	加速时间设定值
2	P1121=8 s	减速时间设定值
3	P1130=1 s	斜坡上升曲线的起始段圆弧时间设定值
4	P1131=2 s	斜坡上升曲线的结束段圆弧时间设定值
5	P1132=1 s	斜坡下降曲线的起始段圆弧时间设定值
6	P1133=1 s	斜坡下降曲线的结束段圆弧时间设定值

3. 运行调试

（1）按表 2-15 设置参数，完成后按下操作面板的启动键，通过调节面板上的频率增大/减小键对电动机进行如下调速，并观察电动机运行状况。

① 变频器运行的最低和最高频率，以及电动机的最低和最高运行速度。

② 结合变频器上限频率 P1082 和下限频率 P1080，总结变频器输出频率对电动机运行速度的影响。

③ 变频器跳跃频率范围内外的电动机运行速度。

④ 总结变频器跳跃频率对电动机运行速度的影响。

（2）按表 2-16 设置参数，完成后按下启动键，观察启动过程；按下停止键，观察变频器停止过程，总结加减速时间参数对变频器启动和停止运行的影响。

① 查看参数 P1120、P1121、P1130、P1131、P1132、P1133 的设定值。

② 注意观察以上 6 个参数与变频器启动、停止时间的关系。

③ 总结参数 P1120、P1121、P1130、P1131、P1132、P1133 对变频器启动/停止时间的影响。

4. 断电

按下停止按键，停止电动机的运行，切断电源，拆线并整理工作台。

任务拓展

对于驱动电梯上下运行的电动机，为了提高乘客乘坐的舒适度，要求电梯启动和停止过程如图 2-13 所示。

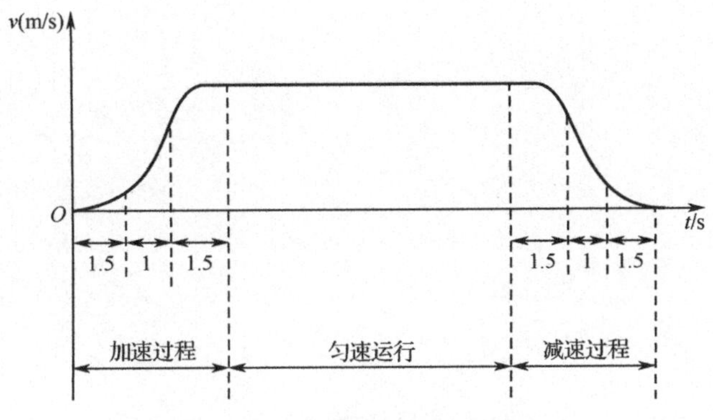

图 2-13　电梯启动和停止过程

（1）正确按图 2-13 所示的要求设置变频器的参数。

（2）按下变频器面板上的启动键，启动电动机，注意观察电梯的启动过程。

（3）按下变频器面板上的停止键，停止电动机，注意观察电梯的停止过程。

任务测验 4

一、填空题

1．在变频器的主电路中，R、S、T 端子接________，U、V、W 端子接________。

2．频率控制功能是变频器的基本功能，常用的频率给定方式有以下几种：________、________、________、________。

3．变频器的加减速曲线有 3 种：________、________、________。

4．上限频率和下限频率是指变频器输出的最高、最低频率，一般可通过________、________来设置。

5．变频器的加速时间是指从________ Hz 上升到________频率所需要的时间。

6．风机类的负载宜采用________的转速上升方式。

7．为了避免机械系统发生谐振，变频器采用设置________的方法。

8．跳跃频率的预置方法有________、________、________3 种。

9．某变频器需要回避的频率为 18～22 Hz，可设置跳跃频率值为________，跳跃频率范围为________。

二、综合题

1．变频器在预置跳跃频率时通常采用预置跳跃频率区间的方法，将图 2-14 所示的输出频率曲线预置 2 个跳跃区间，第 1 个跳跃频率区间的下限频率是 20 Hz，上限频率是 25 Hz；第 2 个跳跃频率区间的下限频率是 35 Hz，上限频率是 40 Hz。试画出变频器输出频率随给定频率变化的关系曲线。

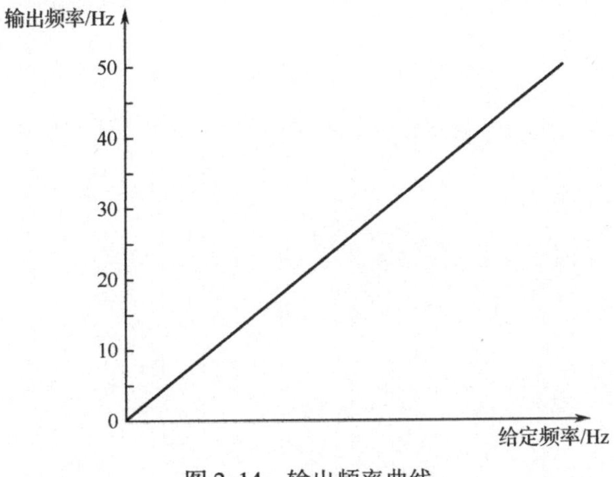

图 2-14　输出频率曲线

2．不同的生产机械对加速过程的要求是不同的，根据各种负载的不同要求，变频器给出了各种不同的加速曲线供用户选择，哪种曲线方式适用于带式传送机一类的负载？为什么？

任务 2.3　变频器的外部端子控制操作

子任务 2.3.1　变频器的数字量控制操作

任务描述

本任务采用 2 个开关和 2 个按钮分别控制电动机的正反转和正反转点动 4 个功能。要求正反转启动频率为 20 Hz，速度通过面板上的数值增大/减小键进行调节。正向点动频率为 6 Hz，反向点动频率为 8 Hz。

任务目标

（1）熟悉变频器外部端子的功能。

（2）掌握变频器外部数字量输入端子的功能和参数的意义。

（3）掌握变频器外部数字量输入端子控制电动机运行的方法。

扫一扫看变频器数字量输入端子功能设置微课视频

相关知识

1. 变频器的数字量输入端子

MM440 变频器有 6 个数字量输入端子，如图 2-15 所示。

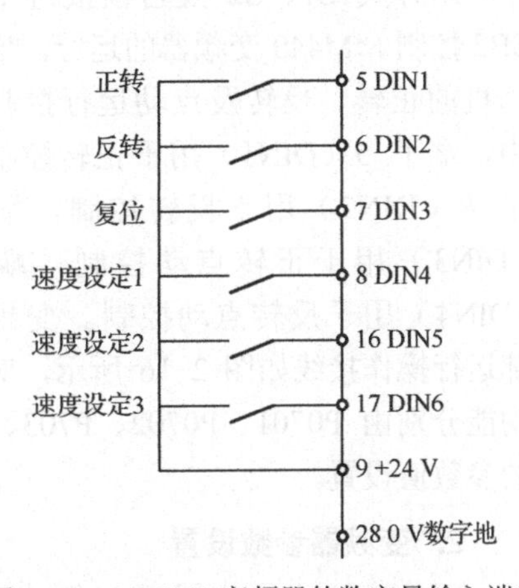

图 2-15　MM440 变频器的数字量输入端子

2. 数字量输入端子的功能

MM440 变频器的 6 个数字量输入端子（DIN1～DIN6），即端子 5、6、7、8、16 和 17，每个数字量输入端子的功能有很多，用户可根据需要进行设置。

参数号 P0701～P0706 与数字量输入端子 DIN1～DIN6 对应，每个数字量输入端子的设置参数值范围均为 0～99，出厂默认值均为 1。以下列出其中几个常用的参数值，各数值的具体含义如表 2-17 所示。

表 2-17　MM440 数字量输入端子的功能

参数值	功能说明
0	禁止数字输入
1	ON/OFF1（接通正转、停车命令 1）
2	ON/OFF1（接通反转、停车命令 1）
3	OFF2（停车命令 2），按惯性自由停车
4	OFF3（停车命令 3），按斜坡函数曲线快速降速
9	故障确认

续表

参数值	功能说明
10	正向点动运行
11	反向点动运行
12	反转
13	MOP（电动电位计）升速（增大频率）
14	MOP 降速（减小频率）
15	固定频率设定值（直接选择）
16	固定频率设定值（直接选择+ON 命令）
17	固定频率设定值（二进制编码选择+ON 命令）
25	直流注入制动

☆注意：数字量的输入逻辑可以通过 P0725 改变，P0725=0 表示低电平有效，P0725=1 表示高电平有效，默认为高电平有效。数字量的输入状态可由参数 r0722 监控。

扫一扫看变频器的端子控制操作教学课件

任务实施

1. 控制电路接线

用开关 S1、S2 及自锁按钮 SB1、SB2 控制 MM440 变频器的运行，实现电动机的正转、反转及点动运行控制。其中，端子 5（DIN1）用于正转控制，端子 6（DIN2）用于反转控制，端子 7（DIN3）用于正转点动控制，端子 8（DIN4）用于反转点动控制。变频器外部运行操作接线如图 2-16 所示，对应的功能分别由 P0701、P0702、P703、P704 的参数值设置。

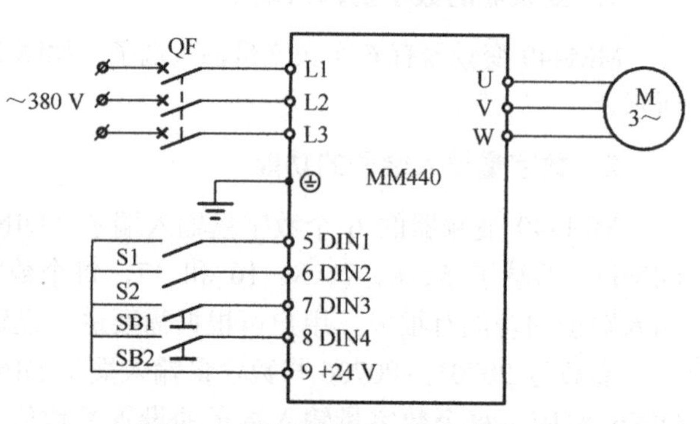

图 2-16　变频器外部运行操作接线

2. 变频器参数设置

变频器通电，按照复位、快速调试、功能调试三个步骤依次设置所需要的参数。本任务涉及的主要变频器控制参数及参数的具体取值如表 2-18 所示。

表 2-18　变频器控制参数设置

参数号	出厂值	设定值	说明
P0003	1	2	设用户访问级为扩展级
P0700	2	2	命令源选择“由端子排输入”
P0701	1	1	ON 接通正转，OFF 停止
P0702	1	2	ON 接通反转，OFF 停止
P0703	9	10	正向点动运行

续表

参数号	出厂值	设定值	说明
P0704	15	11	反转点动运行
P1000	2	1	由键盘（电动电位计）输入设定值
P1040	5	20	设定键盘控制的频率值
P1058	5	6	正向点动运行频率（Hz）
P1059	5	8	反向点动运行频率（Hz）

3. 变频器运行操作

扫一扫看变频器的端子控制操作微课视频

1）正向运行

合上开关S1时，数字量输入端子5为ON状态，电动机正向启动运行，稳定后运行频率与P1040=20 Hz对应。通过面板上的数值增大或减小键对频率进行调节，观察电动机转速的变化情况。断开开关S1，数字量输入端子5为OFF状态，电动机停止运行。

2）反向运行

合上开关S2时，数字量输入端子6为ON状态，电动机反向启动运行，稳定后运行频率与P1040=20 Hz对应。通过面板上的数值增大或减小键对频率进行调节，观察电动机转速的变化情况。断开开关S2，数字量输入端子6为OFF状态，电动机停止运行。

3）电动机的点动运行

（1）正向点动运行：按下按钮SB1时，数字量输入端子7为ON状态，电动机正向点动运行，观察点动运行情况。松开按钮SB1，数字量输入端子7为OFF状态，电动机停止运行。

（2）反向点动运行：按下按钮SB2时，数字量输入端子8为ON状态，电动机反向点动运行，观察点动运行情况。松开按钮SB2，数字量输入端子8为OFF状态，电动机停止运行。

4）电动机的速度调节

（1）分别更改P1040和P1058、P1059的值，按上述步骤的操作过程，就可以改变电动机的正常启动运行速度和正、反向点动运行速度。

（2）在电动机转动时，按下BOP的向上箭头键，使电动机运行频率升到50 Hz。

（3）在电动机运行频率达到50 Hz时，按下BOP的向下箭头键，使变频器输出频率下降，达到所需要的频率值。

5）错误做法

同时按下正转按钮和反转按钮时，变频器对外不输出频率，电动机不运行。

任务拓展

1. 变频器的停车方式

1）面板控制的停车方式

（1）利用面板实现变频器的两种不同停车方式，并查阅资料进行学习。

（2）动手操作完成两种停车方式并进行总结。

2）数字量端子控制的停车方式

MM440 变频器数字量端子控制电动机启动/停止时，电动机可以实现三种不同的停车方式，具体接线如图 2-17 所示，需要设置的功能参数参考表 2-19。

（1）开关 S1 闭合，电动机正转运行；断开开关 S1，电动机按设定的减速时间（P1121）及减速模式（P1132、P1133）减速停车。

（2）开关 S1 闭合，电动机正转运行，接通开关 S2，电动机惯性停车。

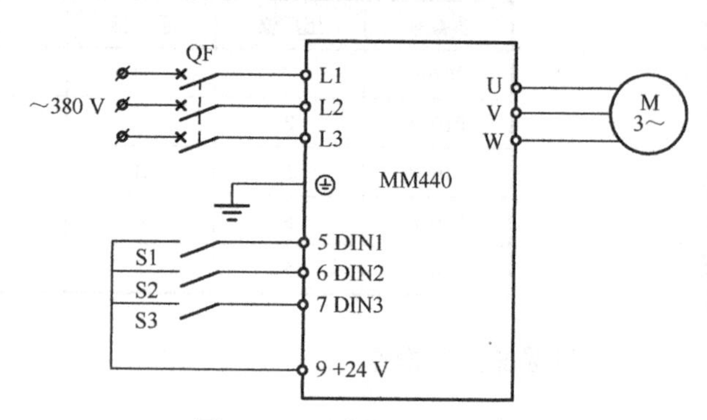

图 2-17　三种停车方式接线

表 2-19　数字量端子控制的三种停车方式参数设置

序号	参数及设定值	参数功能
1	P0003=3	设置用户参数访问等级为 3 级
2	P0700=2	用外部端子控制变频器启动/停止
3	P0701=1	用 DIN1 控制正转启动/停止
4	P0702=3	用 DIN2 控制惯性停车
5	P0703=4	用 DIN3 控制快速停车
6	P1000=1	用面板设置变频器频率

（3）开关 S1 闭合，电动机正转运行，接通开关 S3，电动机按照参数 P1135 的设定值快速停车。

☆注意：开关 S1 为低电平时电动机不能启动，开关 S2、S3 为低电平时电动机也不能按照对应的停车方式停车。对三种不同停车方式总结如表 2-20 所示。

表 2-20　三种不同停车方式

停车方式	功能解释	应用场合
OFF1	变频器按照 P1121 所设定的斜坡下降时间由全速降为零速	一般场合
OFF2	变频器封锁脉冲输出，电动机惯性滑行，直至速度降为零速	设备需要急停，配合机械抱闸
OFF3	变频器按照 P1135 所设定的斜坡下降时间由全速降为零速	设备需要快速停车

2. 常用的控制变频器的方法

扫一扫看变频器主电路接线的注意事项

1）变频器主电路的接线方法

R、S、T 这 3 个接线端子是变频器的电源进线端，由 3 根相线接入。U、V、W 是出线端，接需要控制的电动机，如图 2-18 所示。

首先，变频器有单相 220 V、三相 220 V、三相 380/480 V、三相 690 V 等几种电源规格，需要根据变频器规格选择合适的电源和断路器。将输入电源接到变频器 L1、L2（单相 220 V）或者 R、S、T 端子。

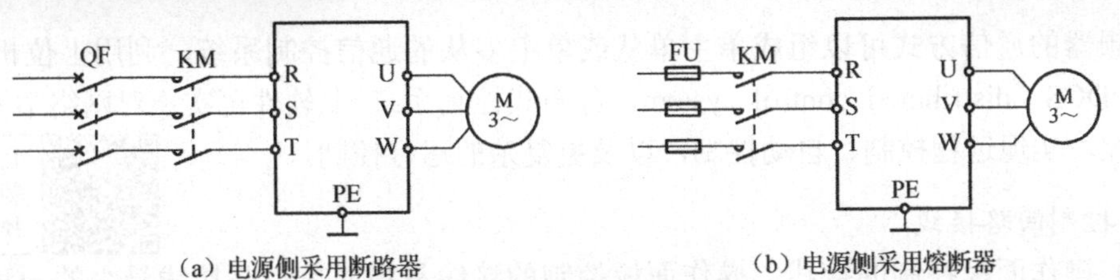

(a) 电源侧采用断路器　　(b) 电源侧采用熔断器

图2-18 变频器主电路基本接线

其次，在断路器和变频器之间一般不加接触器，在必须要加入接触器的场合，也要注意不能使接触器动作过于频繁。另外，为了改善功率因数和消除干扰，可以根据需要和使用场合在输入侧选择性地接入交流输入电抗器和噪声滤波器。

最后，在输入侧连接完成后，将三相电动机连接到变频器的输出端子U、V、W上。

☆注意：(1) 变频器输出侧不能加电容器或者浪涌抑制器，否则会导致变频器损坏。

(2) 要保证接地端子可靠接地，以保证设备和人员的安全。

2) 控制方式的种类

控制回路部分，不同品牌的变频器端子号和功能会有所不同，可以根据变频器的说明书进行判断。

先要选择控制方式，在参数设置部分找到相应的参数进行设置。控制方式分为操作面板控制、端子控制和通信控制。

(1) 操作面板控制方式。这种控制方式通过变频器面板启动/停止变频器及修改频率等，即选择操作面板控制方式时，用面板上的启动或停止键就可以实现变频器的运行和停止，通过增大或减小键对电动机进行调速。

☆注意：有的变频器操作面板上装有电位器，在设置中选择模拟输入为板载电位器，调节电位器就可以实现电动机调速。另外，变频器面板可以拆下，可以通过延长线将面板安装到操作柜进行面板操作。

(2) 端子控制方式。这种控制方式主要通过控制器（如PLC）给变频器启动/停止信号和频率信号，这种控制方式依据信号类型的不同又可以分为两种：一种是数字信号和模拟信号，另一种是通信数字信号。

使用端子控制方式，可通过设置参数选择二线式或者三线式控制。选择二线式控制时，只需要将正、反转端子和电源公共端分别闭合就可以实现电动机正、反转。选择三线式控制时，则需要使能端子和公共端闭合后，正、反转端子和公共端闭合才起作用。

模拟信号输入方面，变频器提供+10 V电源，可以根据需要使用外接电位器、各种传感器等来实现电动机调速。变频器可通过参数设置或者跳线开关选择模拟信号为电压信号还是电流信号。

(3) 通信控制方式。通信控制方式是通过上位机通信对变频器进行控制，通信控制的方式与通信给定的方式相同，在不增加线路的情况下，只需改变上位机传送至变频器的传输数据，即可对变频器进行正反转、点动运行、故障复位等控制。当然，在通信控制方式下，操作面板启动和停止键的功能设置可以参照操作面板控制方式。通信端子是所有变频器都会配置的，但接线方式却因变频器通信协议的差异而有所不同。基本上，通信端子提供RS-232或RS-485接口，这也是基本的控制端子。

变频器的通信方式可以组成单主单从或单主多从的通信控制系统，利用上位机［PC、PLC 或 DCS（distributed control system，分布式控制系统）］软件可实现对网络中变频器的实时监控，实现远程控制、自动控制，以及更复杂的运行控制。

扫一扫看变频器的通信控制方式

3）控制回路接线

（1）操作面板控制的接线。操作面板控制的接线是最简单也是接线最少的一种，变频器的使能端子必须要接线。注意：无论采用什么控制方式都必须先连接变频器使能端子！电位器接线时，如果觉得面板按钮不太方便，可以使用电位器来调节频率。有的变频器面板上已经装有电位器，有的没有安装，但是预留有电位器接线端子。

（2）端子控制的接线。这种方式根据信号类型不同，接线方式也不同。根据数字量和模拟量控制的接线方式需要连接使能端子、启动端子，频率给定端子一般是电流或电压信号。如果是 PID 调节的闭环控制，还需要把外部传感器信号连接到变频器的信号采集端子。

（3）通信控制的接线。依靠通信方式控制变频器的接线方式需要连接使能端子，用通信电缆连接变频器与通信伙伴的通信接口就可以了。

4）变频器参数设置

（1）操作面板控制参数：电动机参数。控制方式：操作面板。频率给定方式：操作面板/电位器。频率上、下限。不同的变频器，参数有细微差别。

（2）数字量和模拟量控制方式参数：电动机参数。控制方式：远程。频率给定：外部模拟量。外部模拟量通道：根据接线而定，连接的是哪一路就选哪一路。外部模拟量通道信号类型：根据 PLC 输出的模拟量信号类型确定，一般有电流和电压信号；信号范围根据实际 PLC 模拟量输出通道决定，常用 4～20 mA、0～10 V。在 PLC 侧需要写控制程序。

（3）数字量通信参数：电动机参数。控制方式：通信。通信地址（也可以说是站号）。通信协议：使用变频器和 PLC 都支持的通信协议。在 PLC 侧需要写通信程序。

子任务 2.3.2　变频器的模拟量控制操作

任务描述

本任务是变频器由模拟量输入端子控制电动机的启动和停止，通过外部电位器控制变频器的调速。

任务目标

（1）掌握变频器的模拟量输入端子及参数设置。

（2）掌握变频器外接电位器控制变频器输出频率的方法。

（3）掌握变频器频率给定线的含义。

相关知识

扫一扫看变频器模拟量输入设置微课视频

1. 变频器的模拟量输入端子

MM440 变频器提供了两对模拟量输入端子，即 AIN1 模拟量输入端子 3、4 和 AIN2 模

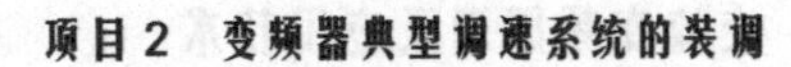

拟量输入端子 10、11，如图 2-19 所示。MM440 变频器的 1、2 输出端提供一个+10 V 的直流稳压电源，利用输入直流稳压电源端子及模拟量输入端子，可使电位器串联在电路中，调节电位器就可以改变输入端子给定的模拟输入电压，变频器的输出频率将紧紧跟踪给定量的变化，从而能平滑无级地调节电动机转速的大小。

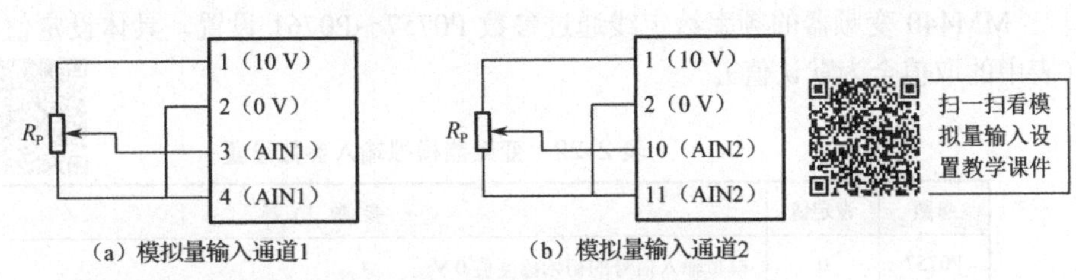

（a）模拟量输入通道1　　（b）模拟量输入通道2

图 2-19　电压信号作为变频器的模拟输入的硬件接线

☆注意：当使用 AIN1 模拟量输入端子时，将参数 P1000 设置为 2，这也是变频器的默认值；当使用 AIN2 模拟量输入端子时，将参数 P1000 设置为 7。

2. 模拟量 DIP 开关和参数设置

模拟量的类型有电压量和电流量。通过设置参数 P0756 的数值和变频器上 DIP 开关的位置来设定模拟量的类型。

1）DIP 开关位置

变频器上控制模拟量输入类型的 DIP 开关有 2 个，左边的 DIP 开关控制 AIN1 模拟量输入端子，右边的 DIP 开关控制 AIN2 模拟量输入端子，如图 2-20 所示。

当 DIP 开关处于“OFF”位置时，模拟量必须为 0～10 V 的电压量。

当 DIP 开关处于“ON”位置时，模拟量必须为 0～20 mA 的电流量。

2）参数设置

参数 P0756 的取值说明如表 2-21 所示。设置参数 P0756 [0]的取值，控制 AIN1 端子的模拟量输入；设置参数 P0756 [1]的取值，控制 AIN2 端子的模拟量输入。这里需要设置 P0756=0。

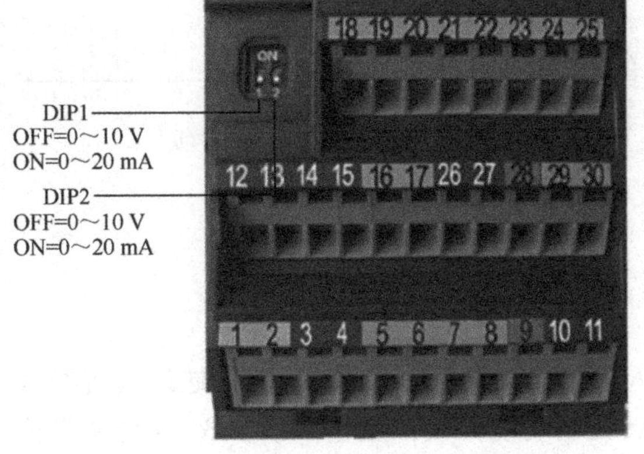

图 2-20　两路模拟量 DIP 设置开关

表 2-21　参数 P0756 的取值说明

参数值	说明
0	单极性电压输入（0～10 V）
1	带监控的单极性电压输入（0～10 V）
2	单极性电流输入（0～20 mA）
3	带监控的单极性电流输入（0～20 mA）
4	双极性电压输入（-10～+10 V）

3. 变频器的频率给定线

所谓频率给定线，就是指在模拟量给定方式下，变频器的给定信号 x 与对应的变频器输出频率 $f(x)$之间的关系曲线。这里的给定信号 x，既可以是电压信号，也可以是电流信号，其取值范围在 10 V 或 20 mA 之内。

MM440 变频器的频率给定线通过参数 P0757～P0761 设置，具体设定值如表 2-22 所示（表中的取值全为默认值）。

扫一扫看频率给定线的设置教学课件

表 2-22　变频器模拟输入参数设置

参数	设定值	参 数 功 能
P0757	0	模拟输入信号的初始标度值 0 V
P0758	0	对应初始标度值 0 V 输出作为 P2000（参考频率）的百分数，即 0%的标度 0 Hz
P0759	10	模拟输入信号的最大标度值 10 V
P0760	100	对应最大标度值 10 V 输出作为 P2000（参考频率）的百分数，即 100%的标度 50 Hz
P0761	0	死区宽度为 0 V（说明见本任务拓展部分）

在给定信号 x 从 0 增大至最大值 x_{max} 的过程中，给定频率 f 线性地从 0 增大到最大 f_{max} 的频率给定线称为基本频率给定线。其起点为（x=0, f_x=0）；终点为（x=x_{max}，f_x=f_{max}）。

在生产实践中，常常遇到这样的情况：生产机械要求的最低频率及最高频率常常不是 0 Hz 和 50 Hz，或者说实际要求的频率给定线与基本频率给定线并不一致，所以需要对频率给定线进行适当调整，使之符合生产实际的需要。

由于频率给定线是直线，所以调整的着眼点是频率给定线的起点（即当给定信号为最小值时对应的频率）和频率给定线的终点（即当给定信号为最大值时对应的频率）。起点通过参数 P0757 和 P0758 进行设置，终点通过参数 P0759 和 P0760 进行设置。表 2-22 中的参数就是基本频率给定线，给定的信号为电压信号 U_G，其起点为（U_G=0，f_x=0），终点为（U_G=10，f_x =50）。

举例：现将基本频率给定线由图 2-21 中的①线，改为②线，则参数应该变化为：P0757=2、P0758=0、P0759=10、P0760=60、P0761=2。

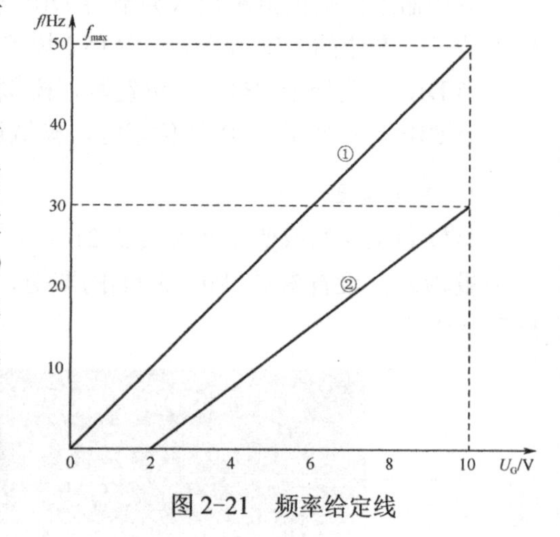

图 2-21　频率给定线

任务实施

1. 控制电路

通过设置 P701 的参数值，使数字量输入端子 5 具有正转控制功能；通过设置参数 P702 的参数值，使数字量输入端子 6 具有反转控制功能；模拟量输入端子 3、4 外接电位器，通过端子 3 输入大小可调的模拟电压信号，控制电动机转速的大小。即由数字量输

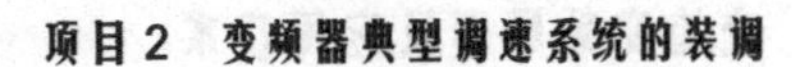

入端子控制电动机转动的方向，由模拟量输入端子控制电动机转速的大小。变频器外部运行操作接线如图 2-22 所示。

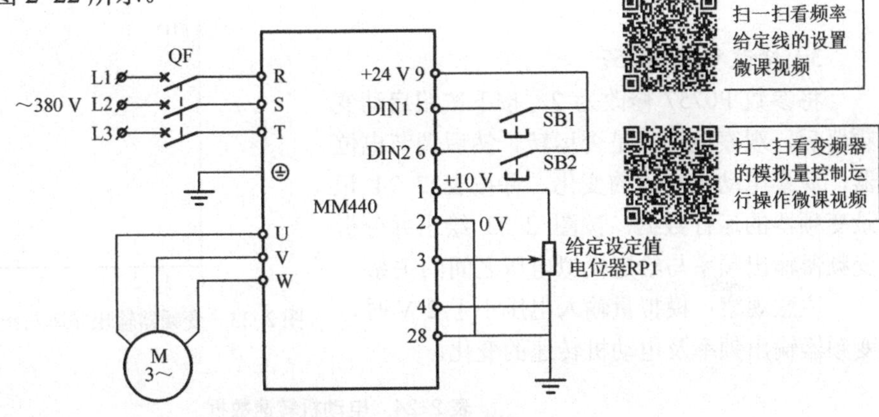

图 2-22　变频器外部运行操作接线

2. 变频器参数设置

检查电路，确认连接正确无误后，接通断路器 QF。变频器通电，仍然按复位、快速调试、功能调试这三个步骤进行变频器参数的设置。该任务中需要重点关注的参数如表 2-23 所示。

表 2-23　模拟信号操作控制参数设置

参数号	出厂值	设定值	说明
P0700	2	2	命令源选择由端子排输入
P0701	1	1	ON 接通正转，OFF 停止
P0702	1	2	ON 接通反转，OFF 停止
P1000	2	2	频率设定值选择为模拟输入
P0756	0	0	单极性电压输入
P0757	0	0	0 V 对应 0 Hz
P0758	0	0	0 V 对应 0%标度
P0759	50	50	10 V 对应 50 Hz
P0760	100	100	10 V 对应 100%标度
P0761	0	0	死区宽度为 0 V

3. 变频器运行操作

扫一扫看变频器模拟量的控制运行操作教学课件

1）电动机的正转与调速

按下按钮 SB1，变频器数字量输入端子 DIN1 为 ON 状态，电动机正转运行，转速可通过调节外接电位器 RP1 的大小来控制，模拟电压信号为 0～10 V，对应变频器的输出频率为 0～50 Hz，对应电动机的转速为 0～n_N（单位为 r/min）。当松开按钮 SB1 时，电动机停止运转。

2）电动机的反转与调速

按下按钮 SB2，变频器数字量输入端子 DIN2 为 ON 状态，电动机反转运行与正转运行

相同，反转转速的大小仍可由外接电位器 RP1 的大小来调节。当松开按钮 SB2 时，电动机停止运转。

3）修改参数 P0757

将参数 P0757 修改为 2，按下按钮启动变频器后，观察电动机是否运转。然后调节电位器，观察电动机转速的变化，并按表 2-24 记录变频器的运行数据，按图 2-23 绘出并分析变频器输出频率与给定模拟电压之间的关系。

注意观察：模拟量输入电压小于 2 V 时，变频器输出频率及电动机转速的变化。

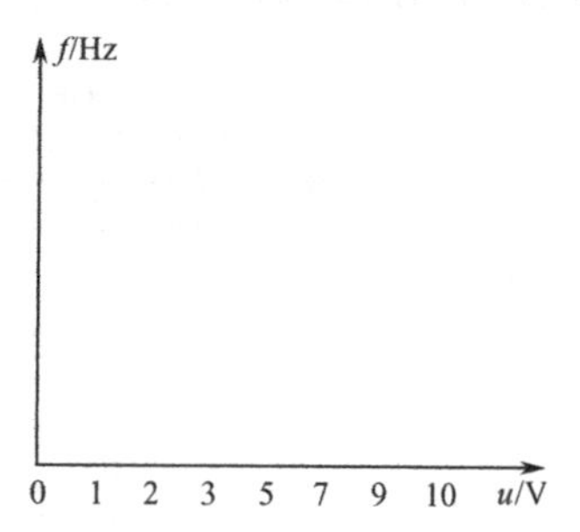

图 2-23 变频器输出频率与给定电压的绘制曲线

表 2-24 电动机转速数据

给定电压/V	0	1	2	3	5	7	9	10
运行频率/Hz								
转速/（r/min）								
输出电流/A								

4. 拆线整理

断开变频器电源，拆除导线，整理工作场所。

任务拓展

扫一扫看有效“0”的设置微课视频

扫一扫看有效“0”的设置教学课件

1. 知识拓展

1）有效“0”功能的设置

在给定信号为单极性的正、反转控制方式中，存在着一个特殊的问题，即给定信号因电路接触不良或其他原因而“丢失”，则变频器的给定输入端得到的信号为“0”，其输出频率将跳变为反转的最大频率，电动机将从正常工作状态转入高速反转状态。在生产过程中出现这种情况是十分有害的，甚至有可能损坏生产机械。

对此，变频器设置了一个有效“0”功能，如图 2-24 所示。也就是说，变频器的最小给定信号不等于 0($x_{min} \neq 0$)，且当 $x<x_0$ 时，变频器输出负的频率，电动机将反转，为了防止给定模拟信号消失（$x=0$）设置了有效“0”功能。有效“0”功能的宽度 d 的大小可通过参数 P0761 进行设置。若 $d=0.5$，则将参数 P0761 设置为 0.5。

2）死区的设置

用模拟量给定信号进行正反转控制时，“0”速控制很难稳定。在给定信号为“0”时，常常出现正转相序和反转相序的“反复切换”现象。为了防止出现这种“反复切换”现象，需要在“0”速附近设定一个死区，如图 2-25 所示。

MM440 变频器通过参数 P0761 设置频率给定线死区的宽度Δx。若死区宽度要求为 0.2，参数 P0761 应设置为死区宽度的一半，即 0.1。

举例：某用户要求当模拟输入信号为 2～10 V 时，变频器输出频率为-50～+50 Hz。带有中心为“0”且宽度为 0.2 V 的死区，试确定频率给定线。

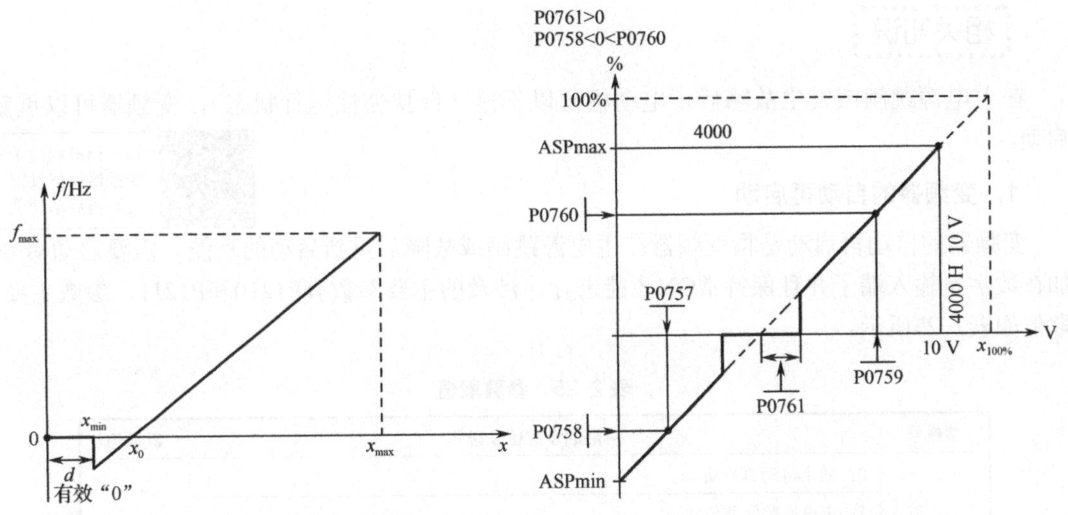

图 2-24　有效“0”功能的频率给定线　　　　图 2-25　变频器死区功能

可确定为：P2000=50 Hz、P0757=2 V、P0758=-100、P0759=10 V、P0760=100、P0761=0.1 V（中心两侧各 0.1 V）。

2. 技能拓展

（1）设置以下参数对应的频率给定线，观察、记录运行特点，并绘出频率给定线。
P0757=1、P0758=0、P0759=8、P0760=100、P0761=1。

（2）设置以下参数对应的频率给定线，观察、记录运行特点，并绘出频率给定线。
P0757=1、P0758=0、P0759=8、P0760=100、P0761=0.5。

（3）设置以下参数对应的频率给定线，观察、记录运行特点，并绘出频率给定线。
P0757=0、P0758=-60、P0759=10、P0760=100、P0761=0.5。

（4）利用 0～10 V 的电压信号，控制变频器驱动电动机以-50～+50 Hz 对应的速度运转，设置对应功能参数。

（5）变频器模拟量输入端子 10、11 接收 0～20 mA 的电流信号，控制变频器驱动电动机以 0～50 Hz 对应的速度运转，变频器应该如何进行硬件连接和参数设置？

子任务 2.3.3　变频器的自动再启动控制操作

任务描述

本任务利用变频器的外部数字量端子实现变频器瞬时停电自动再启动控制。要求：当变频器主电源中断、重新上电以后，变频器自动再启动；运用外部端子改变电动机的运行速度。

任务目标

（1）掌握变频器瞬时停电自动再启动的控制方法。

（2）掌握变频器瞬时停电自动再启动控制参数的设置方法。

（3）能够熟练操作变频器及设置参数等。

相关知识

在主电源跳闸或发生故障后，电动机可以不停（保持惯性运行状态），变频器可以重新启动。

扫一扫看西门子变频器如何设置自动再启动功能

1. 变频器的自动再启动

变频器的自动再启动是指变频器在主电源跳闸或故障后重新启动的功能，需要启动命令加在数字量输入端子并且保持常ON才能进行。涉及的主要参数有P1210和P1211，参数主要取值如表2-25所示。

表2-25 参数取值

参数号	可能的设定值及说明	默认值
P1210	0：禁止自动再启动	1
	1：上电后跳闸复位	
	2：在主电源中断后再启动	
	3：在主电源消隐或故障后再启动	
	4：在主电源消隐后再启动	
	5：在主电源中断和故障后再启动	
	6：在电源消隐、电源中断或故障后再启动	
P1211	规定P1210（自动再启动）激活后，如果启动失败，变频器重试再启动的次数	2

提示：电源消隐是指电源中断并在BOP的显示（如果变频器装有BOP）变暗和消失之前重新加上电源（时间非常短暂的电源中断时，直流回路的电压不会完全消失）。

电源中断是指在重新加上电源之前，BOP的显示已经变暗和消失（长时间的电源中断时，直流回路的电压已经完全消失）。

☆**注意：**（1）自动再启动在一个数字量输入端子保持ON命令不变时才能进行。

（2）P1210的设定值大于2时，可能在数字量输入端子上没有触发ON命令的情况下引起电动机的自动再启动。

2. 自动再启动参数设置

1）P1210＝0

禁止自动再启动。

2）P1210＝1

变频器对故障进行确认（复位），即在变频器重新上电时将故障复位。变频器必须完全断电，仅仅“电源消隐”是不够的。在数字量输入端子上重新触发ON命令前，变频器是不会运行的。

3）P1210＝2

在“电源中断”以后重新上电时，变频器确认故障F0003（欠电压），并重新启动。这种情况下需要有ON命令一直加在数字量输入端子（DIN）。

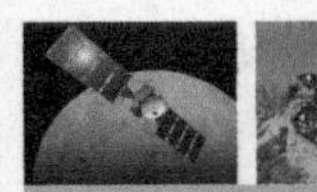

4）P1210＝3

这种设置的出发点是，只有发生故障（F0003 等）时变频器已经处于“运行（RUN）”状态下，它才能再启动。变频器将确认（复位）故障，并在“电源中断”或“电源消隐”之后重新启动。这种情况下需要有 ON 命令一直加在数字量输入端子（DIN）。

5）P1210＝4

这种设置的出发点是，只有当发生故障（F0003 等）时变频器已经处于“运行（RUN）”状态下，它才能再启动。变频器将确认故障，并在“电源消隐”之后重新启动。这种情况下需要有 ON 命令一直加在数字量输入端子（DIN）。

6）P1210＝5

在“电源中断”后重新上电时，变频器确认 F0003 等故障，并重新启动。这种情况下需要有 ON 命令一直加在数字量输入端子（DIN）。

7）P1210＝6

在“电源中断”或“电源消隐”后重新上电时，变频器确认 F0003 等故障，并重新启动。这种情况下需要有 ON 命令一直加在数字量输入端子（DIN）。

针对以上几种取值，对再启动发生的条件进行了汇总，如表 2-26 所示。

表 2-26　再启动发生的条件

P1210	启动命令一直激活				启动命令在电源断电时激活	
	F0003		所有其他故障		所有故障	没有故障
	电源中断	电源消隐	电源中断	电源消隐	电源中断	电源中断
0	—	—	—	—	—	—
1	故障应答	—	故障应答	—	故障应答	—
2	故障应答 + 再启动	—	—	—	—	再启动
3	故障应答 + 再启动	故障应答 + 再启动	故障应答 + 再启动	故障应答 + 再启动	故障应答 + 再启动	—
4	故障应答 + 再启动	故障应答 + 再启动	—	—	—	—
5	故障应答 + 再启动	—	故障应答 + 再启动	—	故障应答 + 再启动	再启动
6	故障应答 + 再启动	故障应答 + 再启动	故障应答 + 再启动	故障应答 + 再启动	故障应答 + 再启动	再启动

☆**注意**：如果电动机仍然在自转（例如在主电源短时中断以后）或仍然由负载带动旋转（P1200），捕捉再启动功能也必须投入。

任务实施

1. 硬件接线

按图 2-26 连接电源、电动机、变频器和外部开关。

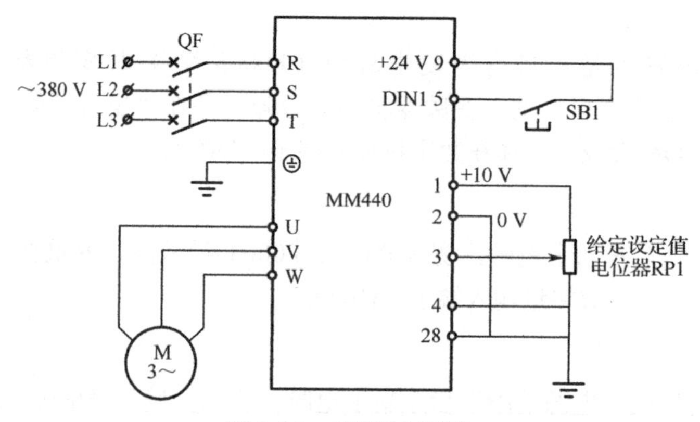

图 2-26 系统控制接线

2. 变频器参数设置

检查电路，确认连接正确无误后，接通断路器 QF，变频器通电。按照复位、快速调试、功能调试三个步骤完成参数的设置。其中，需要设置的主要控制参数如表 2-27 所示。

表 2-27 主要控制参数

序号	变频器参数	设定值	功能说明
1	P1000	2	模拟量输入
2	P700	1	选择命令源（由 BOP 控制）
3	P701	2	ON/OFF（接通正转/停止命令 1）
4	P1210	2	主电源中断以后再启动
5	P1211	3	变频器重试再启动的次数

3. 变频器运行操作

（1）按下按钮 SB1，变频器启动运行，旋转电位器，改变变频器的输出频率。

（2）关闭变频器电源开关再马上打开，观察变频器的运行情况。

（3）松开按钮 SB1，变频器停止运行。

4. 拆线整理

断开变频器电源，拆除导线，整理工作场所。

任务拓展

1. 知识拓展

捕捉再启动是指激活这一功能时，启动变频器并快速地改变变频器的输出频率，去搜寻正在自转的电动机的实际速度。一旦捕捉到电动机的速度实际值，就将变频器与电动机

接通，并使电动机按常规斜坡函数曲线升速运行到频率的设定值。涉及的主要参数是P1200，其具体取值如表2-28所示。

表2-28　P1200取值

参数号	可能的设定值	默认值
P1200	0：禁止捕捉再启动功能。 1：捕捉再启动功能总是有效，从频率设定值的方向开始搜索电动机的实际速度。 2：捕捉再启动功能在上电、故障、OFF2 命令时激活，从频率设定值的方向开始搜索电动机的实际速度。 3：捕捉再启动功能在故障、OFF2 命令时激活，从频率设定值的方向开始搜索电动机的实际速度。 4：捕捉再启动功能总是有效，只在频率设定值的方向搜索电动机的实际速度。 5：捕捉再启动功能在上电、故障、OFF2 命令时激活，只在频率设定值的方向搜索电动机的实际速度。 6：捕捉再启动功能在故障、OFF2 命令时激活，只在频率设定值的方向搜索电动机的实际速度	0

注：① 这一功能对于驱动带有大惯量负载的电动机来说是特别有用的。

② 设定值1～3 — 在设定值的大小两个方向上搜寻电动机的实际速度。

③ 设定值4～6 — 只在设定值的方向上搜寻电动机的实际速度。

④ 如果电动机仍然在转动（例如供电电源短时间中断后）或者在电动机由负载带动旋转的情况下还要重新启动电动机，就需要这一功能。否则，将出现过电流跳闸。

2. 技能拓展

（1）将P1210的参数设置为默认值1，重新操作实训步骤，仔细观察变频器的运行情况。

（2）将 P1210 的参数设置为默认值 3～6，设置不同的断电情况，仔细观察变频器的运行情况。

（3）总结当P1210取不同值时自动再启动的异同之处。

子任务2.3.4　变频器的多段速控制操作

任务描述

本任务利用变频器的外部数字量端子实现某机床主轴的 7 段速运行控制，具体要求：变频器输出频率分别为 10 Hz、15 Hz、20 Hz、25 Hz、30 Hz、35 Hz、40 Hz，使电动机能工作在7个不同的转速状态。

扫一扫看变频器的多段速控制方法教学课件

任务目标

（1）掌握三种实现变频器多段速频率控制的方法。

（2）掌握数字量端子实现变频多速功能时的参数设置及速度设置的方法。

（3）掌握多段速运行时各种操作的特点。

（4）掌握多段速运行的应用。

扫一扫看变频器的多段速控制方法微课视频

相关知识

多段速功能也称为固定频率，是利用变频器数字量端子选择固定频率的组合，实现电

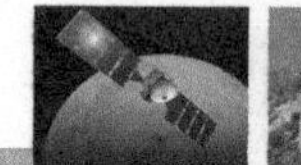

动机多段速运行。用户可以任意定义 MM440 变频器的 6 个数字量端子用途，一旦数字量端子用途确定了，变频器的输出频率就由相应的参数控制。

MM440 变频器有三种方法实现多段速控制，具体选择哪种方法由 MM440 变频器通过数字量端子 5、6、7、8、16、17 对应的参数 P701～P706 的设置来实现。

1. 通过直接选择

通过直接选择（P0701～P0706 = 15）进行多段速控制时，一个数字量输入端子选择一个固定频率，端子与参数对应设置如表 2-29 所示。

表 2-29　端子与参数对应设置

端子编号	对应参数	对应频率设定值参数	说明
5	P0701	P1001	（1）频率给定源 P1000 必须设置为 3。 （2）当多个选择同时被激活时，选定的频率是它们的总和
6	P0702	P1002	
7	P0703	P1003	
8	P0704	P1004	
16	P0705	P1005	
17	P0706	P1006	

2. 通过直接选择+ON 命令

通过直接选择+ON 命令（P0701～P0706 = 16）进行多段速控制时，数字量输入端子既选择固定频率（见表 2-29），又具备启动功能。

☆注意：在直接选择和直接选择+ON 命令操作方法中，当多个开关同时闭合时，选定的频率是它们的总和；当频率超出变频器的上限频率时，变频器的输出频率会被限制在最高频率。

3. 通过二进制编码选择+ON 命令

通过开关状态组合选择变频器的频率，就是使用变频器的数字量输入端子 5～8 的二进制组合选择由参数 P1001～P1015 指定的多段速中的某个固定频率运行，最多可实现 15 段频率控制。通过二进制编码选择+ON 命令（P0701～P0706 = 17）进行多段速控制时，需要将参数 P0701～P0704 设置为 17，不需要单独的外部开关控制变频器的启动/停止。开关状态与各个固定频率的对应关系如表 2-30 所示。

表 2-30　开关状态与各个固定频率的对应关系

频率设定	DIN4	DIN3	DIN2	DIN1
P1001	0	0	0	1
P1002	0	0	1	0
P1003	0	0	1	1
P1004	0	1	0	0
P1005	0	1	0	1
P1006	0	1	1	0
P1007	0	1	1	1
P1008	1	0	0	0

续表

频率设定	DIN4	DIN3	DIN2	DIN1
P1009	1	0	0	1
P1010	1	0	1	0
P1011	1	0	1	1
P1012	1	1	0	0
P1013	1	1	0	1
P1014	1	1	1	0
P1015	1	1	1	1

☆注意：在多段速控制中，电动机的转速方向是由 P1001～P1015 参数所设置的频率正负值决定的。

6 个数字量输入端子，哪一个作为电动机运行、停止控制，哪些作为多段频率控制，是可以由用户任意确定的，一旦确定了某一数字量输入端子的控制功能，其内部的参数设定值必须与端子的控制功能相对应。

扫一扫看变频器多段速运行操作微课视频

任务实施

1. 硬件接线

按图 2-27 连接电源、电动机、变频器和外部开关。

☆注意：本任务选择的是二进制编码选择+ON 命令的多段速控制方式。

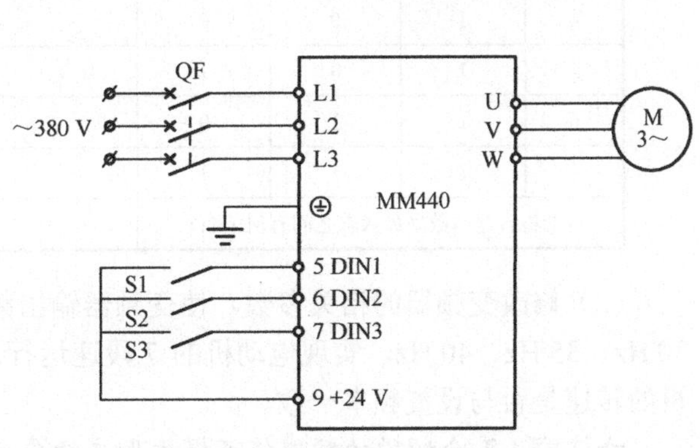

图 2-27 7 段固定频率控制接线

2. 变频器参数设置

检查电路，确认连接正确后，接通断路器 QF，变频器通电。按照复位、快速调试、功能调试三个步骤完成参数设置。其中，需要设置的变频器参数如表 2-31 所示。

表 2-31 变频器参数设置

参数号	设定值	说明
P1000	3	选择固定频率设定值
P0700	2	命令源选择由端子排输入
P0701	17	选择固定频率
P0702	17	选择固定频率
P0703	17	选择固定频率
P1001	10	选择固定频率 1
P1002	15	选择固定频率 2

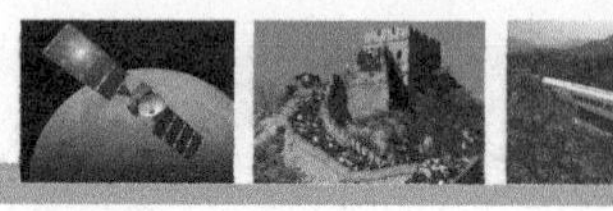

续表

参数号	设定值	说明
P1003	20	选择固定频率 3
P1004	25	选择固定频率 4
P1005	30	选择固定频率 5
P1006	35	选择固定频率 6
P1007	40	选择固定频率 7

3. 变频器运行操作

（1）按表 2-32 操作数字量端子，观察电动机的运行情况，把变频器的运行数据记录在表中，并分析电动机转速与数字量状态之间的关系。

扫一扫看变频器多段速运行操作教学课件

表 2-32 电动机 7 段速运行数据记录

序号	端子输入状态			变频器输出	
	7	6	5	变频器频率/Hz	电动机转速/（r/min）
1	0	0	1		
2	0	1	0		
3	0	1	1		
4	1	0	0		
5	1	0	1		
6	1	1	0		
7	1	1	1		
电动机转速与数字量状态之间有何关系？					

（2）修改变频器的相关参数，使变频器输出频率分别为 10 Hz、15 Hz、20 Hz、25 Hz、30 Hz、35 Hz、40 Hz，实现电动机的 7 段速运行。然后按表 2-32 依次操作开关，验证电动机的转速是否与设置频率一致。

☆注意：7 个频段的频率值可根据用户的要求由 P1001～P1007 七个参数来修改，当电动机任意一段速需要反向运行时，只要将对应频率值设置为负即可实现。

4. 拆线整理

断开变频器电源，拆除导线，整理工作场所。

任务拓展

1. 15 段速运行电路

设计 15 段速控制电路，并列出参数设置表，进行系统调试和 15 段速的数据测量。速度的大小可以自拟。

提示：当 P0701～P0704 设置为 17 时，MM440 变频器数字量端子 5～8 的二进制组合有 16 种，因此可以选择 16 段速，除去状态零，实际速度为 15 种，分别由参数 P1001～

P1015 进行设置。

2. 多段速控制应用案例

工业洗衣机被广泛应用于服装水洗厂、医院、宾馆、化工厂、部队等企事业单位。采用变频调速技术可以实现工业洗衣机的平稳启动。工业洗衣机具有调速范围大、优化洗涤过程等优点。图 2-28 所示是工业洗衣机的洗涤过程，整个洗涤过程分为洗涤、漂洗、排水、脱水。其中，洗涤、漂洗过程要求电动机正反转运行，洗涤速度为 150 r/min；排水过程要求电动机运行速度为 240 r/min；脱水过程要求电动机运行速度为 420 r/min。

在半自动洗衣机中，这四个过程分别用按钮开关来控制。在全自动洗衣机中，这四个过程依次进行，直至洗衣结束，在整个洗衣过程中电动机的运行速度如图 2-28 所示。尝试进行手动控制下工业洗衣机多速运行时的数字量端子及参数设置。

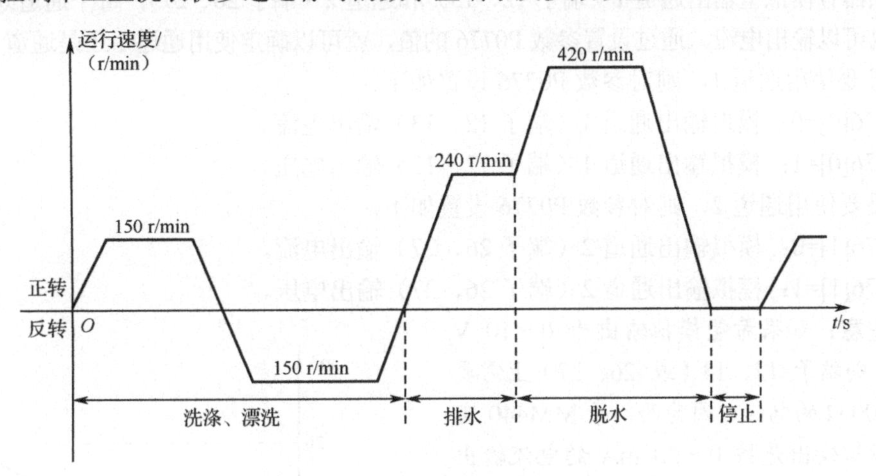

图 2-28　工业洗衣机的洗涤过程

3. 用 3 种不同控制方式实现 3 段固定频率（20 Hz、30 Hz、50 Hz）控制

（1）连接电路，设置功能参数，并分别操作 3 段固定速度运行，需要注意的是不同方式对应的数字量接线不同。

（2）分析 P0701～P0706 设置为 15、16、17 的区别。哪种参数设置最节约数字量端子数？你认为哪种参数设置系统最简单？

子任务 2.3.5　变频器的输出量控制操作

任务描述

MM440 变频器有模拟量输出端子，可以输出直流电压或电流；有继电器 1、继电器 2、继电器 3，可以通过设置参数 P0731、P0732、P0733 来控制这 3 个继电器的通断，表示变频器运行、报警、过载等含义。

本任务具体要求：用按钮 SB1 控制实现电动机正转，通过端子 12、13 测量变频器输出 25 Hz、50 Hz 时的模拟量输出电压，并通过变频器的输出继电器 1、2、3，使变频器在发生故障、电动机过载及低于最小频率这三种情况下亮红灯报警。

任务目标

（1）掌握 MM440 变频器模拟量输出端子的使用及参数设置。
（2）掌握 MM440 变频器继电器输出端子的使用及参数设置。
（3）掌握 MM440 变频器的制动方法及参数设置。

相关知识

扫一扫看变频器的模拟量输出设置教学课件

扫一扫看变频器的模拟量输出设置微课视频

1. 变频器的模拟量输出

1）参数 P0776

变频器有模拟量输出通道 1（端子 12、13）和通道 2（端子 26、27），每个通道既可以输出电压，也可以输出电流。通过设置参数 P0776 的值，就可以确定使用通道 1 还是通道 2。

如果要使用通道 1，则对参数 P0776 设置如下：

P0776[0]=0：模拟输出通道 1（端子 12、13）输出电流。

P0776[0]=1：模拟输出通道 1（端子 12、13）输出电压。

如果要使用通道 2，则对参数 P0776 设置如下：

P0776[1]=0：模拟输出通道 2（端子 26、27）输出电流。

P0776[1]=1：模拟输出通道 2（端子 26、27）输出电压。

☆注意：如果希望模拟输出为 0～10 V 的电压，则端子 12、13（或 26、27）上需要接一个 500 Ω 的电阻。因为西门子 MM440 变频器的模拟输出是按 0～20 mA 的电流输出来设计的。

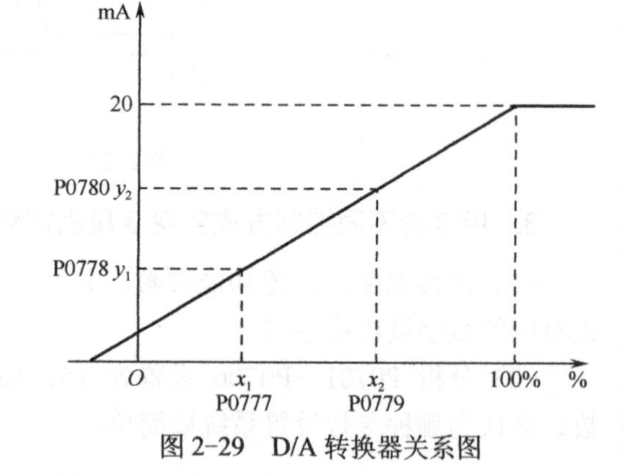

图 2-29　D/A 转换器关系图

2）其他参数

确定变频器的模拟量输出时，还要设置参数 P0771、P0777、P0778、P0779、P0780、P0781，各参数关系如图 2-29 所示，这些参数表示的含义如下：

（1）参数 P0771：D/A 转换器，确定 0～20 mA 模拟量输出功能。

P0771=21，实际频率，定标值按 P2000 参数值确定。

P0771=24，实际输出频率，定标值按 P2000 参数值确定。

P0771=25，实际输出电压，定标值按 P2001 参数值确定。

P0771=26，实际直流母线电压，定标值按 P2001 参数值确定。

P0771=27，实际输出电流，定标值按 P2002 参数值确定。

（2）参数 P0777：D/A 转换器定标值 x_1，确定 x_1 输出特性，用%表示。该参数代表以 P200× 的百分数表示的最低模拟值（与参数 P0771 的设定值有关）。

（3）参数 P0778：D/A 转换器定标值 y_1，该参数代表 x_1 的模拟量输出值，单位是 mA。

（4）参数 P0779：D/A 转换器定标值 x_2，确定 x_2 输出特性，用%表示。该参数代表以 P200×的百分数表示的最高模拟值（与参数 P0771 的设定值有关）。

（5）参数 P0780：D/A 转换器定标值 y_2，该参数代表 x_2 的模拟量输出值，单位是 mA。

（6）参数 P0781：D/A 转换器的死区宽度。它设定模拟量输出的死区宽度，单位是 mA。

2. 变频器的继电器输出

变频器有继电器 1，端子号 18、19、20，其中 18、20 是常闭触点，19、20 是常开触点；继电器 2，端子号 21、22，是一对常开触点，公共端为 22；继电器 3，端子号 23、24、25，其中 23、25 是常闭触点，24、25 是常开触点。为了监控变频器的运行状态，可以将变频器当前的状态以数字量的形式用继电器输出，方便监控变频器的内部状态数量。

变频器的继电器输出是干接点，无源的，使用时需要外接电源，接交流电时电压在 250 V 以下，接直流电时电压在 30V 以下。

变频器的这 3 组继电器输出，需要使用参数 P0731、P0732、P0733 来定义其使用功能，表 2-33 列举了这 3 组继电器对应参数的默认值和功能解释等。

表 2-33　3 组继电器对应的设置参数

继电器编号	对应参数	默认值	功能解释	输出状态
继电器 1	P0731	52.3	故障监控	继电器失电
继电器 2	P0732	52.7	报警监控	继电器失电
继电器 3	P0733	52.2	变频器运行中	继电器失电

扫一扫看变频器的继电器输出设置教学课件

扫一扫看变频器的继电器输出设置微课视频

参数 P0731、P0732、P0733 的功能相同，现将其参数的设定值以表格的形式列举出来，如表 2-34 所示。

表 2-34　参数 P0731、P0732、P0733 的设定值

设定值	功能解释	触点状态
0.0	数字输出禁止	
52.0	变频器准备好	常闭触点 18 和 20 闭合
52.1	变频器运行准备就绪	常闭触点 18 和 20 闭合
52.2	变频器正在运行	常闭触点 18 和 20 闭合
52.3	变频器故障激活	常闭触点 18 和 20 闭合
52.4	OFF2 停车命令有效	常开触点 19 和 20 闭合
52.5	OFF3 停车命令有效	常开触点 19 和 20 闭合
52.6	禁止合闸激活	常闭触点 18 和 20 闭合
52.7	变频器报警激活	常闭触点 18 和 20 闭合
52.8	设定值/实际值偏差过大	常开触点 19 和 20 闭合
52.9	PZD 控制（过程数据控制）	常闭触点 18 和 20 闭合
52.A	已达到最大频率	常闭触点 18 和 20 闭合

续表

设定值	功能解释	触点状态
52.B	电动机电流极限报警	常开触点 19 和 20 闭合
52.C	电动机抱闸（MHB）投入	常闭触点 18 和 20 闭合
52.D	电动机过载	常开触点 19 和 20 闭合
52.E	电动机正向运行	常闭触点 18 和 20 闭合
52.F	变频器过载	常开触点 19 和 20 闭合
53.0	直流注入制动投入	常闭触点 18 和 20 闭合
53.1	变频器频率低于跳闸极限值 P2167	常闭触点 18 和 20 闭合
53.2	变频器频率低于最小频率 P1080	常闭触点 18 和 20 闭合
53.3	实际电流 r0027 大于或等于极限值 P270	常闭触点 18 和 20 闭合
53.4	实际频率大于比较频率 P2155	常闭触点 18 和 20 闭合
53.5	实际频率低于比较频率 P2155	常闭触点 18 和 20 闭合
53.6	实际频率大于/等于设定值	常闭触点 18 和 20 闭合
53.7	电压低于门限值	常闭触点 18 和 20 闭合
53.8	电压高于门限值	常闭触点 18 和 20 闭合
53.A	PID 控制器的输出在下限幅值（P2292）	常闭触点 18 和 20 闭合
53.B	PID 控制器的输出在上限幅值（P2291）	常闭触点 18 和 20 闭合

☆注意：继电器的每个输出逻辑是可以进行取反操作的，即通过将 P0748[1]、P0748[2]、P0748[3]的设定值进行更改，默认数值是 0，改为数值 1，对应的继电器 1、2、3 的常开触点和常闭触点就反相输出了，常闭触点变常开触点、常开触点变常闭触点。即 P0748 是定义继电器的输出状态是高电平还是低电平的。

任务实施

1. 控制电路

变频器输出信号控制接线如图 2-30 所示。检查电路，确认连接正确无误后，合上主电源开关 QF。

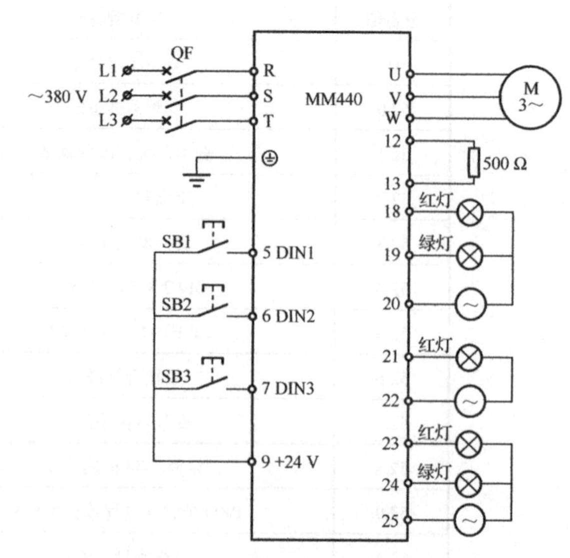

图 2-30　变频器输出信号控制接线

2. 变频器模拟输出控制操作

按照参数设置的三个步骤（即复位、快速调试、功能调试）依次完成本任务涉及的所有参数的设置。

（1）设置电动机参数，如表 2-35 所示。电动机参数设置完成后，设 P0010=0，变频器当前处于准备状态，可正常运行。

表 2-35　电动机参数设置

参数号	出厂值	设定值	说明
P0003	1	1	设定用户访问级为标准级
P0010	0	1	快速调试
P0100	0	0	功率以 kW 表示，频率为 50 Hz
P0304	230	380	电动机额定电压（V）
P0305	3.25	0.35	电动机额定电流（A）
P0307	0.75	0.01	电动机额定功率（kW）
P0310	50	50	电动机额定频率（Hz）
P0311	0	1400	电动机额定转速（r/min）

（2）设置变频器输入/输出参数。因为使用 12、13 端子输出电压量，所以参数 P0776[0]=1。如果要使变频器输出 50 Hz，12、13 端子输出 10 V 模拟量，则要设置参数 P2000=50；如果要使变频器输出电压是 380 V，12、13 端子输出 10 V 模拟量，则要设置参数 P2001=380。对应变频器输出频率 50 Hz 时模拟量的输出控制参数设置如表 2-36 所示。对应变频器输出 380 V 时模拟量的输出控制参数设置如表 2-37 所示。

表 2-36　对应变频器输出频率 50Hz 时模拟量的输出控制参数设置

参数号	出厂值	设定值	说明
P0003	1	3	设定用户访问级为专家级
P0700	2	2	命令源选择由端子排输入
P0701	1	1	ON 接通正转，OFF 停止
P0702	1	15	固定频率
P0703	1	15	固定频率
P0771[0]	21	24	D/A 转换器
P0776[0]	0	1	D/A 转换器电压输出
P0777[0]	0	0	D/A 转换器定标值 x_1
P0778[0]	0	0	D/A 转换器定标值 y_1
P0779[0]	100	100	D/A 转换器定标值 x_2
P0780[0]	20	20	D/A 转换器定标值 y_2
P1000	2	3	选择频率设定值
P1002	5	25	固定频率
P1003	10	50	固定频率
P2000	50	50	基准频率

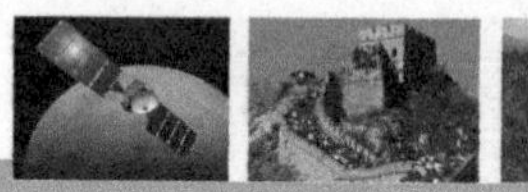

表 2-37　对应变频器输出 380 V 时模拟量的输出控制参数设置

参数号	出厂值	设定值	说明
P0003	1	3	设定用户访问级为专家级
P0700	2	2	命令源选择由端子排输入
P0701	1	1	ON 接通正转，OFF 停止
P0702	1	15	固定频率
P0703	1	15	固定频率
P0771[0]	21	25	D/A 转换器
P0776[0]	0	1	D/A 转换器电压输出
P0777[0]	0	0	D/A 转换器定标值 x_1
P0778[0]	0	0	D/A 转换器定标值 y_1
P0779[0]	100	100	D/A 转换器定标值 x_2
P0780[0]	20	20	D/A 转换器定标值 y_2
P1000	2	3	选择频率设定值
P1002	5	25	固定频率
P1003	10	50	固定频率
P2001	1000	380	基准电压

（3）变频器运行操作。

① 对应变频器输出频率为 50Hz 时模拟量的输出。按表 2-36 设置变频器的参数后，按下按钮 SB1、SB2，变频器输出频率为 25 Hz，用万用表测试端子 12、13 两端电阻上的电压，应为 5 V 左右；按下按钮 SB1、SB3，变频器输出频率为 50 Hz，用万用表测试端子 12、13 两端电阻上的电压，应为 10 V 左右。

② 对应变频器输出电压为 380 V 时模拟量的输出。按表 2-37 设置变频器的参数后，按下按钮 SB1、SB2，变频器输出频率为 25 Hz，此时变频器输出电压为 190 V，用万用表测试端子 12、13 两端电阻上的电压，应为 5 V 左右；按下按钮 SB1、SB3，变频器输出频率为 50 Hz，此时变频器输出电压为 380 V，用万用表测试端子 12、13 两端电阻上的电压，应为 10 V 左右。

3. 变频器继电器输出控制操作

（1）设置参数。变频器在故障时，使用继电器 1 的输出；无故障时，常开触点 19 与 20 闭合，绿灯亮；有故障时，常闭触点 18 与 20 闭合，红灯亮，要达到这个目的，将参数 P0731 的值设置为 52.3。

电动机过载时，使用继电器 2 的输出，电动机的设定电流如表 2-35 所示，为 0.35 A，当电动机的运行电流大于设定电流 0.35 A 时，电动机过载，常开触点 21 与 22 闭合，红灯亮，要达到这个目的，需将参数 P0732 的值设置为 52.D。

当变频器的运行频率低于最小频率（最小频率 P1080=10 Hz）时，常开触点 23 与 25 闭合，亮红灯报警；运行频率高于最小频率时，常闭触点 24 与 25 闭合，绿灯亮，报警解

除。要达到这个目的，需将参数 P0733 的值设置为 53.2。

电动机参数设置同表 2-35，继电器输出控制参数设置如表 2-38 所示。

表 2-38　继电器输出控制参数设置

参数号	出厂值	设定值	说明
P0003	1	3	设定用户访问级为专家级
P0700	2	2	命令源选择由端子排输入
P0701	1	1	ON 接通正转，OFF 停止
P0702	1	15	固定频率
P0703	1	15	固定频率
P0731	52.3	52.3	变频器故障激活
P0732	52.7	52.D	电动机过载激活
P0733	0.0	53.2	变频器运行频率低于最低频率
P1000	2	3	选择频率设定值
P1002	5	25	固定频率
P1003	10	50	固定频率
P1080	0	10	最低频率
P1082	50	50	最高频率
P1120	10	10	斜坡上升时间
P1121	10	10	斜坡下降时间

（2）变频器运行操作。按图 2-30 将红灯、绿灯接好，继电器电源接 AC 220 V。

① 继电器 1 的输出测试。按表 2-38 所示设置变频器参数后，按下按钮 SB1、SB2，变频器输出频率 25 Hz，电动机按 25 Hz 运行，此时将电动机电源线拆掉一根，制造电动机缺相故障，变频器输出故障信号 F0023，此时检查继电器 1 的输出是否符合要求。

② 继电器 2 的输出测试。按表 2-38 所示设置变频器参数后，按下按钮 SB1、SB3，变频器输出频率 50 Hz，电动机的频率将从 0 Hz 按上升时间升到 50 Hz，在此过程中，观察变频器的输出电流，当变频器的输出电流大于电动机设定的额定电流 0.35 A 时，检查继电器 2 的输出是否符合要求。

③ 继电器 3 的输出测试。设置参数 P0700=1、P1000=1，使用面板操作，其他参数不变。通过面板启动变频器，按增大/减小键改变变频器的输出频率，当变频器的输出频率小于最小频率 10 Hz 时，检查继电器 3 的输出是否符合要求。

4. 断电

断开变频器电源，拆除导线，整理实训现场。

任务拓展

通过变频器的输出继电器 1、2、3，使变频器分别在电动机正转运行、运行频率高于最

高频率时，亮绿灯；电动机反转运行、运行频率高于最高频率时，亮红灯报警。

子任务 2.3.6　变频器的 PID 控制操作

任务描述

本任务要求实现由操作面板设定目标值的 PID 控制运行，完成变频器的 PID 控制硬件接线、参数设置和系统调试。要求 PID 参数设置合理，变频器在 PID 控制功能下的输出频率能最快速接近目标值，使电动机稳定运行在设定的固定频率上。

任务目标

扫一扫看 PID 控制原理动画

（1）掌握操作面板设定目标值的接线方法及参数设置。
（2）掌握端子设定多个目标值的接线方法及参数设置。
（3）熟悉 P、I、D 参数的调试方法。

扫一扫看调节 PID 参数技巧微课视频

相关知识

PID 控制是闭环控制中的一种常见形式，由给定信号、反馈信号、PID 调节器构成闭环控制系统。反馈信号取自驱动系统的输出端，当输出量偏离所要求的给定值时，反馈信号成正比例地变化。在输入端，给定信号与反馈信号相比较，存在一个偏差值。对该偏差，经过 P、I、D 调节，控制变频器的输出频率，从而迅速、准确地消除驱动系统的偏差，接近给定值，振荡和误差都比较小。PID 控制适用于压力、温度、流量控制等。

1. 变频器 PID 控制目标信号

MM440 变频器内部有 PID 调节器，利用 MM440 变频器可以很方便地构成 PID 闭环控制，MM440 变频器 PID 控制原理如图 2-31 所示。PID 控制的给定值（主设定值）可以通过操作面板进行设定，也可以通过模拟量输入通道 AIN1 和 AIN2 进行设定。具体选择哪一种方式，由参数 P2253 的设定值决定，参数 P2253 设定值的作用如表 2-39 所示。

当 P2253=2250 时，PID 给定值由操作面板 BOP 设置，通过设置参数 P2240 的值来确定给定值的大小。

如果 P2253=755.0 或 755.1，则 PID 给定值由模拟量输入端子 AIN1 或 AIN2 进行设定。

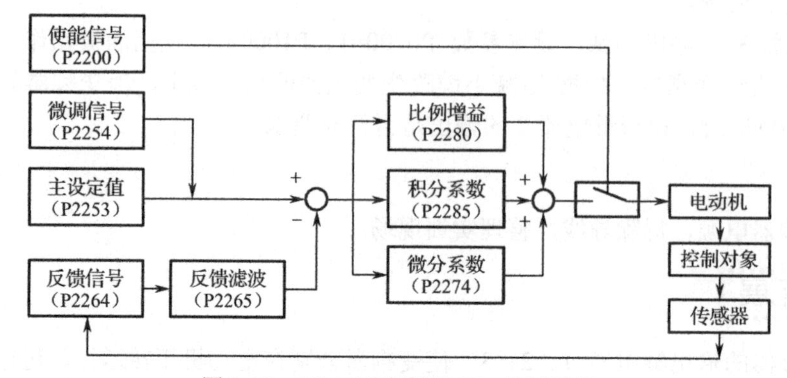

图 2-31　MM440 变频器 PID 控制原理

表 2-39 参数 P2253 设定值的作用

PID 给定源	设定值	功能解释	说明
P2253	2250	BOP 面板	通过改变 P2240 的设定值改变目标值
	755.0	模拟通道 1	通过模拟量大小改变目标值
	755.1	模拟通道 2	

2. 变频器 PID 控制反馈信号

选择好给定值后，就要选择反馈通道，反馈通道只能选择模拟量输入端子 AIN1 或 AIN2 作为反馈通道。

当给定选择操作面板作为给定源后，反馈通道可选择模拟量输入端子 AIN1 和 AIN2 中的任何一个。而当给定选择一个模拟量输入通道作为给定源后，另一个就必须作为反馈通道。PID 反馈通道控制参数 P2264 的设定值如表 2-40 所示。

表 2-40 PID 反馈通道控制参数 P2264 的设定值

PID 反馈通道	设定值	功能解释	说明
P2264	755.0	模拟通道 1	当模拟量波动较大时，可适当加大滤波时间，确保系统稳定
	755.1	模拟通道 2	

任务实施

扫一扫看变频器的 PID 控制操作教学课件

1. 控制电路

图 2-32 为操作面板设定目标值时 PID 控制端子接线图，模拟输入端子 AIN2 接入反馈信号 0～20 mA，数字量输入端子 DIN1 接入带自锁的按钮 SB1 控制变频器的启动/停止，给定目标值由 BOP（▲▼键）设定。

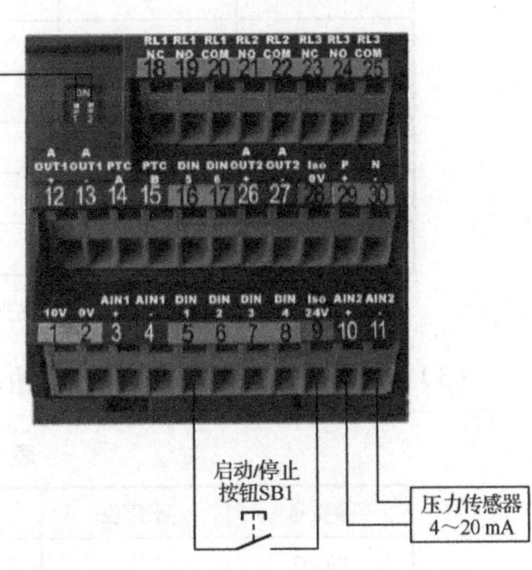

图 2-32 操作面板设定目标值时 PID 控制端子接线

2. 参数设置

按照参数设置的三个步骤（即复位、快速调试、功能调试）依次完成本任务涉及的所有参数的设置，其中包括电动机参数、控制参数、目标参数、反馈参数、PID 参数。

（1）设置电动机参数，如表 2-41 所示。电动机参数设置完成后，设 P0010=0，变频器当前处于准备状态，可正常运行。

表 2-41　电动机参数设置

参数号	出厂值	设定值	说明
P0003	1	1	设定用户访问级为标准级
P0010	0	1	快速调试
P0100	0	0	功率以 kW 表示，频率为 50 Hz
P0304	230	380	电动机额定电压（V）
P0305	3.25	1.05	电动机额定电流（A）
P0307	0.75	0.37	电动机额定功率（kW）
P0310	50	50	电动机额定频率（Hz）
P0311	0	1400	电动机额定转速（r/min）

（2）设置控制参数，如表 2-42 所示。

表 2-42　控制参数设置

参数号	出厂值	设定值	说明
P0003	1	2	设定用户访问级为扩展级
P0004	0	0	参数过滤显示全部参数
P0700	2	2	由端子排输入（选择命令源）
*P0701	1	1	端子 DIN1 功能为 ON 接通正转/OFF 停车
*P0702	12	0	端子 DIN2 禁用
*P0703	9	0	端子 DIN3 禁用
*P0704	0	0	端子 DIN4 禁用
P0725	1	1	端子 DIN 输入为高电平有效
P1000	2	1	频率设定由 BOP（▲▼键）设置
*P1080	0	10	电动机运行的最低频率(下限频率)（Hz）
*P1082	50	50	电动机运行的最高频率(上限频率)（Hz）
P2200	0	1	PID 控制功能有效

注：标*的参数可根据用户的需要改变。

（3）设置目标参数，如表 2-43 所示。

表 2-43　目标参数设置

参数号	出厂值	设定值	说明
P0003	1	3	设定用户访问级为专家级
P0004	0	0	参数过滤显示全部参数
P2253	0	2250	通过改变 P2240 的设定值改变目标值
*P2240	10	60	由 BOP（▲▼键）设定的目标值（%）
*P2254	0	0	无 PID 微调信号源

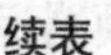

续表

参数号	出厂值	设定值	说明
*P2255	100	100	PID 设定值的增益系数
*P2256	0	0	PID 微调信号增益系数
*P2257	1	1	PID 设定值的斜坡上升时间
*P2258	1	1	PID 设定值的斜坡下降时间
*P2261	0	0	PID 设定值无滤波

注：标*的参数可根据用户的需要改变。

☆注意：当 P2231=1 时，容许存储 PID-MOP 的设定值（P2240 的值）；当 P2231=0 时，不容许存储 PID-MOP 的设定值（P2240 的值）。

当 P2232=0 容许反向时，可以用 BOP 上的（▲▼）键设定 P2240 值为负值；当 P2232=1 时，禁止反向。

（4）设置反馈参数，如表 2-44 所示。

表 2-44 反馈参数设置

参数号	出厂值	设定值	说明
P0003	1	3	设定用户访问级为专家级
P0004	0	0	参数过滤显示全部参数
P2264	755.0	755.1	PID 反馈信号由 AIN2+（即模拟输入 2）设定
*P2265	0	0	PID 反馈信号无滤波
*P2267	100	100	PID 反馈信号的上限值（100%）
*P2268	0	0	PID 反馈信号的下限值（0%）
*P2269	100	100	PID 反馈信号的增益（100%）
*P2270	0	0	不用 PID 反馈器的数学模型
*P2271	0	0	PID 传感器的反馈为负反馈，=1 是正反馈

注：标*的参数可根据用户的需要改变。

扫一扫看变频器的 PID 控制操作微课视频

（5）设置 PID 参数，如表 2-45 所示。

表 2-45 PID 参数设置

参数号	出厂值	设定值	说明
P0003	1	3	设定用户访问级为专家级
P0004	0	0	参数过滤显示全部参数
*P2280	3	5	PID 比例增益系数，范围 0～65
*P2285	0	2	PID 积分时间，范围 0～60 s
*P2291	100	100	PID 输出上限（%）
*P2292	0	0	PID 输出下限（%）
*P2293	1	1	PID 限幅的斜坡上升/下降时间（s）

注：标*的参数可根据用户的需要改变。

3. 变频器运行操作

（1）将上面参数设置完成后，按下按钮 SB1，变频器数字量输入端子 DIN1 为 ON 状态，变频器启动电动机。当反馈电流信号发生改变时，电动机的速度会发生变化。

若反馈的电流信号小于目标值 12 mA（P2240 值），变频器将驱动电动机升速；电动机的速度上升又会引起反馈的电流信号变大。当反馈的电流信号大于目标值 12 mA 时，变频器又将驱动电动机降速，从而又使反馈的电流信号变小。如此循环往复，能使变频器达到一种动态平衡状态，变频器将驱动电动机以一个动态稳定速度运行。

（2）如果变频器的调节过程速度慢，可将参数 P2280 增加；反之，应将参数 P2280 减小。同时可适当调整参数 P2285，当 P2280 增加时，可以将 P2285 减小；反之，当 P2280 减小时，可以将 P2285 增加。直到变频器的输出频率变化速度合适为止。

（3）如果需要，可直接通过按操作面板上的数值增大/减小键来修改目标设定值（P2240 值）。当设置 P2231=1 时，修改后的目标值将被保存在内存中。

（4）松开按钮 SB1，数字量输入端子 DIN1 为 OFF 状态，电动机停止运行。

4. 断电

断开变频器电源，拆除导线，整理实训现场。

任务拓展

（1）分组讨论以下问题，并以小组为单位进行介绍和组间互评。

① PID 控制的含义是什么？由哪些环节构成？

② PID 控制的特点是什么？

③ 简述 PID 控制给定信号、反馈信号的获取和接线方法。

④ PID 控制必须设置哪些参数？如何设置 PID 的使能控制、增益系数、积分时间？

（2）通过模拟量输入端子 AIN1 设置 PID 控制的设定值，通过模拟量输入端子 AIN2 设置 PID 控制的反馈信号，应该如何设置变频器的参数？

扫一扫看 2018 年职业技能大赛-智能电梯装调与维护赛题

扫一扫看 2018 年职业技能大赛-智能电梯装调与维护赛题

任务测验 5

一、选择题

1. 在变频器的 PID 功能中，I 是指（　　）运算。

A. 积分　　B. 微分　　C. 比例　　D. 求和

2. 工业洗衣机在甩干时转速快、在洗涤时转速慢、在烘干时转速更慢，故需要变频器的（　　）功能。

A. 转矩补偿　　B. 频率偏置　　C. 多段速度控制　　D. 电压自动控制

3. 变频器的最高频率由（　　）决定。

A. P0003　　B. P0010　　C. P0970　　D. P1082

4. 为了使电动机的旋转速度减半，变频器的输出频率必须从 60 Hz 改变到 30 Hz，变频器的输出电压就必须从 400 V 改变到约（　　）V。

A. 400　　B. 100　　C. 200　　D. 220

二、填空题

1. 通过________接口可以实现变频器与变频器之间或变频器与计算机之间的联网控制。

2. 一台变频器可以控制________台电动机。

3. 在变频器的 PID 功能中，P 指________，I 指________，D 指________。

4. 变频器的控制方式主要有________控制、________控制、________控制。

5. 有些设备需要转速分段运行，而且每段转速的上升、下降时间也不同，为了适应这些控制要求，变频器具有________功能和多种加、减速时间设置功能。

6. 变频器的通信模块主要完成变频器与________、变频器与________及变频器与________之间的通信。

7. 某电动机在变频运行时需要回避 17～23 Hz 之间的频率，那么应设定回避频率值为________，回避频率的范围为________。

8. 在变频器的频率参数预置中，频率给定的方法可以通过变频器的________给定，还可以通过变频器的控制端子________给定。

三、综合题

1. 电动机正转运行控制，要求稳定运行频率为 40 Hz，DIN3 端子设为正转控制。画出变频器的外部接线图，并进行主要参数设置。

2. 用自锁按钮控制变频器实现电动机 7 段速频率运行。7 段速设置分别为：第 1 段输出频率为 5 Hz，第 2 段输出频率为 10 Hz，第 3 段输出频率为 15 Hz，第 4 段输出频率为-15 Hz，第 5 段输出频率为-5 Hz，第 6 段输出频率为-20 Hz，第 7 段输出频率为 25 Hz。画出变频器的外部接线图，并写出参数设置。

3. 简述找不到变频器参数的原因及解决办法。

变频器综合调速系统的装调

项目概述

扫一扫看变频器调速控制方法比较

在我国近些年的科学技术快速发展过程中，一些新的技术在实际生产生活中的应用愈来愈广泛。电力电子技术及控制技术的发展使得变频调速技术在工业电动机驱动领域的作用愈来愈大，而一些新型的 PLC 控制变频器的出现，使得变频技术的应用得到了优化。基于此，本项目主要对 PLC 的实际工程应用进行探究，对变频器的主要结构及控制系统的原理加以详细分析，并结合实际对硬件设计和 PLC 编程及 PLC 性能特征进行详细分析，以期通过对 PLC 控制变频器的相关项目研究，使理论与实际相结合，增加感性认识，强化并巩固知识。

PLC 控制变频器调速有以下 4 种方法：

（1）模拟量控制，PLC 的 DA 模块输出模拟量 4～20 mA 或者 0～10 V 给变频器的模拟量输入端子。

（2）数字量控制，多数变频器有 UP/DOWN 端子，可以通过数字量信号升速、降速，分辨率为 0.1 Hz/0.01 Hz。PLC 只要输出两个数字量信号，根据需要升/降速就可以了。

（3）多段速控制，变频器有 7 段速和 16 段速两种控制方式，可以通过 PLC 的输出继电器实现几种不同速度的控制。

（4）通信方式控制，根据变频器的通信协议选择相应的通信控制方式。

<table>
<tr><td>项目分解</td><td colspan="2">变频器综合调速系统的装调（32学时）
├ 变频器在多段速调速系统中的应用（8学时）
│ ├ PLC控制多段速调速系统的装调（4学时）
│ └ 料车卷扬调速系统的装调（4学时）
├ 变频器在往返传输系统中的应用（8学时）
│ ├ PLC控制可逆运行系统的装调（4学时）
│ └ PLC控制自动送料系统的装调（4学时）
├ 变频器在长时间工频运行系统中的应用（8学时）
│ ├ 变频与工频切换控制系统的装调（4学时）
│ └ 消防排风控制系统的装调（4学时）
└ 变频器在模拟量反馈控制系统中的应用（8学时）
  ├ PLC模拟量控制系统的装调（4学时）
  └ 恒压供水变频控制系统的装调（4学时）</td></tr>
<tr><td>学习目标</td><td colspan="2">（1）掌握7段速以下速度控制的实现方法（数字量端子、参数设置）。
（2）掌握PLC控制变频器实现7段速以下多段速控制系统的软硬件设计与调试。
（3）理解PLC、变频器在多段速调速系统中的应用设计方法。
（4）能够根据调速要求进行简单控制系统的设计。
（5）掌握数字量端子控制正反转方向、速度的方法，并能够实现与调试运行系统。
（6）能够安装、调试自动送料系统。 （7）了解在什么情况下能进行工频与变频状态的切换。
（8）掌握变频器频率到达工频与变频切换状态参数的设置。 （9）能够分析、设计、调试工频与变频切换控制系统。
（10）掌握PLC模拟量输出控制变频器输出频率的方法，并能够实现与调试运行系统。
（11）理解恒压供水系统的节能原理。 （12）能够进行PLC控制变频器复杂系统的安装、调试。
（13）能够进行系统故障的分析与排除</td></tr>
<tr><td>学习重点</td><td colspan="2">（1）7段速以下速度控制的实现方法（数字量端子、参数设置）。
（2）PLC控制变频器实现7段速以下多段速控制系统的软硬件设计与调试。
（3）PLC数字量端子控制正反转方向、速度的方法，以及运行系统的实现与调试。
（4）进行工频与变频状态切换的条件及变频器频率到达切换状态参数的设置。
（5）PLC模拟量输出控制变频器输出频率的方法，以及运行系统的实现与调试。
（6）恒压供水系统的节能原理。
（7）PLC控制变频器复杂系统的安装、调试</td></tr>
<tr><td>学习难点</td><td colspan="2">（1）根据实际要求分析、设计、调试PLC控制变频器多段速调速系统。
（2）根据实际要求分析、设计、调试PLC控制变频器数字量及模拟量的调速系统。
（3）根据实际要求分析、设计、调试PLC控制变频器变频/工频切换调速系统。
（4）根据实际要求分析、设计、调试PLC控制变频器闭环PID控制系统
扫一扫看本项目课程思政内容设计</td></tr>
<tr><td rowspan="3">课程思政</td><td>思政元素</td><td>努力坚持、团结拼搏的职业精神</td></tr>
<tr><td>融入方式</td><td>技能大赛学生的操作视频</td></tr>
<tr><td>思政目标</td><td>（1）培养学生的团队拼搏、勇于创新、敬业乐业的工作作风。
（2）引导学生树立在困难面前不抛弃、不放弃的坚守精神</td></tr>
</table>

任务3.1 变频器在多段速调速系统中的应用

子任务3.1.1 PLC控制多段速调速系统的装调

任务描述

以PLC时间控制为原则，通过外部端子控制电动机多段速运行，实现7段固定频率（5 Hz、10 Hz、20 Hz、25 Hz、30 Hz、40 Hz、50 Hz）控制，控制要求如图3-1所示。发出启动信号后，电动机先运行到5 Hz，5 s后运行到10 Hz，再5 s后运行到20 Hz，直至运行到50 Hz，电动机50 Hz运行10 s后停止转动。正确设置变频器输出的额定频率、额定电压、额定电流、额定功率、额定转速，电动机的加减速时间设置为8 s。

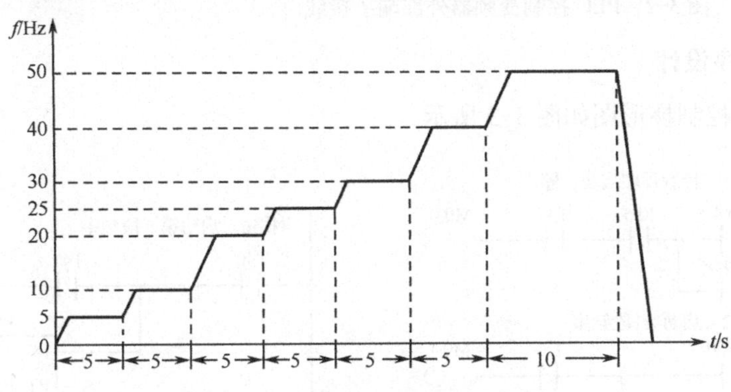

图3-1 7段固定频率控制运行图

任务目标

（1）掌握7段速以下速度控制的实现方法（数字量端子、参数设置）。

（2）掌握7段速以下速度控制的硬件电路原理。

（3）理解PLC、变频器在多段速调速系统中的应用设计方法。

任务实施

1. 硬件电路设计

根据上述控制要求，完成PLC的I/O分配，如表3-1所示。

表3-1 I/O分配

输入（I）			输出（O）		
元　件	功　能	信号地址	元　件	功　能	信号地址
SB1	启动程序	I0.4	变频器数字量输入端子5	数字量输入端子1	Q0.2
SB2	停止程序	I0.5	变频器数字量输入端子6	数字量输入端子2	Q0.3
			变频器数字量输入端子7	数字量输入端子3	Q0.4

根据控制要求及表 3-1 所示的 I/O 分配，完成 PLC 控制变频器外部端子接线，如图 3-2 所示。

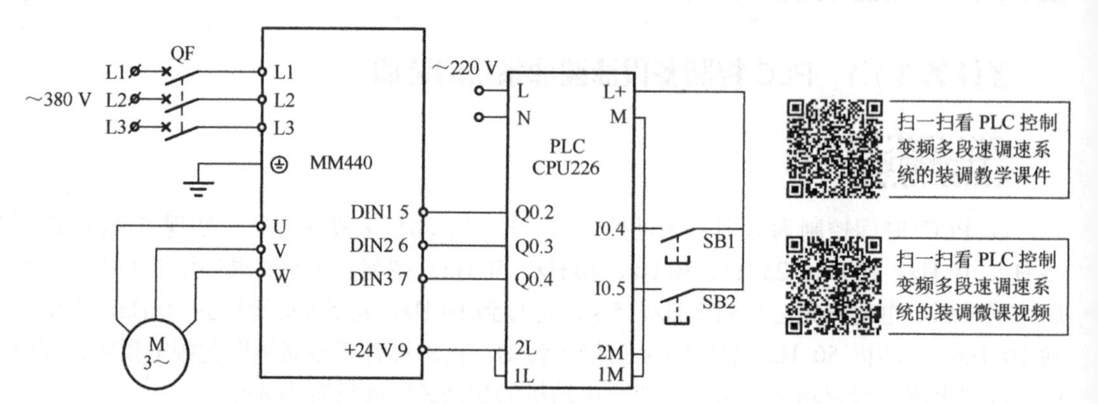

图 3-2　PLC 控制变频器外部端子接线

2. PLC 程序设计

多段速运行控制梯形图如图 3-3 所示。

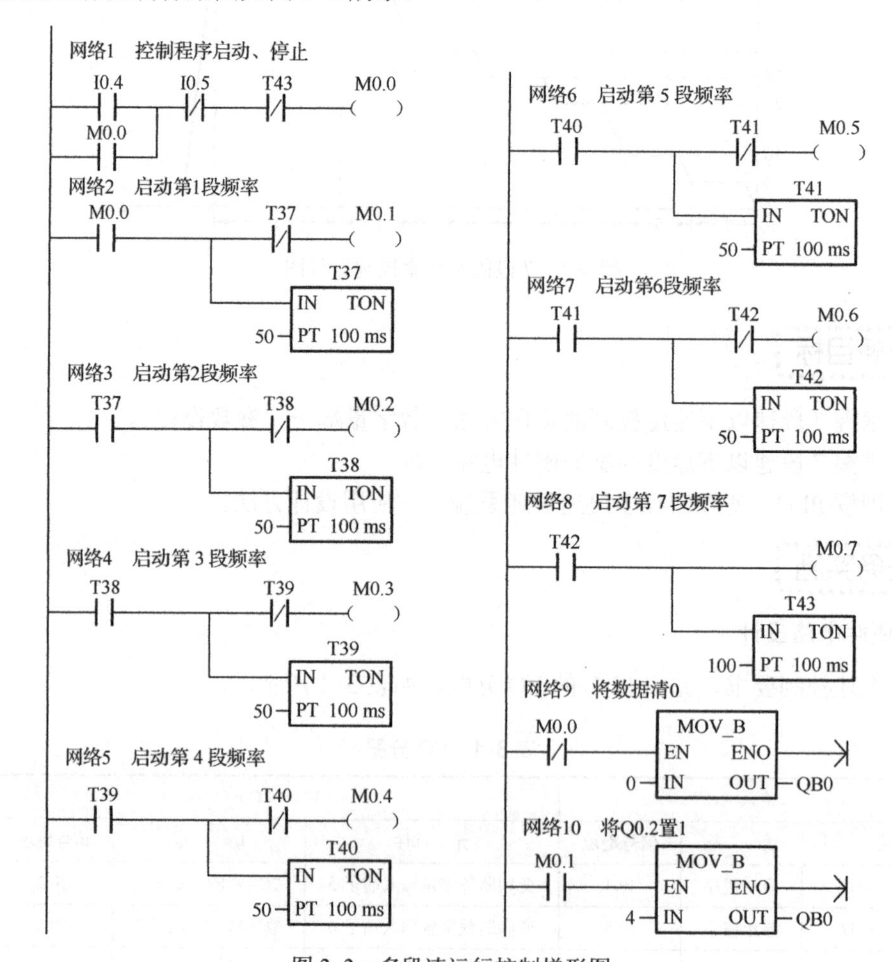

图 3-3　多段速运行控制梯形图

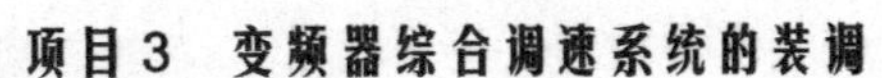

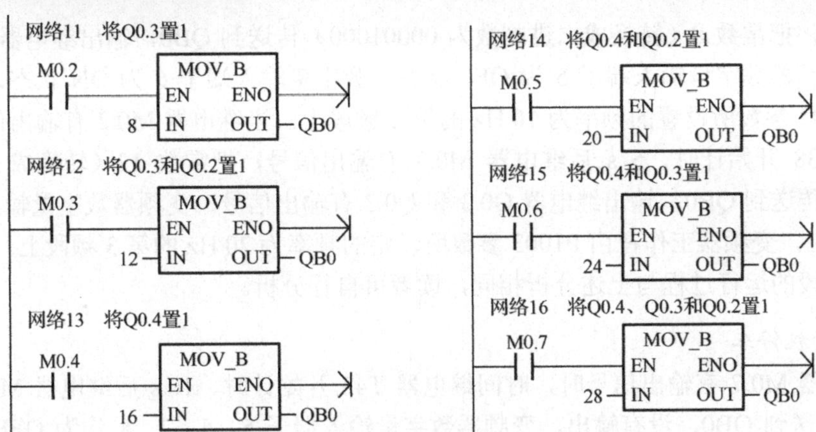

图3-3　多段速运行控制梯形图（续）

3. 参数设置

连接电路，确认电路连接正确后，合上变频器电源断路器 QF，然后按照复位、快速调试、功能调试三个步骤设置变频器参数。其中涉及的变频器主要参数的设置如表3-2所示。

表3-2　变频器主要参数设置

序号	变频器参数	出厂值	设定值	功能说明
1	P0700	2	2	选择命令源（由端子排输入）
2	P0701	1	17	固定频率设定值（二进制编码选择+ON 命令）
3	P0702	12	17	固定频率设定值（二进制编码选择+ON 命令）
4	P0703	9	17	固定频率设定值（二进制编码选择+ON 命令）
5	P1000	2	3	选择固定频率设定值
6	P1001	0.00	5.00	固定频率 1
7	P1002	5.00	10.00	固定频率 2
8	P1003	10.00	20.00	固定频率 3
9	P1004	15.00	25.00	固定频率 4
10	P1005	20.00	30.00	固定频率 5
11	P1006	25.00	40.00	固定频率 6
12	P1007	30.00	50.00	固定频率 7

4. 变频器的运行操作

1）第 1 段速控制

当按下按钮 SB1 时，I0.4 有输入信号，PLC 程序运行，继电器 M0.0、M0.1 得电，数据 4（转换成二进制数为 00000100）传送给 QB0，使继电器 Q0.2 有输出信号，变频器数字量输入端子 5 为 ON 状态，变频器工作在由 P1001 参数所设置的频率为 5 Hz 的第 1 频段上。

2）第 2～7 段速控制

当 PLC 输出继电器 M0.1 有输出信号时，时间继电器 T37 开始计时，5 s 后继电器 M0.2

有输出信号，把常数 8（转换成二进制数为 00001000）传送到 QB0，输出继电器 Q0.3 有输出信号，变频器数字量输入端子 5 为 OFF 状态，数字量输入端子 6 为 ON 状态，变频器工作在由 P1002 参数所设置的频率为 10 Hz 的第 2 频段上。当继电器 M0.2 有输出信号时，时间继电器 T38 开始计时，5 s 后继电器 M0.3 有输出信号，把常数 12（转换成二进制数为 00001100）传送到 QB0，输出继电器 Q0.3 和 Q0.2 有输出信号，变频器数字量输入端子 5、6 为 ON 状态，变频器工作在由 P1003 参数所设定的频率为 20 Hz 的第 3 频段上。

其他频段的运行过程与上述分析相同，读者可自行分析。

3）电动机停车

当继电器 M0.7 有输出信号时，时间继电器 T43 开始计时，10 s 后继电器 M0.0 失电，把常数 0 传送到 QB0，没有输出，变频器数字量输入端子 5、6、7、8 均为 OFF 状态，电动机停止运行。或在电动机正常运行的任何频段，按下按钮 SB2，I0.5 有输入信号，把常数 0 传送到 QB0，电动机停止运行。

5. 断电

切断电源，拆除接线，整理工作场所。

任务拓展

（1）在上述任务的编程中，若想使寄存器 QB0 在第 1～7 段速运行过程中分别依次赋值 1～7，则 PLC 的控制输出端子应该如何选取？

（2）设计 4 段速控制系统，电动机可依次实现 10 Hz、20 Hz、30 Hz、50 Hz 四段速运行。你能想出几种实现方法？它们与本任务的硬件、软件及参数的区别有哪些？

子任务 3.1.2 料车卷扬调速系统的装调

扫一扫看卷扬机调速系统微课视频

任务描述

料车运行分析：高炉料车在斜桥上的运行分为启动、加速、稳定运行、减速、倾翻和制动共 6 个阶段，在整个过程中包括一次加速、两次主要的减速控制。

根据料车运行速度要求，电动机在高速、中速、低速段的速度曲线采用变频器设定的固定频率，主令控制器发出的信号由 PLC 控制转速的切换。

根据料车运行速度，可画出变频器频率曲线，如图 3-4 所示，左、右料车运行速度曲线一致。

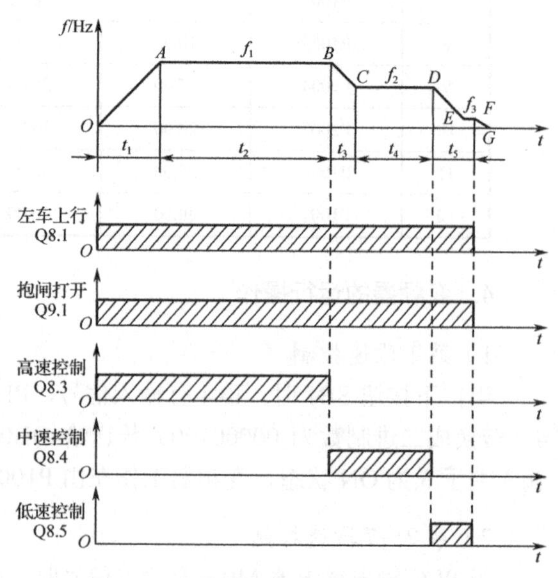

图 3-4　左料车上行时变频器频率曲线

图 3-4 中 *OA* 段为料车启动加速段，加速时间为 3 s。

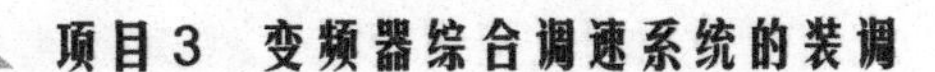

AB 段为料车高速运行段，f_1=50 Hz 为高速运行对应的变频器频率，电动机转速为 740 r/min，钢绳速度为 1.5 m/s。

BC 段为料车的第一次减速段，由主令控制器发出第一次减速信号给 PLC，由 PLC 控制变频器，使频率从 50 Hz 下降到 20 Hz，电动机转速从 740 r/min 下降到 296 r/min，钢绳速度从 1.5 m/s 下降到 0.6 m/s，减速时间为 1.8 s。

CD 段为料车中速运行段，频率为 f_2=20 Hz。

DE 段为料车的第二次减速段，由主令控制器发出第二次减速信号给 PLC，由 PLC 控制变频器，使频率从 20 Hz 下降到 6 Hz，电动机转速从 296 r/min 下降到 88.8 r/min，钢绳速度从 0.6 m/s 下降到 0.18 m/s。

EF 段为料车低速运行段，频率为 f_3=6 Hz。

FG 段为料车制动停车段，当料车运行至高炉顶部时，限位开关发出停车命令，由 PLC 控制变频器完成停车。

任务目标

扫一扫看料车卷扬调速系统的认识微课视频

（1）了解变频器在料车卷扬机中的应用效果。

（2）了解多段速控制解决实际问题的现实意义。

（3）掌握 PLC 控制变频器实现 7 段速以下多段速控制系统的软硬件设计与调试。

（4）能够根据调速要求进行简单控制系统的设计。

相关知识

扫一扫看料车卷扬调速系统的认识教学课件

在冶金高炉炼铁生产线上，一般把准备好的炉料从地面的贮矿槽运送到高炉顶部的生产机械称为高炉上料设备，它主要包括料车坑、料车、斜桥、上料机。料车的机械传动系统如图 3-5 所示。

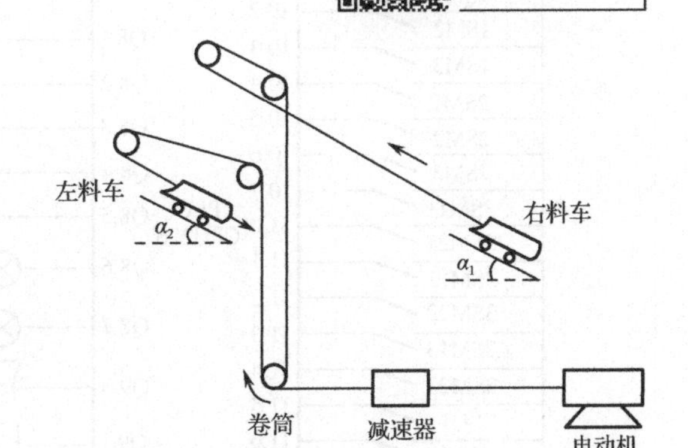

图 3-5　料车的机械传动系统

在工作过程中，两个料车交替上料，当装满炉料的料车上升时，空料车下行，它相当于一个平衡锤，平衡了装料车的车厢自重。这样上行或下行时，两个料车由一个卷扬机驱动，不但节省了驱动电动机的功率，而且当电动机运转时总有一个装料车上行，没有空行程。这样使驱动电动机总是处于电动状态运行，避免了电动机处于发电运行状态所带来的问题。

料车卷扬机是料车上料机的驱动设备，其结构如图 3-6 所示。根据料车的工作过程，卷扬机的工作特点主要有：

（1）能够频繁启动、制动、停车、反向运行，转速平稳，过渡时间短。

（2）能按照一定的速度曲线运行。

（3）调速范围广，一般调速范围为 0.5～3.5 m/s，目前料车的最大线速度可达 3.8 m/s。

（4）系统工作可靠。料车在进入曲线轨迹段和离开料坑时不能有高速冲击，在终点位置能准确停车。

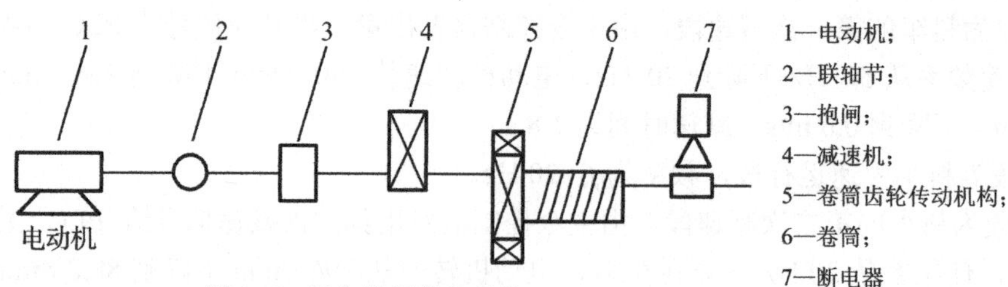

图 3-6　料车卷扬机的结构

任务实施

1. 硬件电路设计

料车卷扬调速系统的电路原理如图 3-7 所示。

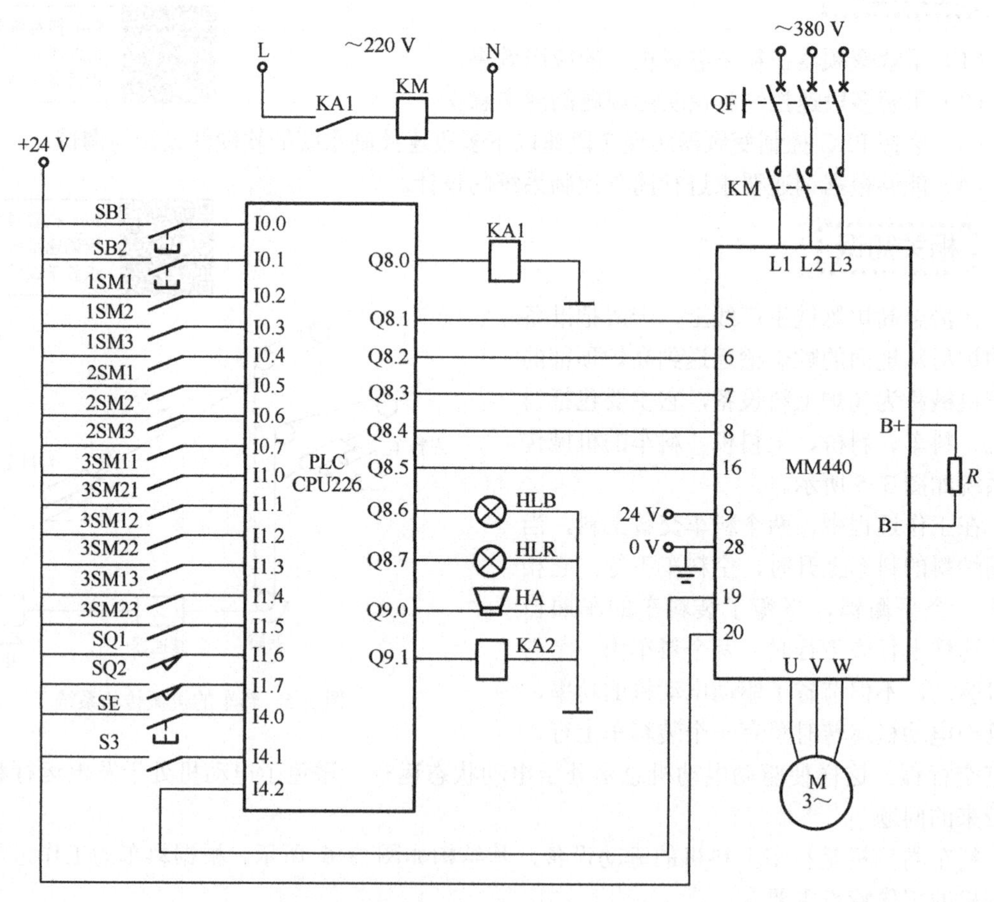

图 3-7　料车卷扬调速系统的电路原理

PLC 的 I/O 分配如表 3-3 所示。

表 3-3　PLC 的 I/O 分配

输入设备	输入地址	输出设备	输出地址
主接触器合闸按钮 SB1	I0.0	变频器合闸继电器 KA1	Q8.0
主接触器分闸按钮 SB2	I0.1	左料车上行（5 端子）	Q8.1
1SM 左车上行触头 1SM1	I0.2	右料车上行（6 端子）	Q8.2
1SM 右车上行触头 1SM2	I0.3	高速运行（7 端子）	Q8.3
1SM 手动停车触头 1SM3	I0.4	中速运行（8 端子）	Q8.4
2SM 手动操作触头 2SM1	I0.5	低速运行（16 端子）	Q8.5
2SM 自动操作触头 2SM2	I0.6	工作电源指示 HLB	Q8.6
2SM 停车触头 2SM3	I0.7	故障灯光指示 HLR	Q8.7
3SM 左车快速上行触头 3SM11	I1.0	故障音响报警 HA	Q9.0
3SM 右车快速上行触头 3SM21	I1.1	抱闸继电器 KA2	Q9.1
3SM 左车中速上行触头 3SM12	I1.2		
3SM 右车中速上行触头 3SM22	I1.3		
3SM 左车慢速上行触头 3SM13	I1.4		
3SM 右车慢速上行触头 3SM23	I1.5		
左车限位开关 SQ1	I1.6		
右车限位开关 SQ2	I1.7		
急停开关 SE	I4.0		
松绳保护开关 S3	I4.1		
变频器故障保护输出 19、20	I4.2		

2. 变频器的参数设置

连接电路，确认电路连接正确后，合上变频器的电源断路器 QF，然后按照复位、快速调试、功能调试三个步骤设置变频器参数。其中涉及的变频器主要参数设置如表 3-4 所示。

表 3-4　变频器主要的参数设置

参数号	设定值	说　明
P0700	2	命令源选择“由端子排输入”
P0701	1	ON 接通正转，OFF 停止
P0702	2	ON 接通反转，OFF 停止
P0703	17	选择固定频率（Hz）
P0704	17	选择固定频率（Hz）
P0705	17	选择固定频率（Hz）
P0731	52.3	变频器故障
P1000	3	选择固定频率设定值
P1001	50	设定固定频率 f_1=50 Hz

续表

参数号	设定值	说　明
P1002	20	设定固定频率 f_2=20 Hz
P1004	6	设定固定频率 f_3=6 Hz
P1080	0	电动机运行的最低频率（Hz）
P1082	50	电动机运行的最高频率（Hz）
P1120	3	斜坡上升时间（s）
P1121	3	斜坡下降时间（s）
P1300	20	变频器为无速度反馈的矢量控制

3. PLC 程序设计

利用西门子 STEP7 软件编写 PLC 梯形图程序进行速度控制，梯形图如图 3-8 所示。

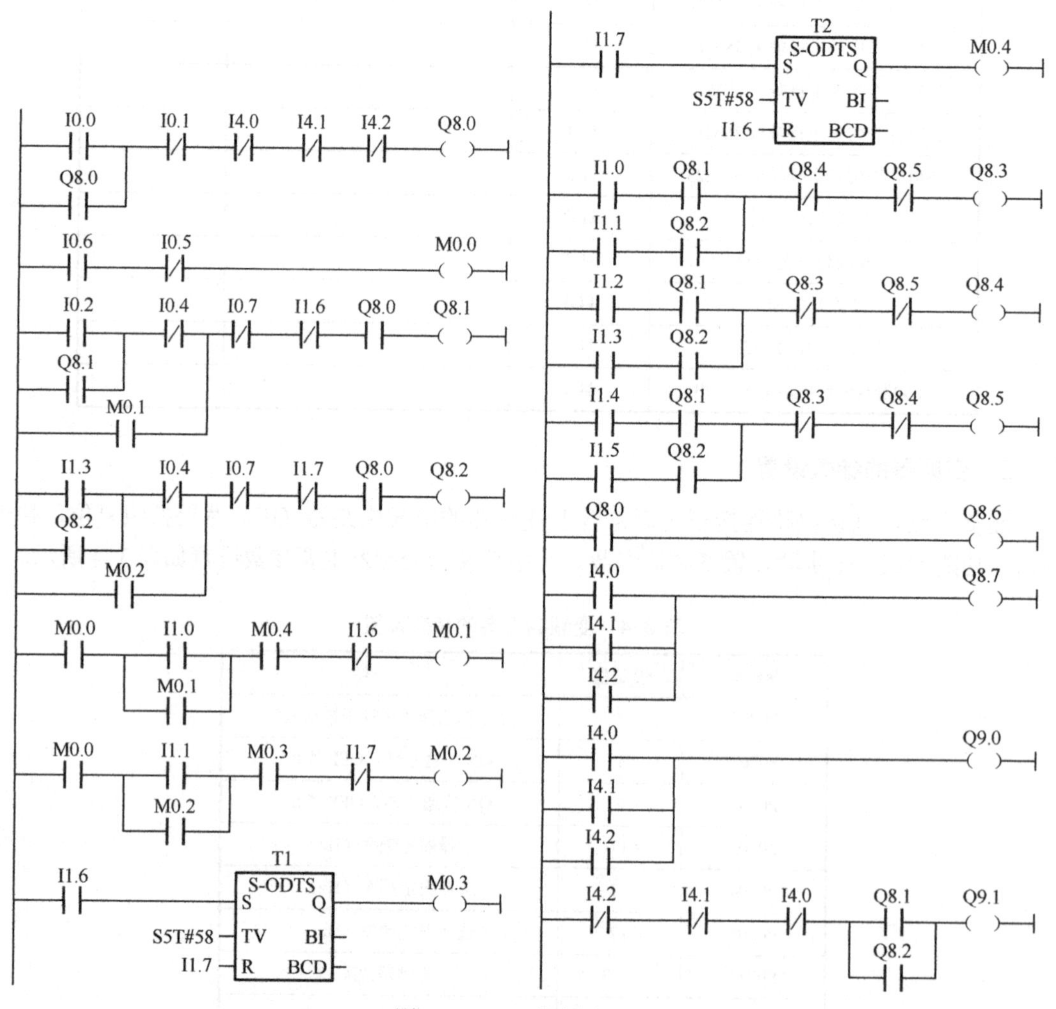

图 3-8　PLC 程序梯形图

4. 功能调试

采用 PLC 的变频调速系统提高了系统运行的平稳性、工作的可靠性，操作与维护也很方便，同时节约了大量电能。由于系统在设置参数 P1300 时采用无速度反馈的矢量控制方式对电动机的速度进行控制，可以得到比较大的转矩，改善瞬态响应特性，具有良好的速度稳定性，而且在低频时可以提高电动机的转矩。这种高炉主卷扬调速系统将会给企业带来很大的效益。

5. 断电

切断电源，拆除接线，整理工作场所。

任务拓展

（1）卷扬机采用变频调速改造后，有哪些效果？

（2）若将任务中的参数 P0703～P0705 改为 15，则硬件需要进行哪些改变？参数是否需要变化？是否会影响卷扬机的功能要求？

扫一扫看 2019 年职业技能大赛-现代电气控制系统安装与调试-自动涂装系统任务书

任务测验 6

利用 PLC 控制西门子 MM440 变频器设计电动机在 3 种固定频率下（15 Hz、30 Hz、50 Hz）自动运行，具体控制要求如图 3-9 所示，且电动机的参数为：U_N=380 V，f=50 Hz，n_N=1400 r/min，P=180 W，I_N =0.68 A。

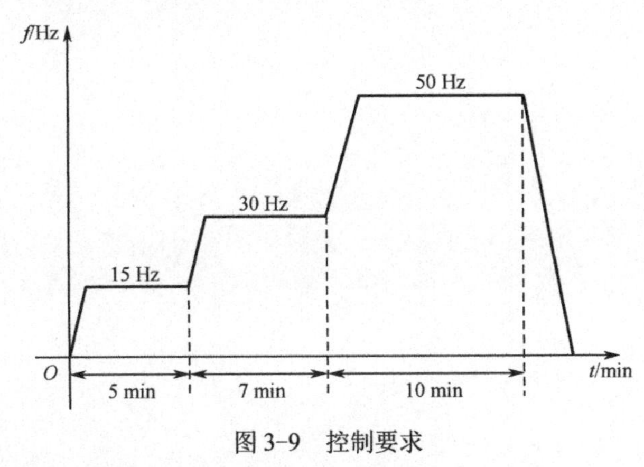

图 3-9　控制要求

（1）画出控制电路的接线图（要求使用 6、7 端子）。

（2）根据需要设置的参数设计表格，在表中详细说明要修改参数的数值及其功能。

（3）说明主要的操作步骤。

任务3.2　变频器在往返传输系统中的应用

子任务3.2.1　PLC控制可逆运行系统的装调

任务描述

使用PLC控制变频器的数字端子实现电动机的正反转及正反向点动运行，具体要求如下。

（1）电动机的正反向运行速度均为840 r/min，对应频率为30 Hz。

（2）电动机的正反向点动运行速度为560 r/min，对应频率为20 Hz。

任务目标

扫一扫看公共场合自动门的控制运行微课视频

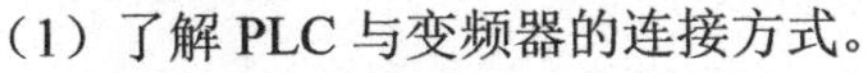

（1）了解PLC与变频器的连接方式。

（2）掌握数字量端子控制可逆运行方向、速度的参数设置方法。

（3）掌握给定频率的实现方法。

（4）能够实现与调试运行系统。

相关知识

扫一扫看变频器与PLC的连接方式教学课件

扫一扫看变频器与PLC的连接方式微课视频

1. 开关型指令信号的输入

变频器的输入信号包括对运行/停止、正转/反转、点动运行等状态进行操作的开关型指令信号（数字输入信号）。PLC通常利用继电器触点或具有继电器触点开关特性的元器件（如晶体管）与变频器连接，获取运行状态指令，如图3-10所示。

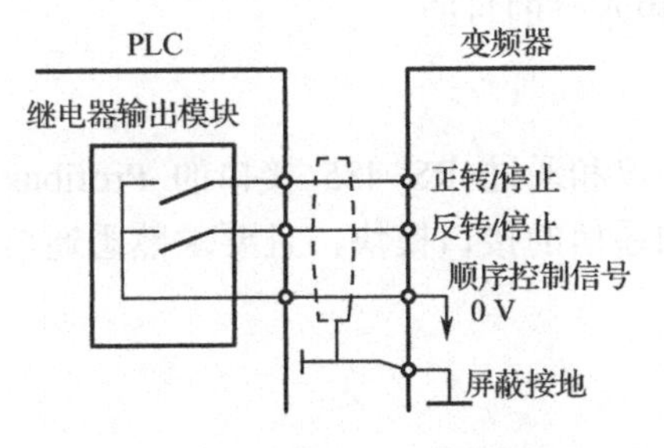

（a）PLC的继电器输出与变频器的连接

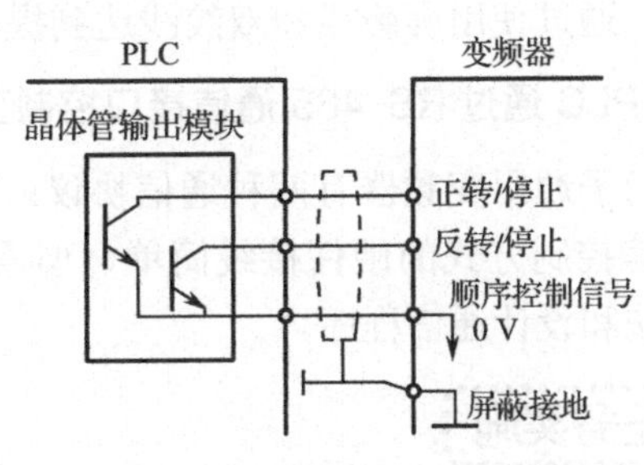

（b）PLC的晶体管输出与变频器的连接

图3-10　PLC与变频器的连接

使用继电器触点连接时，常因接触不良而带来误动作；使用晶体管进行连接时，则需要考虑晶体管本身的电压、电流容量等因素，保证系统的可靠性。

在设计变频器的输入信号电路时还应该注意到，当输入信号电路连接不当时有时也会造成变频器的误动作。例如，当输入信号电路采用继电器等感性负载，继电器开闭时产生的浪涌电流带来的噪声可能引起变频器的误动作，应该尽量避免。

2. 数值型指令信号的输入

变频器中也存在一些数值型（频率、电压等）指令信号的输入，可分为数字输入和模

拟输入两种。数字输入多采用变频器操作面板上的键盘操作和串行接口来设定；模拟输入则通过接线端子由外部给定，通常是通过0～10 V的电压信号或者0（或4）～20 mA的电流信号输入。接口电路因输入信号而异，故必须根据变频器的输入阻抗选择PLC的输出模块。图3-10为PLC与变频器的连接图。

当变频器和PLC的电压信号范围不同（例如，变频器的输入信号范围为0～10 V，而PLC的输出电压信号范围为0～5 V时，或PLC一侧的输出电压信号范围为0～10 V，而变频器的输入信号为0～5 V）时，由于变频器和PLC中晶体管的容许电压、电流等因素的限制，需串联电阻分压，以保证开关时不超过PLC和变频器相应部分的容量。此外，在连接时还应该将布线分开，保证主电路一侧的噪声不传至控制电路。

通常变频器也通过连接端子向外部输出相应的监测模拟信号，信号范围通常为0～5 V（或10 V）电压信号及0（或4）～20 mA电流信号。无论是哪种情况，都必须注意在PLC一侧输入阻抗的大小，以保证电路中的电压和电流不超过电路的容许值，从而提高系统的可靠性，减少误差。

由于变频器在运行过程中会产生较强的电磁干扰，为了保证PLC不因变频器主电路的断路及开关器件产生的噪声而出现故障，在变频器和PLC等上位机配合使用时还必须注意：

（1）PLC本体应按照规定的标准和接地条件进行接地，应避免和变频器使用共同的接地线，并在接地时尽可能使两者分开。

（2）当电源条件不太好时，应在PLC的电源模块及输入/输出模块的电源线上接入噪声滤波器或降低噪声用的变压器等。此外，如有必要，在变频器一侧也应采取相应措施。

（3）当把变频器和PLC安装在同一操作柜中时，应尽可能使与变频器和PLC有关的电线分开。

（4）通过使用屏蔽线和双绞线达到提高抗噪声水平的目的。

3. PLC通过RS-485通信接口控制变频器

西门子通用变频器有两种通信协议：USS协议和通过RS-485接口的Profibus-Dp协议。通信控制方式的硬件接线简单，但需要增加通信的接口模块，且要求熟悉通信模块的使用方法和设计通信程序。

任务实施

1. 系统硬件设计

1）I/O信号分配

根据上述控制要求，完成PLC的I/O分配，具体如表3-5所示。

表3-5 I/O分配

输 入（I）			输 出（O）		
元件设备	功能	信号地址	元件设备	功能	信号地址
按钮SB1	电动机停止信号	I0.4	电动机	控制电动机正转	Q0.2
按钮SB2	电动机正转信号	I0.5	电动机	控制电动机反转	Q0.3

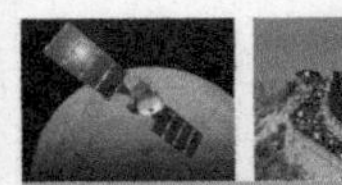

续表

输入（I）			输出（O）		
元件设备	功能	信号地址	元件设备	功能	信号地址
按钮 SB3	电动机反转信号	I0.6	电动机	控制电动机点动正转	Q0.4
按钮 SB4	电动机正转点动信号	I0.7	电动机	控制电动机点动反转	Q0.5
按钮 SB5	电动机反转点动信号	I1.0			

2）控制电路设计

根据上述控制要求及I/O分配表，完成硬件电路接线，如图3-11所示。

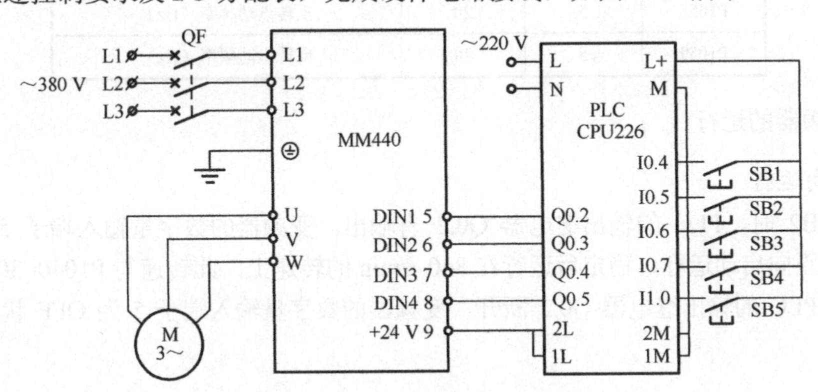

图3-11 PLC控制变频器外部端子接线

2. PLC程序设计

PLC控制变频器的梯形图程序设计如图3-12所示。

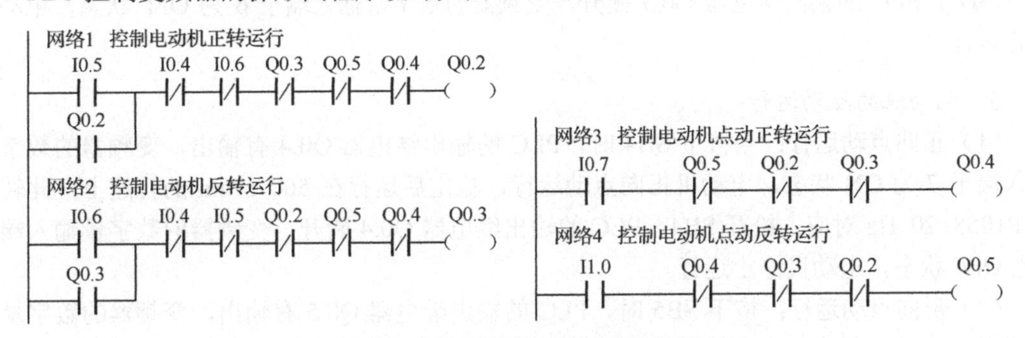

图3-12 PLC控制变频器的梯形图程序设计

3. 变频器参数设置

接通断路器QF，在变频器通电的情况下，完成变频器的相关参数设置，具体设置如表3-6所示。

表3-6 变频器控制参数设置

参数号	出厂值	设定值	说 明
P0003	1	2	设定用户访问级为扩展级
P0700	2	2	命令源选择“由端子排输入”

续表

参数号	出厂值	设定值	说　明
P0701	1	1	ON 接通正转，OFF 停止
P0702	1	2	ON 接通反转，OFF 停止
P0703	9	10	正转点动
P0704	15	11	反转点动
P1000	2	1	由键盘（电动电位计）输入设定值
P1040	5	30	设定键盘控制的频率值
P1058	5	20	正转点动频率（Hz）
P1059	5	20	反转点动频率（Hz）

4. 变频器的运行

1）正向运行

按下 SB2 时，PLC 的输出继电器 Q0.2 有输出，变频器的数字量输入端子 5 为 ON 状态，电动机正向启动运行，稳定后运行在 840 r/min 的转速上，此转速与 P1040=30 Hz 对应。按下 SB1，PLC 的输出继电器 Q0.2 断开，变频器的数字量输入端子 5 为 OFF 状态，电动机停止运行。

2）反向运行

按下 SB3 时，PLC 的输出继电器 Q0.3 有输出，变频器的数字量输入端子 6 为 ON 状态，电动机反向启动运行，稳定后运行在 840 r/min 的转速上，此转速与 P1040=30 Hz 对应。按下 SB1，PLC 的输出继电器 Q0.3 断开，变频器的数字量输入端子 6 为 OFF 状态，电动机停止运行。

3）电动机的点动运行

（1）正向点动运行：当按下 SB4 时，PLC 的输出继电器 Q0.4 有输出，变频器的数字量输入端子 7 为 ON 状态，电动机正向点动运行，稳定后运行在 560 r/min 的转速上，此转速与 P1058=20 Hz 对应。松开 SB4，PLC 的输出继电器 Q0.4 断开，变频器的数字量输入端子 7 为 OFF 状态，电动机停止运行。

（2）反向点动运行：按下 SB5 时，PLC 的输出继电器 Q0.5 有输出，变频器的数字量输入端子 8 为 ON 状态，电动机反向点动运行，稳定后运行在 560 r/min 的转速上，此转速与 P1059=20 Hz 对应。松开 SB5，PLC 的输出继电器 Q0.5 断开，变频器的数字量输入端子 8 为 OFF 状态，电动机停止运行。

4）电动机的速度调节

（1）分别更改 P1040 和 P1058、P1059 的值，按上一步的操作过程，就可以改变电动机的正常运行速度和正、反向点动运行速度。

（2）在电动机转动时，按下 BOP 上的增大键，使电动机升速到 50 Hz。

（3）在电动机达到 50 Hz 时，按下 BOP 上的减小键，使变频器输出频率下降，达到所需要的频率值。

5）电动机运行时的互锁

在设计 PLC 程序时，对电动机的正转、反转、正转点动运行、反转点动运行都加了互锁，每次只容许有一个输出继电器被驱动，这样变频器每次运行时就只有一个数字量输入端子有信号，避免了同时给变频器数字量输入端子加几个驱动信号的错误做法。

5. 断电

切断电源，拆除接线，整理工作场所。

任务拓展

（1）控制正反转的方向、速度是如何实现的？除本任务中给出的方法，还有哪些方法？

（2）设计可逆运行循环系统，具体要求为：启动后，电动机正向运行，速度为 840 r/min，10 s 后开始反转，反向运行速度为 840 r/min，10 s 后再次正转运行，并循环工作，直至按下停止按钮，电动机停止运行。进行 PLC 编程、变频器参数设置及系统调试。

子任务 3.2.2　PLC 控制自动送料系统的装调

扫一扫看自动送料系统运行演示微课视频

任务描述

某成套电器生产企业通过竞标拿到一订单，要求为某工厂自动送料系统进行节能改造，系统应能实现生产车间的货物取、送工作，且为了节能，需要小车在装料、空车、启动时的转速各不相同，系统应具有短路、过载、缺相保护功能。要求完成电气控制柜的设计与安装调试，具体要求如下：

送料小车在工作台上进行往返运行，示意如图 3-13 所示。按下启动按钮，变频器控制电动机驱动小车向左运行（30 Hz），小车碰撞行程开关 SQ1 后，停下进行装料，20 min 后，

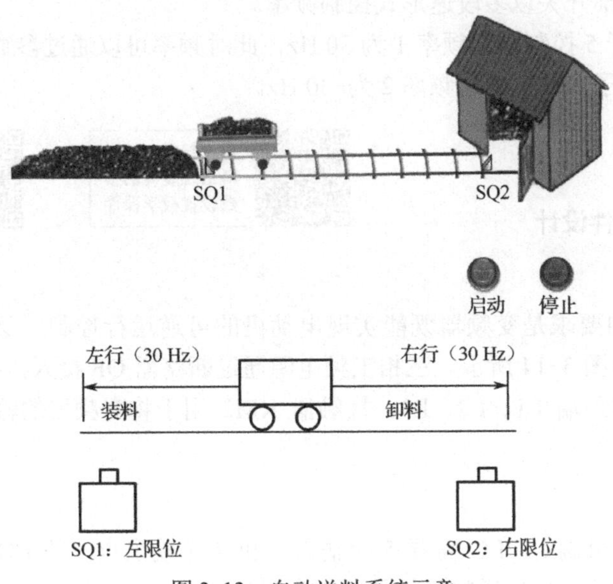

图 3-13　自动送料系统示意

装料结束，小车右行（30 Hz），碰撞行程开关 SQ2 后，停止右行，开始卸料，10 min 后，卸料结束，小车左行（30 Hz），如此循环。系统应具有必要的短路、过载、断相保护功能。

任务目标

（1）了解可逆运行调速在自动送料系统中的应用。
（2）掌握数字量端子控制正反转方向、速度的方法。
（3）理解简单 PLC、变频器系统的设计方法。
（4）能够进行自动送料系统的硬件接线。
（5）能够编写自动送料系统的 PLC 程序。
（6）能够设置自动送料系统的参数。
（7）会调试自动送料系统。

相关知识

可逆运行的速度可以通过操作面板设定来实现（数字量端子控制正反转方向），也可以通过多段速功能来实现，后者可以实现可逆运行时不同频率的控制。

方法 1： 数字量端子控制运行方向及启动/停止，操作面板设定速度。

P0701=1：端子 5 控制正转启动/停止。
P0702=2：端子 6 控制反转启动/停止。
P1000=1：用操作面板控制频率。
P1040=30：通过键盘设置给定频率为 30 Hz。

方法 2： 通过数字量端子的多段速功能控制方向及速度。

P0701=16：端子 5 控制固定频率。
P0702=16：端子 6 控制固定频率。
P1000=3：用外部开关以多段速形式控制频率。
P1001=30：端子 5 控制固定频率 1 为 30 Hz，此时频率可以通过参数设置值调节。
P1002=-30：端子 6 控制固定频率 2 为-30 Hz。

任务实施

扫一扫看自动送料系统装调的参数设置教学课件

扫一扫看自动送料系统装调的参数设置微课视频

1. PLC 控制硬件设计

1）主电路

自动送料系统的要求是变频器既能实现电动机的可逆运行控制，又能实现电动机的调速控制，其主电路如图 3-14 所示。三相工频电源通过断路器 QF 接入，接触器 KM1 用于将电源接至变频器的输入端 L1、L2、L3；接触器 KM2 用于将变频器的输出端 U、V、W 接至电动机。

2）控制电路

由上述控制要求可确定 PLC 需要 5 个输入点和 4 个输出点，其 I/O 分配及与变频器的接口关系如表 3-7 所示，自动送料系统的控制电路如图 3-15 所示。

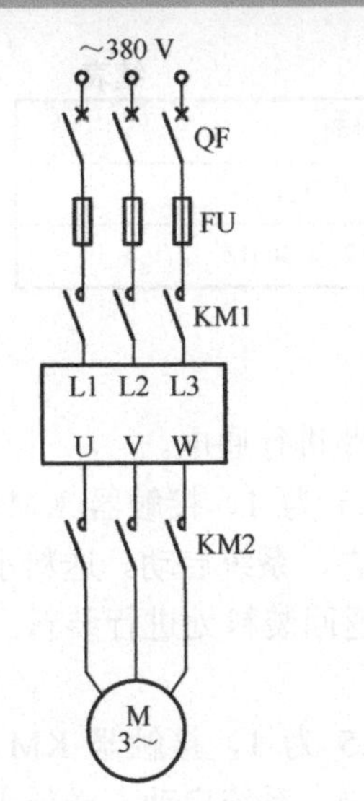

图 3-14 自动送料系统主电路

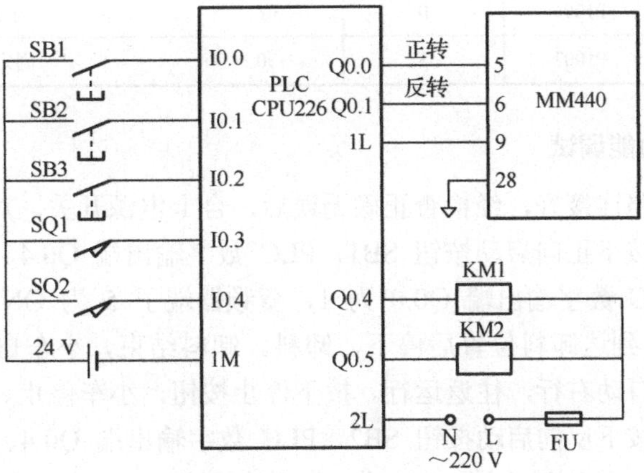

图 3-15 自动送料系统的控制电路

表 3-7 I/O 分配

输 入（I）			输 出（O）		
输入继电器	输入元件	作用	输出继电器	输出元件	作用
I0.0	SB1	正向运行按钮	Q0.0	变频器端子 5	正转/停止
I0.1	SB2	反向运行按钮	Q0.1	变频器端子 6	反转/停止
I0.2	SB3	停止按钮	Q0.4	接触器 KM1	变频器电源接触器
I0.3	SQ1	左限位	Q0.5	接触器 KM2	电动机运行接触器
I0.4	SQ2	右限位			

2. PLC 程序设计

按照电动机控制要求及对 MM440 变频器数字量输入端子、PLC 数字量输入/输出端子所做的变量约定，参考前面自行设计 PLC 和变频器联机实现自动送料系统的控制程序。

3. 变频器的参数设置

变频器的参数可以按照方法 1 进行设置，也可以按照方法 2 进行设置。若按方法 1 进行设置，则参数设置如表 3-6 所示，其中点动频率不用设置。若按方法 2 进行设置，则参数设置如表 3-8 所示。

表 3-8 变频器控制参数设置

参数号	出厂值	设定值	说明
P0003	1	2	设定用户访问级为扩展级
P0700	2	2	命令源选择“由端子排输入”
P0701	1	16	数字量端子 1 直接选择+ON 命令实现多段速控制
P0702	12	16	数字量端子 2 直接选择+ON 命令实现多段速控制
P1000	2	3	固定频率设定值

续表

参数号	出厂值	设定值	说明
P1001	0	30	固定频率 1 为 30 Hz
P1002	5	-30	固定频率 2 为-30 Hz

4. 功能调试

将电路连接好，经检查正确无误后，合上电源开关，对电路进行通电。

（1）按下正向启动按钮 SB1，PLC 数字输出端 Q0.4、Q0.5 为 1，接触器 KM1、KM2 得电，PLC 数字输出端 Q0.0 为 1，变频器端子 5 为 ON 状态，系统启动。送料小车右行（30 Hz），到达卸料位置后停下、卸料。卸料结束，小车自动返回装料处进行装料。装料结束，小车自动右行，往返运行。按下停止按钮，小车停止。

（2）按下反向启动按钮 SB2，PLC 数字输出端 Q0.4、Q0.5 为 1，接触器 KM1、KM2 得电，PLC 数字输出端 Q0.1 为 1，变频器端子 6 为 ON 状态，系统启动。送料小车左行（30 Hz），到达装料位置后停下装料。装料结束，小车自动返回卸料处进行卸料。卸料结束，小车自动左行，往返运行。按下停止按钮，小车停止。

5. 断电

切断电源，拆除连接线，整理工作场所。

任务拓展

（1）可逆运行的方向、速度分别由什么要素决定？参数如何进行设置？

（2）送料小车往返运行系统，如果右行时仍采用 30 Hz 控制，左行时调整为采用 40 Hz 控制，其他条件不变，硬件电路、PLC 程序、变频器参数应如何调整？

任务测验 7

试用 PLC 控制变频器实现正反转控制，按下正转按钮 SB1，电动机开始正转；按下停止按钮 SB3，电动机停止；1 s 后，按下反转按钮 SB2，电动机开始反转。通过操作面板控制变频器的输出频率。

要求：（1）画出接线图。

（2）列出变频器的参数及其数值。

（3）列出 I/O 分配表。

（4）编写 PLC 控制程序。

任务 3.3 变频器在长时间工频运行系统中的应用

子任务 3.3.1 变频与工频切换控制系统的装调

任务描述

一台电动机在变频运行情况下，当运行频率上升到 50 Hz（工频）并保持长时间运行时，应将电动机切换到工频电网供电，让变频器停止工作。当变频器发生故障时，也需要将其切换到工频电网运行。另外，当一台电动机运行在工频电网情况下，当工作环境要求它进行无级调速时，必须将该电动机由工频电网切换至变频状态下运行。

本任务的主要内容是利用 PLC 和变频器联机实现工频与变频控制的切换，控制要求如下：

（1）电动机既能在工频状态下运行，也能在变频状态下运行，用户可根据需要任意选择。

（2）当电动机的变频运行频率上升到 50 Hz（工频）时，将电动机切换到工频电网供电。

任务目标

（1）了解在什么情况下能进行工频与变频状态的切换。

（2）掌握变频器频率到达参数的设置。

（3）掌握使用 PLC 编程控制电动机工频与变频状态转换的控制。

（4）能够分析设计工频与变频状态切换控制系统。

相关知识

扫一扫看变频工频切换场合

变频与工频状态的切换是当变频器运行频率接近 50 Hz 时，将变频器从电路中切除，直接使用工频电网给电动机供电。而当电动机要在 50 Hz 以下运行时，则将工频电路切断，由变频器给电动机供电运行。

MM440 变频器有频率到达设置功能，当设置的门限频率 f_1 的参数 P2155=50 Hz 时，即设定了变频器的比较频率为 50 Hz。然后设置根据比较结果驱动变频器输出继电器触点动作的参数 P0731。当设置 P0731=53.4 Hz，即变频器的实际运行频率大于门限频率 f_1 时，继电器 1 的常开触点 19、20 闭合，常闭触点 18、20 断开。实际设置门限频率 f_1 时，以设置为 49 Hz 或 49.5 Hz 为宜。

任务实施

扫一扫看变频与工频的切换控制教学课件

扫一扫看变频与工频的切换控制微课视频

1. 硬件电路设计

工频/变频切换控制电路如图 3-16 所示，I/O 分配如表 3-9 所示。

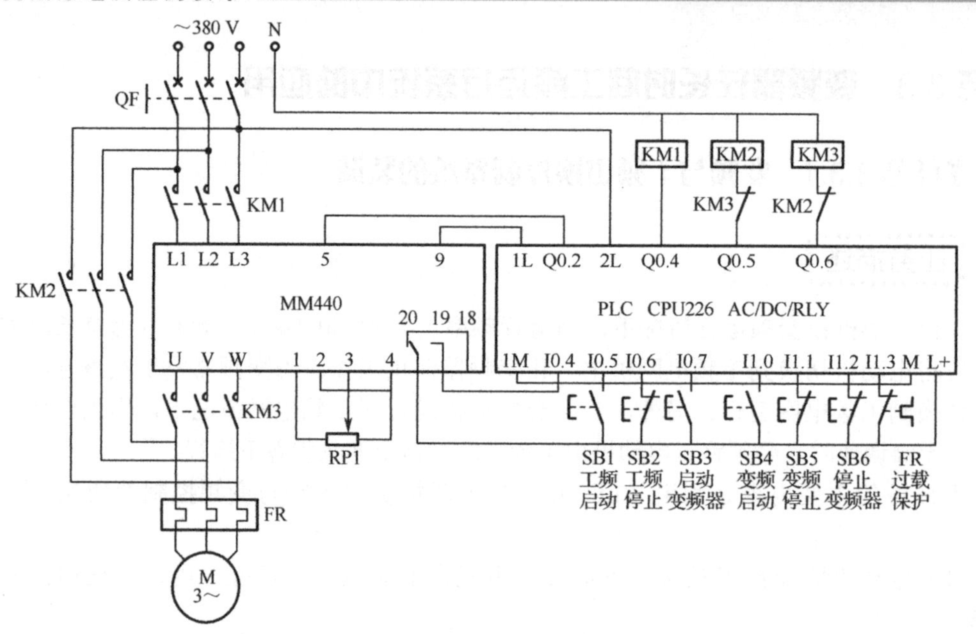

图 3-16 工频/变频切换控制电路

表 3-9 I/O 分配

元 件	地址	注 释
变频器输出继电器端子 19	I0.4	变频器输出频率达到 50 Hz 时，端子 20、19 闭合，变频切换到工频
SB1	I0.5	工频启动按钮
SB2	I0.6	工频运行停止按钮
SB3	I0.7	启动变频器的按钮
SB4	I1.0	变频器变频运行
SB5	I1.1	变频停止
SB6	I1.2	变频器停止按钮
FR	I1.3	电动机过载保护
变频器输入数字量端子 5	Q0.2	控制变频器的变频运行
KM1	Q0.4	控制变频器输入电源
KM2	Q0.5	控制电动机的工频运行
KM3	Q0.6	控制变频器的变频输出

2. PLC 控制程序设计

根据控制要求及 I/O 分配表编写梯形图，如图 3-17 所示。

3. 变频器参数设置

变频器上电后，通过数字量端子 5 控制电动机的运行，再通过模拟量端子 AIN1（端子 3、4）控制变频器的输出频率。输出继电器端子 20（公共点 COM）、19、18 通过频率比较控制其导通或关断，主要的变频器参数设置如表 3-10 所示。

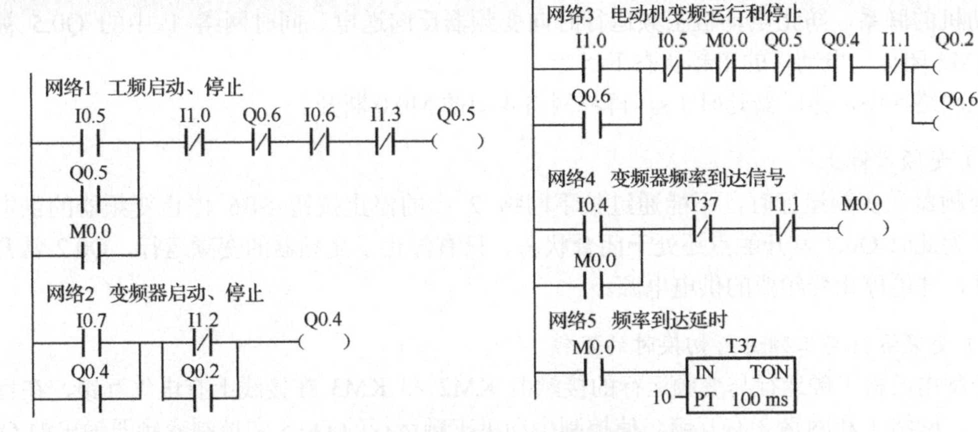

图 3-17 变频与工频切换控制梯形图

表 3-10 变频器参数设置

参数号	默认值	设定值	说　明
P0701	1	1	ON 接通正转，OFF 停止
P0731	52.3	53.4	实际频率大于比较频率，0 号继电器动作
P1000	2	2	频率设定值由模拟量输入端子 AIN1 控制
P1080	0	10	电动机运行的最低频率（Hz）
P1082	50	50	电动机运行的最高频率（Hz）
P1120	10	5	斜坡上升时间（s）
P1121	10	5	斜坡下降时间（s）
P2155	30	49	门限频率 f_1（Hz）

4. 功能调试

1）电动机的工频运行

当接通断路器 QF 使 PLC 上电时，按下按钮 SB1，在网络 1 中，I0.5 驱动 Q0.5，接触器 KM2 得电，其主触点闭合，使电动机在工频状态下运行，同时停止变频器的变频输出。当按下按钮 SB2 时，停止电动机的工频运行。

2）电动机的变频运行

当接通断路器 QF 使 PLC 上电时，按下按钮 SB3，在网络 2 中，I0.7 驱动 Q0.4，接触器 KM1 得电，其主触点闭合，变频器得电，此时可以进行变频器的参数设置。当设置好变频器的参数后，如果电动机没有在工频状态下运行，按下按钮 SB4，在网络 3 中，I1.0 驱动 Q0.2 和 Q0.6，使变频器端子 5 与端子 9 处于 ON 状态，变频器输出正转频率，同时 KM3 得电，其主触点闭合，电动机在变频状态下运行。

通过改变电位器 RP1 的阻值，可以改变模拟量输入端子 AIN1 的模拟量电压值，同时改变变频器的输出频率，当变频器的输出频率达到 49 Hz 时，实际频率与设定门限频率相等，变频器的输出继电器常开触点 20、19 闭合，驱动 I0.4，在网络 4 中，使程序中的 M0.0 被驱动，这时网络 3 中的 Q0.2 和 Q0.6 停止输出，变频器的变频状态停止，切断变频器输出

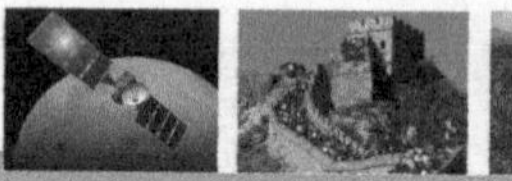

与电动机的联系，防止电动机工频运行时向变频器反向送电。同时网络 1 中的 Q0.5 被驱动，KM2 闭合，电动机的工频状态下运行。

在网络 5 中，定时器延时 1 s，再将网络 4 中的 M0.0 断开。

3）变频器停止

变频器在变频运行时，不能通过按下网络 2 中的停止按钮 SB6 停止变频器的供电电源，因为此时 Q0.2 常开触点还处于闭合状态。只有停止了变频器的变频运行，Q0.2 常开触点断开，才能停止变频器的供电电源。

4）变频运行与工频运行切换时的互锁

控制电动机工频运行与变频运行的接触器 KM2 和 KM3 在接线上有电气互锁，在程序控制上，网络 1 和网络 3 有互锁，使控制电动机工频运行的 Q0.5 和控制变频器输出的 Q0.6 不能同时输出。

任务拓展

在电动机的变频与工频运行状态切换中，当变频器的输出频率达到 50 Hz 时，使用输出继电器 2（端子 21、22）或输出继电器 3（端子 23、24、25）完成相应的控制任务，如何设置变频器参数？试着进行实际设置并调试。

子任务 3.3.2　消防排风控制系统的装调

扫一扫看商场消防排风系统介绍教学课件

扫一扫看商场消防排风系统介绍微课视频

任务描述

商场是一个人流量比较大的场合，对防火、空气环境要求都比较高。目前，大中型商场及地下停车场均安装有鼓风、送风系统，它们在给人们带来舒适环境的同时，也消耗掉了大量的电力和能源。鼓风机在大多数时间内处于轻载运行，通常采用传统的节流控制方式——采用调节挡板或阀门来改变鼓风量，即在供风管路上设置一个排风口，用挡板或阀门调节排风口的开度，使之改变排向空气的风量，从而影响实际供风量。这种方法必须以风机提供过剩的风量为前提。虽然实际供风量改变了，但电动机的额定电压和额定转速并不变，使电动机消耗的功率变化不大，电动机长期处于高功耗、低效率、低功率因数状态下运行，因而造成了电能的极大浪费。

采用变频调速技术改造传统商场的供风系统，能够明显降低电能消耗。本任务以某中央商场通风为例，进行消防排风控制系统设计。通风电动机能根据商场的消防、通风的实时要求，自动进行变频及工频状态的切换，具体控制要求如下：

（1）用户根据工作、消防或排风需要选择工频运行或变频运行。当没有消防指令时，风机变频运行，处于变频排风状态；当有消防指令时，风机切换到工频状态下，即消防工频运行。

（2）在电动机变频运行时，一旦变频器因故障而跳闸，可自动切换到工频状态下运行。

（3）当电动机的变频运行频率上升到 50 Hz 时，将电动机切换到工频电网供电。

（4）设置故障报警与运行显示。

任务目标

（1）了解消防排风控制系统的特点。
（2）掌握消防排风控制系统的硬件设计。
（3）掌握消防排风控制系统的参数设计。
（4）能够根据实际要求分析设计及调试工频与变频切换控制系统。

任务实施

扫一扫看消防排风控制系统的硬件设计教学课件

扫一扫看消防排风控制系统的硬件设计微课视频

1. 硬件电路设计

1）主电路设计

系统主电路同工频与变频切换系统的主电路，如图3-18所示。

2）控制电路设计

由控制要求可确定PLC需要5个输入点和4个输出点，I/O分配如表3-11所示，控制电路如图3-19所示。

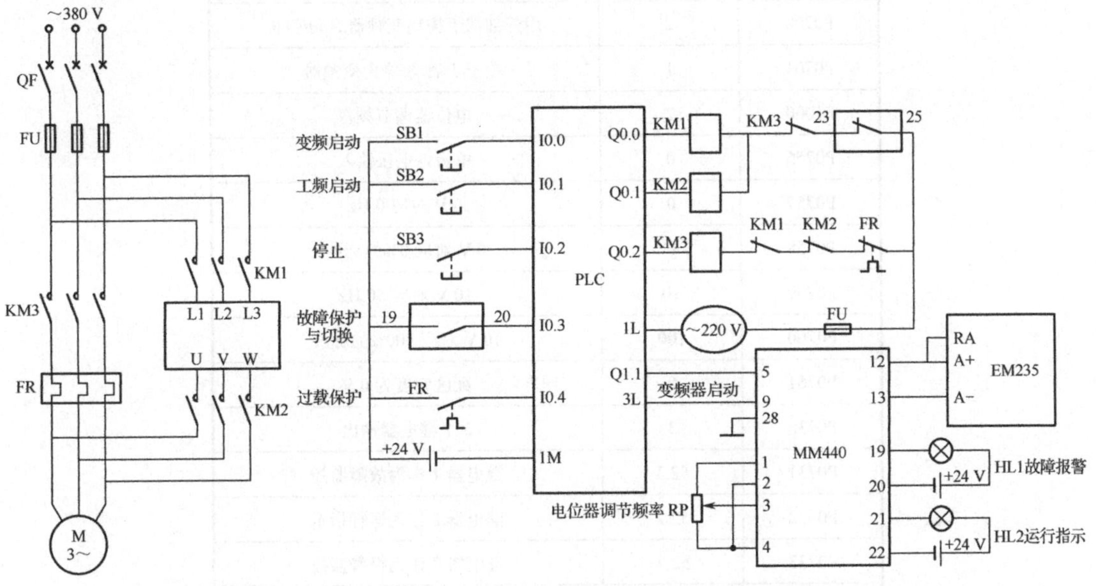

图3-18 消防排风控制系统的主电路

图3-19 消防、排风控制系统的控制电路

表3-11 I/O分配

输入（I）			输出（O）		
输入继电器	输入元件	作用	输出继电器	输出元件	作用
I0.0	SB1	排风变频启动按钮	Q0.0	KM1	变频器电源接触器
I0.1	SB2	消防工频启动按钮	Q0.1	KM2	排风变频运行接触器
I0.2	SB3	停止按钮	Q0.2	KM3	消防工频运行接触器

续表

输入（I）			输出（O）		
输入继电器	输入元件	作用	输出继电器	输出元件	作用
I0.3	变频器输入继电器	变频器故障信号	Q1.1	变频器数字量端子 5	变频器启动/停止
I0.4	FR	过载保护			

2. PLC 程序设计

按照电动机的控制要求及对 MM440 变频器数字量输入端子、PLC 数字量输入/输出端子所做的变量约定，参考前面任务自行设计 PLC 和 MM440 变频器联机实现消防排风控制系统的梯形图。

3. 变频器参数设置

扫一扫看消防排风控制系统的参数设置微课视频

扫一扫看消防排风控制系统的参数设置教学课件

变频器的参数设置如表 3-12 所示。

表 3-12 变频器的参数设置

参数	设定值	说明
P0700	2	用外部端子控制变频器启动/停止
P0701	1	端子 5 启动/停止变频器
P1000	2	电位器调节频率
P0756	0	单极性电压输入
P0757	0	0 V 对应 0 Hz
P0758	0	0 V 对应 0%的标度
P0759	10	10 V 对应 50 Hz
P0760	100	10 V 对应 100%的标度
P0761	0	死区宽度为 0 V
P0730	3	3 个继电器输出
P0731	52.3	继电器 1 作为故障监控
P0732	52.2	继电器 2 作为运行指示
P0733	52.7	继电器 3 作为报警监控
P0771	24	模拟输出表示输出频率
P0777	0	0 Hz 对应输出电流为 4 mA
P0778	4	
P0779	100	50 Hz 对应输出电流为 20 mA
P0780	20	

4. 调试运行

按图 3-18 和图 3-19 进行硬件接线，检查无误后合上电源开关，对电路进行通电调试。

1）系统变频启动、工频启动及停止功能调试

按下工频启动按钮 SB2，PLC 数字量输出端子 Q0.2 为 1，接触器 KM3 线圈得电，KM3 主触点闭合，电动机接入 50 Hz 工频电源，进入工频运行状态。按下停止按钮 SB3，接触器 KM3 线圈断电，KM3 主触点断开，电动机停止运行。

按下变频启动按钮 SB1，PLC 数字量输出端子 Q0.0、Q0.1 为 1，接触器 KM2 线圈得电，触点动作，将电动机接至变频器的输出端子。同时，接触器 KM1 线圈得电，触点动作，将工频电源接至变频器的输入端子，并容许电动机启动。此时，连接到 KM3 线圈控制电路的接触器 KM1、KM2 的常闭触点断开，确保接触器 KM3 不得电。

此时，PLC 数字量输出端子 Q1.1 为 1，变频器端子 5 为 ON 状态，变频器启动运行，电动机运行于变频状态。

2）模拟量输出调试

调节电位器 RP，增大电动机的运行频率，当运行频率达到 50 Hz 时，变频器模拟量输出端子 12、13 的输出电流达到 20 mA，信号经过 A+、A-进入 PLC 模拟量输入单元 EM235，经过比较运算，PLC 的数字量输出端子 Q0.0、Q0.1、Q1.1 为 OFF 状态，接触器 KM1、KM2 断电，变频器停止运行。同时，PLC 的数字量输出端子 Q0.2 为 ON 状态，接触器 KM3 得电，电动机切换到工频状态下运行，实现了当电动机的变频运行频率达到 50 Hz 时，自动切换到工频状态的功能。

3）故障报警功能调试

当变频器出现故障时，继电器 1 的常开触点 19、20 闭合，报警扬声器 HA 和报警灯 HL 接通电源，进行声光报警。同时，PLC 输入端子 I0.3 输入信号，PLC 输出端子 Q0.0、Q0.1 为 OFF 状态，接触器 KM1、KM2 断电，接触器 KM3 得电，电动机由变频运行切换为工频运行。

4）指示功能调试

按下系统变频启动按钮 SB2，若变频器无故障，则继电器 2 触点 21、22 将闭合，变频器运行指示灯亮。

任务拓展

采用 PLC 和变频器，设计用接触器-继电器控制的消防通风系统，控制要求同子任务 3.3.1 和子任务 3.3.2。

任务测验8

1．电动机的变频运行与工频运行需要切换的场合有哪些？

2．用PLC控制系统实现消防通风系统的变频与工频状态切换。

要求：（1）画出接线图。

（2）列出变频器的参数及其数值。

（3）列出I/O分配表。

（4）编写PLC控制程序。

任务3.4 变频器在模拟量反馈控制系统中的应用

子任务3.4.1 PLC模拟量控制系统的装调

任务描述

利用 PLC 的模拟量模块与 MM440 变频器联机，实现电动机正反转控制，要求运行频率由模拟量模块输出电压信号给定，并能平滑调节电动机的转速。

任务目标

（1）掌握MM440变频器的模拟量输入端子及参数设置方法。
（2）掌握使用PLC模拟量输出控制变频器输出频率的方法。
（3）掌握利用外部端子控制变频器的操作方法。

任务实施

扫一扫看EM235的使用微课视频

1. 控制电路

PLC模拟量模块与变频器联机控制电路如图3-20所示。

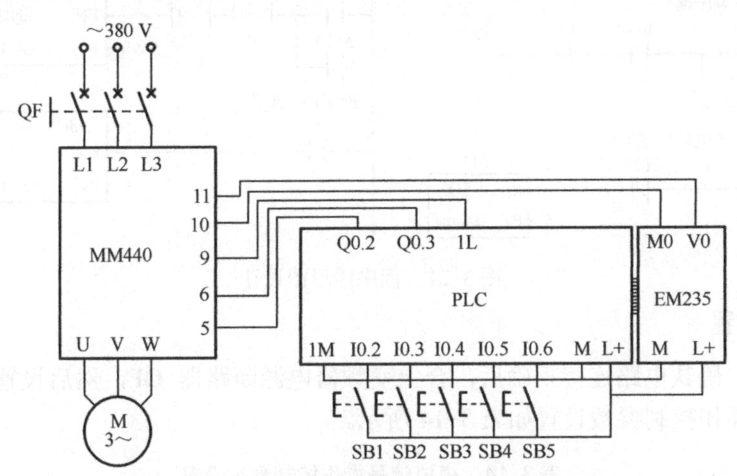

图3-20 PLC模拟量模块与变频器联机控制电路

由上述控制要求可确定I/O分配如表3-13所示。

表3-13 I/O分配

输入（I）			输出（O）		
元件	功能	信号地址	元件	功能	信号地址
按钮SB1	正转启动信号	I0.2	变频器端子5	控制变频器正频率输出	Q0.2
按钮SB2	反转启动信号	I0.3	变频器端子6	控制变频器负频率输出	Q0.3
按钮SB3	停止信号	I0.4	变频器端子10	AIN2端子（+）	M0

续表

输入（I）			输出（O）		
元件	功能	信号地址	元件	功能	信号地址
按钮 SB4	频率加信号	I0.5	变频器端子 11	AIN2 端子（-）	V0
按钮 SB5	频率减信号	I0.6			

2. PLC 程序设计

PLC 的程序梯形图设计如图 3-21 所示。

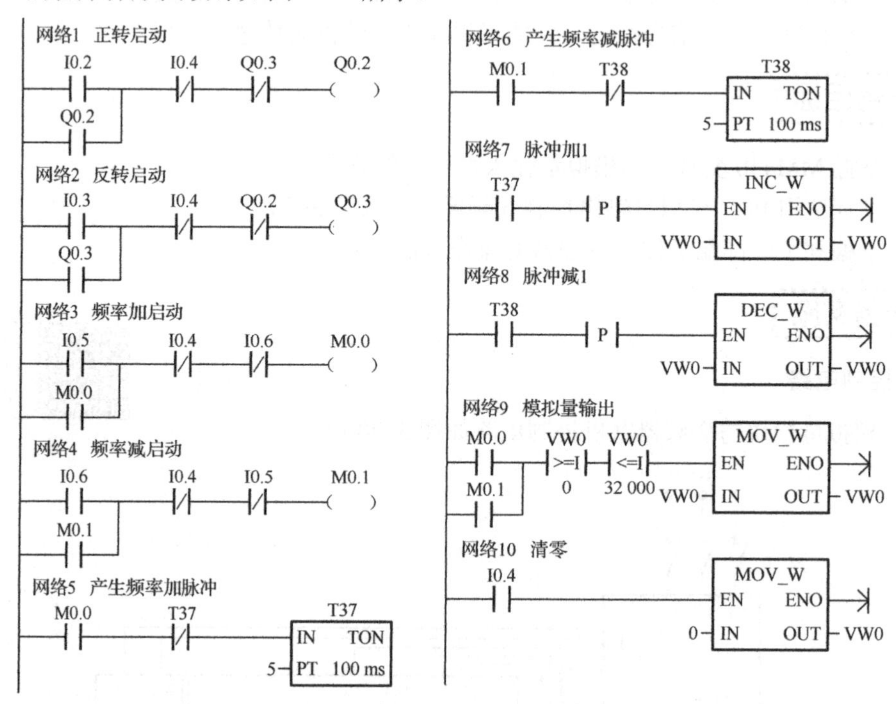

图 3-21　程序梯形图设计

3. 参数设置

连接电路，确认电路连接正确后，合上变频器电源断路器 QF，然后设置变频器参数，其中模拟信号操作控制参数设置如表 3-14 所示。

表 3-14　模拟信号操作控制参数设置

参数号	出厂值	设定值	说明
P0700	2	2	命令源选择由端子排输入
P0701	1	1	ON 接通正转，OFF 停止
P0702	1	2	ON 接通反转，OFF 停止
P1000	2	7	模拟量输入使用 AIN2 端子
P0756[1]	0	0	单极性电压输入（0~10 V）

因为使用 AIN2 模拟量输入端子，并且输入电压信号，所以参数 P0756 和参数 P1000 要重新进行设置，并且要将变频器上控制 AIN2 端子的 DIP 拨到“OFF”位置。

4. 调试运行

当程序控制变频器输出正频率时，按下频率加按钮 SB4，驱动 PLC 的 I0.5 端子，使存储数据的 VW0 按 0.5 s 的速度执行加 1 操作，再通过模拟量输出模块 EM235 的 AQW0 通道传送给变频器的 AIN2 端子，控制变频器输出频率的增大；按下频率减按钮 SB5，驱动 PLC 的 I0.6 端子，使存储数据的 VW0 按 0.5 s 的速度执行减 1 操作，再通过模拟量输出模块 EM235 的 AQW0 通道传送给变频器的 AIN2 端子，控制变频器输出频率的减小。

当 VW0 的值小于 0 或者大于 32 000 时，程序停止将 VW0 的数据传给 EM235 的 AQW0 通道。VW0 中的数据 0 和 32 000 分别对应模拟量输出的电压值 0 V 和 10 V，对应变频器的输出频率 0 Hz 和 50 Hz，即变频器的输出频率只能为 0～50 Hz。

任务拓展

通过模拟量输入端子 3、4 控制电动机进行正反转的调速控制，变频器的参数应该如何变化？

子任务 3.4.2　恒压供水变频控制系统的装调

任务描述

生产及生活都离不开用水，但用户或用水设备的变化会导致送水管路中水压的变化，水压的升降又会使用户或用水设备受到影响，这时则需要保证送水管路的水压保持恒定。

多层住宅小区（如 300 户以内）或其他小规模的用水系统，水泵功率一般不超过 7.5 kW。控制系统要求如下。

1）生活/消防两种方式

生活供水时系统低恒压值运行，消防供水时系统高压运行（所有水泵均工频运行）。

2）生活自动/手动两种方式

在正常生活供水时，系统工作方式处于自动方式，受以下要求控制：当控制系统发生异常时，维护人员可将此方式拨向手动工作方式，可进行控制系统维护和调试。

3）变频/工频运行功能

变频器始终固定驱动一台水泵并实时根据其输出频率控制其他水泵启动/停止。当变频器的输出频率连续 10 s 达到最大频率 50 Hz 时，则该水泵以工频电源运行，同时启动下一台水泵变频运行；当变频器输出频率连续 10 s 达到最小频率 5 Hz 时，则停止该台水泵的运行。由此增减工频运行水泵的台数。

4）轮休和软启动功能

系统共设 3 台水泵，在正常情况下一台水泵工频运行，一台水泵变频运行，一台水泵备用，当连续运行 10 天后，进行轮休，即第二台水泵工频运行，第三台水泵变频运行，第一台水泵备用，如此循环；出现用水低谷时，可能只有一台水泵变频运行就能满足用水要求，而出现用水高峰时，两台水泵必须以工频运行，才能满足用水要求，每台水泵在启动时都要求有软启动功能。

5）PID 调节功能

采用 PID 调节，实时调节系统水压。

6）指示及报警功能

系统应设有电源指示、水泵运行方式指示及报警指示。若两台水泵均以工频运行，出现累计时间超过 30 min 或水泵过载等情况，系统发出报警指示。

任务目标

（1）理解恒压供水系统的节能原理。

（2）了解变频控制系统的设计要点。

（3）了解变频器的选型、安装方法。

（4）能够进行 PLC、变频器控制复杂系统的安装、调试。

（5）能够进行系统故障的分析与排除。

扫一扫看变频恒压供水系统介绍微课视频

扫一扫看变频恒压供水系统介绍教学课件

相关知识

城市生活中由于用户的用水量是经常变动的，所以供水不足或供水过剩的情况时有发生。而用水和供水之间的不平衡集中地反映在供水的压力上，即用水多而供水少，则压力低；用水少而供水多则压力大。保持供水的压力恒定，可使用水和供水之间保持平衡，即用水多时供水也多，用水少时供水也少，从而提高供水的质量。

恒压供水系统对于某些工业或特殊用户是非常重要的。例如，在某些生产过程中，若自来水供水压力不足或短时断水，可能影响产品质量，严重时使产品报废和设备损坏。又如，当发生火灾时，若供水压力不足或无水供应，不能迅速灭火，可能引起重大经济损失和人员伤亡。可见，在用水区采用恒压供水系统，具有较大的经济和社会意义。

用变频调速来实现恒压供水，与用调节阀门来实现恒压供水相比较，节能效果十分显著。其优点是：启动平稳，启动电流可限制在额定电流以内，从而避免了启动时对电网的冲击；由于水泵的平均转速降低了，从而可延长水泵和阀门等的使用寿命，消除启动和停机时的水锤效应。

1. 恒压供水系统的工作原理

系统采用 PLC、西门子 MM440 变频器，通过变频器内置的 PID 控制功能实现恒压供水控制，供水系统方案如图 3-22 所示。

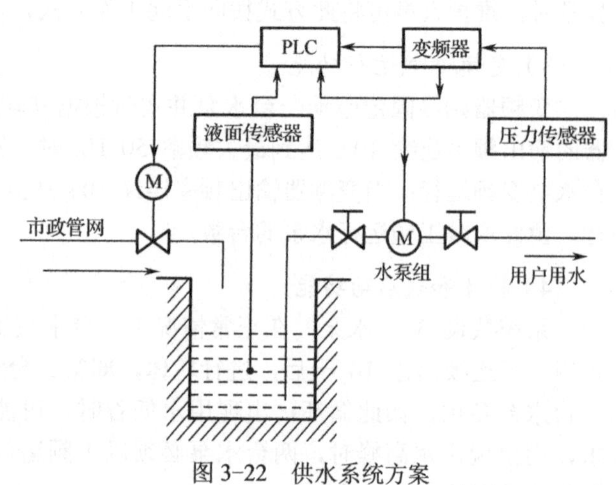

图 3-22　供水系统方案

将通往用户的用水水管中的压力变化经压力传感器采集给变频器，再通过变频器与变频器中的设定值进行比较，根据变频器内置的 PID 功能进行数据处理，将数据处理的结果以运行频率的形式进行输出。

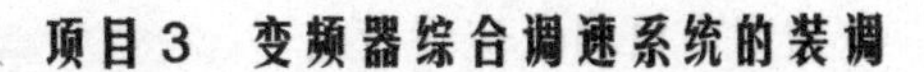

当供水压力低于设定压力时，变频器就会将运行频率增大，反之则减小，并且可以根据压力变化的快慢进行差分调节。由于本系统采用了负反馈，当压力在增大到接近设定值时，反馈值接近设定值，偏差减小，PID 运算会自动减小执行量，从而降低变频器输出频率的波动，进而稳定压力。

当水网中的用水量增大时，会出现变频泵运行效率不够的情况，这时就需要增加水泵参与供水，通过 PLC 控制的交流接触器组负责水泵的切换工作情况。PLC 通过检测变频器频率输出的上下限信号来判断变频器的工作频率，从而控制接触器组增大或减小水泵的工作数量。

2. 变频节能原理

1）交流电动机的转速特性

$$n=(1-s)\frac{60f}{p}$$

式中，n 为电动机的转速，单位是 r/min；f 为交流电源的频率，单位是 Hz；s 为转差率；p 为磁极对数。

当电动机选定后，s、p 为定值，电动机转速 n 和交流电频率 f 成正比，使用变频器来改变交流电频率，即可实现对电动机的变频无级调速。

2）节能分析

根据离心泵的负载工作原理可知：

流量与转速成正比：$Q \propto n$。

转矩与转速的二次方成正比：$T \propto n^2$。

功率与转速的三次方成正比：$P \propto n^3$。

某变频调速恒压供水控制系统运行时，电动机的运行频率与功率的关系如表 3-15 所示。

表 3-15　电动机的运行频率与功率的关系

变频器/电动机稳态运行频率 f/Hz	变频器输出/电动机输入电流 I/A	变频器输出/电动机输入电压 U/V	水泵消耗功率/电动机消耗视在功率 $S=\sqrt{3}UI$（VA）
51.64	2.15	379	1411.32
45.94	1.9	313	1030.02
39.63	1.45	236	592.69
34.82	1.25	183	396.195
29.96	1.0	137	237.284
26.73	0.9	112	174.59
22.66	0.75	82	106.518

以电动机消耗的视在功率 $S=\sqrt{3}UI$ 作为水泵消耗的功率，由表 3-15 可知，随着变频器输出频率的减小，水泵的转速亦相应减小，而水泵所消耗的功率也相应的大幅度减小。

例如，当变频器的输出频率 f=51.64 Hz 时，水泵消耗的功率为 1411.32 VA；当变频器输出频率为 f=26.73 Hz 时，水泵消耗的功率为 174.59 VA，转速降为原来的 1/2 左右，水泵消耗的功率降为原来的 1/8 左右（约 176.42 VA）。

水泵消耗的功率与转速的三次方成正比，本例中，频率由f_1=51.64 Hz 降为f_2=26.73 Hz，水泵的转速降为原来的 1/2 左右，故水泵消耗的功率应为原来的 1/8 左右，符合理论要求。

3. 恒压供水系统的构成

1）恒压供水系统框图

恒压供水系统框图如图 3-23 所示，变频器有两个控制信号。

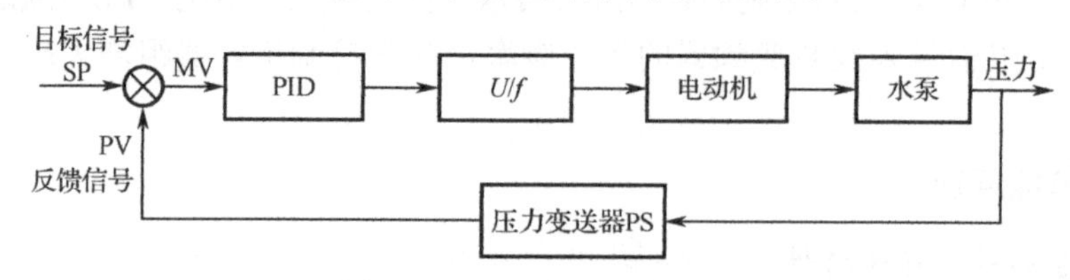

图 3-23　恒压供水系统框图

（1）目标信号 SP。目标信号是一个与压力的控制目标相对应的值，通常用百分数表示。西门子 MM440 目标信号可由键盘直接给定，也可以通过外接电位器来给定。

（2）反馈信号 PV。反馈信号是压力变送器 PS 反馈回来的信号，该信号是一个反映实际压力的信号。

（3）目标信号的确定。目标信号的大小除与所要求的压力的控制目标有关外，还与压力变送器 PS 的量程有关。例如，设用户要求的供水压力为 0.4 MPa，压力变送器 PS 的量程为 0～1 MPa，则目标值应设定为 40%。

2）系统工作过程

现在的变频器一般有 PID 调节功能，其内部框图如图 3-24 所示，SP 和 PV 两者是相减的，其合成信号 MV=SP−PV，经过 PID 调节处理后得到频率给定信号，决定变频器的输出频率 f。当用水量减小时，供水能力 Q_G>用水流量 Q_U，则供水压力 PV 增大，合成信号 SP−PV 减小，变频器输出频率 f 下降，电动机转速 n 减小，供水能力 Q_G 下降，直至压力大小恢复到目标值，供水能力与用水流量重新平衡（$Q_G=Q_U$）时为止。反之，当用水流量增大，使 $Q_G<Q_U$ 时，PV 减小，合成信号 MV=SP−PV 增大，f 上升，n 增大，Q_G 增大，$Q_G=Q_U$，又达到新的平衡。

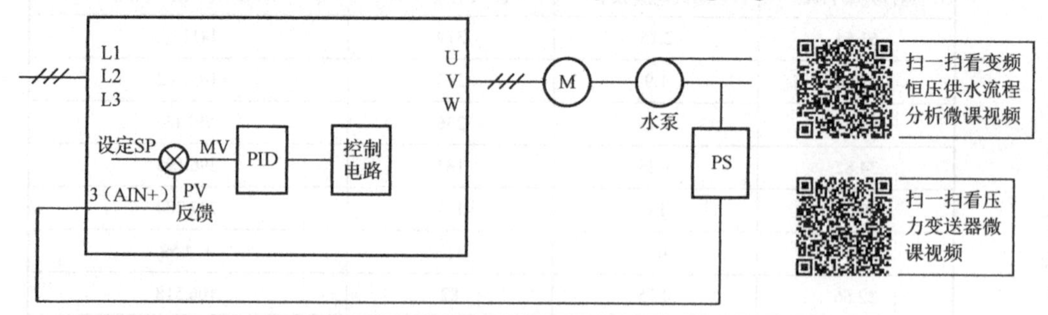

图 3-24　变频器 PID 调节功能内部框图

3）常见的压力变送器

（1）压力传感器。压力传感器的输出信号是随着压力而变的电压或电流信号，如图 3-25（a）所示。当距离较远时，应取电流信号，以消除因线路压降引起的误差；通常取 4～20 mA，以区别零信号和无信号。

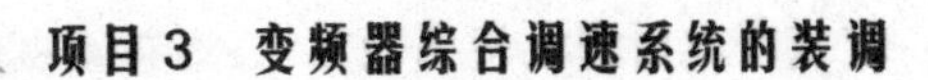

（2）远传压力表。远传压力表的基本结构是在压力表的指针轴上附加一个能够带动电位器的滑动触点的位置，如图 3-25（b）所示。从电路器件的角度看，实际上是一个电阻值随压力而变的电位器。远传压力表的优点是价格较低廉；缺点是由于电位器的滑动点总在一个地方摩擦，寿命较短。

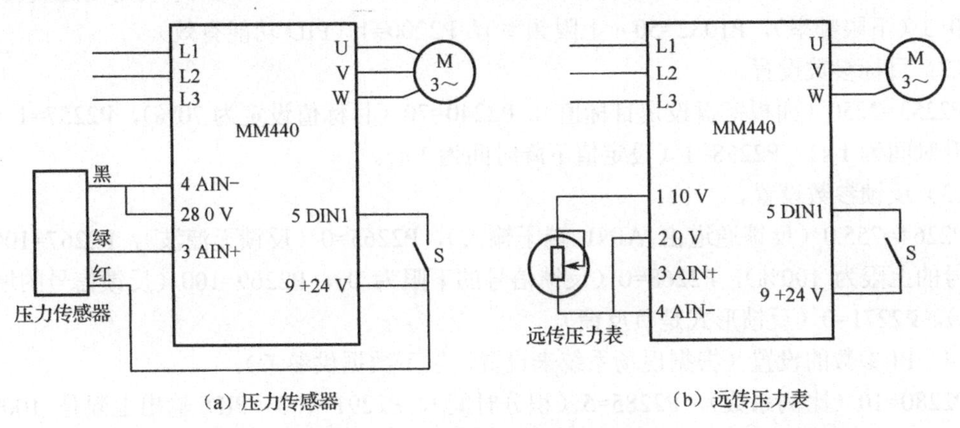

图 3-25　常见的压力变送器接线

4. 变频恒压供水 PI 调节

1）变频恒压供水 PI 框图

要使供水系统稳定，必须有 PID 调节，其中 P 为比例调节，I 为积分调节，D 为微分调节。供水系统的压力要求不很精确，故只要 PI 调节即可，变频恒压供水 PI 调节框图如图 3-26 所示。

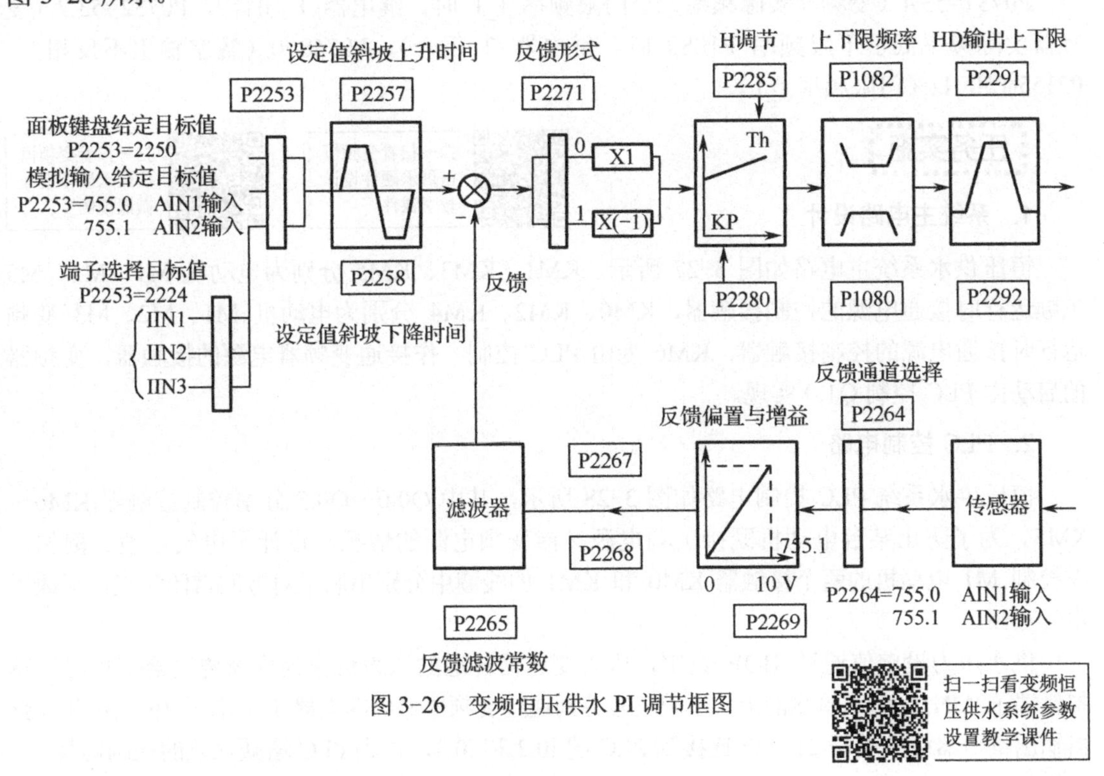

图 3-26　变频恒压供水 PI 调节框图

扫一扫看变频恒压供水系统参数设置教学课件

2）主要参数

（1）控制参数的设置。

P0003=3（专家级），P0004=0（显示全部参数），P0700=2（命令源选择由端子排输入），P0701=1（由端子 DIN1 控制变频器的启动/停止），P1000=1（频率设定由面板设置），P1080=5（下限频率），P1082=50（上限频率），P2200=1（PID 功能有效）。

（2）目标参数设置。

P2253=2250（面板键盘设定目标值），P2240=70（目标值设定为 70%），P2257=1（设定值上升时间为 1 s），P2258=1（设定值下降时间为 1 s）。

（3）反馈参数设置。

P2264=755.0（反馈通道由 AIN1 端子输入），P2265=0（反馈无滤波），P2267=100（反馈信号的上限为 100%），P2268=0（反馈信号的下限为 0），P2269=100（反馈信号的增益是 100%），P2271=0（反馈形式是负反馈）。

（4）PI 参数的设置（根据现场系统来设置，以下数据供参考）。

P2280=10（比例系数），P2285=5（积分时间），P2291=100（PID 输出上限是 100%），P2292=0（PID 输出下限是 0）。

（5）变频器输出继电器的参数设置。

“一拖多”恒压供水系统加泵的关键是变频器在输出频率为 50 Hz 时，能送出一个信号给 PLC，故只需设置变频器继电器 1 在变频器输出频率为 50 Hz 时动作，使端子 19、20 闭合即可。而减泵的关键是变频器在输出频率为下限时，能送出一个信号给 PLC，只需设置变频器继电器 2 在变频器输出频率为下限（P1080）时动作，使端子 21、22 闭合即可。

P0731=53.4（变频器实际频率大于门限频率 f_1 时，继电器 1 闭合），P0732=53.2（变频器实际频率低于下限频率 P1080 时，继电器 2 闭合），P0748=0（数字输出不反相），P2155= 50 Hz（门限频率 f_1）。

任务实施

扫一扫看变频恒压供水硬件设计教学课件

扫一扫看变频恒压供水硬件设计微课视频

1. 系统主电路设计

恒压供水系统主电路如图 3-27 所示，KM1、KM3、KM5 分别为电动机 M1、M2、M3 工频运行时接通电源的控制接触器，KM0、KM2、KM4 分别为电动机 M1、M2、M3 变频运行时接通电源的控制接触器，KM6 为由 PLC 控制、作接通变频器电源的接触器，变频器的启动由 PLC 控制 Q1.0 实现。

2. PLC 控制电路

恒压供水系统 PLC 控制电路如图 3-28 所示，其中 Q0.0～Q0.5 分别控制接触器 KM0～KM5。为了防止某台电动机既接工频电源又接变频电源的情况，设计了电气互锁。例如，在控制 M1 电动机的两个接触器 KM0 和 KM1 的线圈中分别串联了对方的常闭触点，形成了电气互锁。

供水压力设定值通过 BOP 设定，压力变送器传送的压力值作为反馈传送给变频器的模拟量端子 AIN1，频率检测的上、下限信号分别通过变频器输出继电器 1 的端子 19、20 和变频器输出继电器 2 的端子 21、22 连接到 PLC 的 I0.2 和 I0.3，作为 PLC 增减水泵的控制信号。

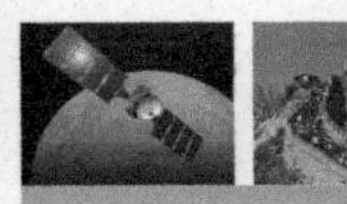

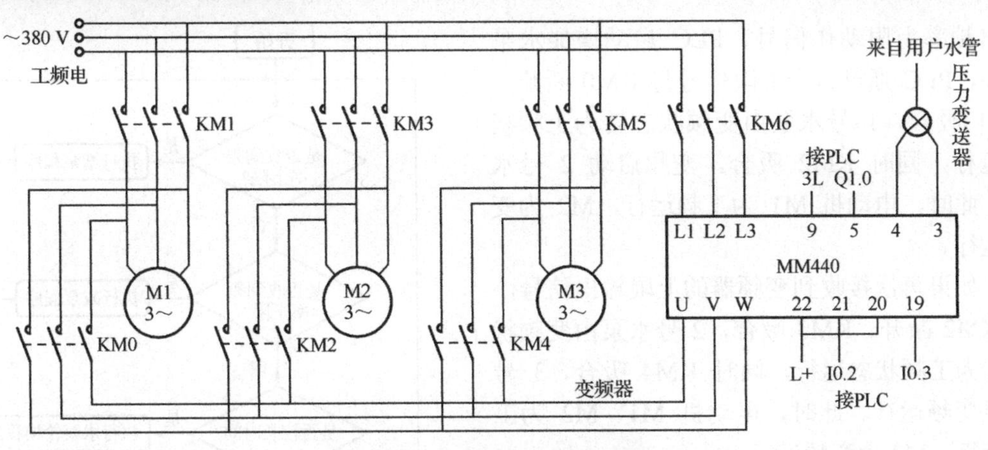

图 3-27 恒压供水系统主电路

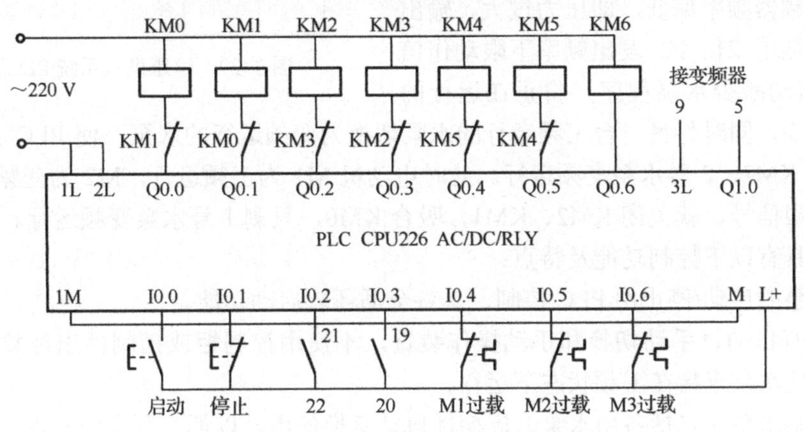

图 3-28 恒压供水系统 PLC 控制电路

以电动机 M1 为例，首先将 KM0 闭合，M1 由变频器控制调速，若水压小于设定的目标值，则电动机转速增大，以增大压力。当电动机达到 50 Hz 同步转速时，变频器输出继电器 1 动作，送出一个开关信号给 PLC，由 PLC 控制 KM0 断开，KM1 吸合，电动机 M1 转由电网供电，以此类推。

如果某台电动机需要调速，则可安排到最后启动，不再切换至电网供电，而由变频器驱动调速。若此时水压大于设定的目标值，则电动机转速减小，以减小压力；当电动机达到下限转速时，变频器输出继电器 2 动作，送出一个开关信号给 PLC，由 PLC 控制 M1 断开，直接停止 M1。可采用先启动先停止的做法，让每台电动机的运行时间大致相等。

在系统的切换中，对变频器的保护是切换控制可靠运行的关键。系统可采用硬件和软件双重联锁保护。在启动过程中，必须保证每台电动机由零速率开始升速。为减弱电流冲击，必须在达到 50 Hz 时才可切换至电网。KM0 断开前，必须首先保证变频器没有输出；KM0 断开后，才能闭合 KM1，KM0 和 KM1 不可同时闭合，PLC 控制程序必须有软件互锁。

3. PLC 程序设计

恒压供水系统 PLC 程序流程图如图 3-29 所示。系统启动时，KM0 闭合，1 号水泵以变频方式运行。当水压过小，而变频器输出频率已达到上限设定值超过 10 s 时，端子 19、20

发出频率上限动作信号，PLC 启动增加水泵程序，PLC 通过这个上限信号将 KM0 断开、KM1 吸合，1 号水泵由变频状态转为工频状态运行，同时 KM2 吸合，变频启动 2 号水泵。此时，电动机 M1 为工频运行，M2 为变频运行。

如果再次接收到变频器的上限输出信号，则 KM2 断开、KM3 吸合，2 号水泵由变频状态转为工频状态运行，同时 KM4 吸合，3 号水泵变频运行。此时，电动机 M1、M2 为工频运行，M3 为变频运行。

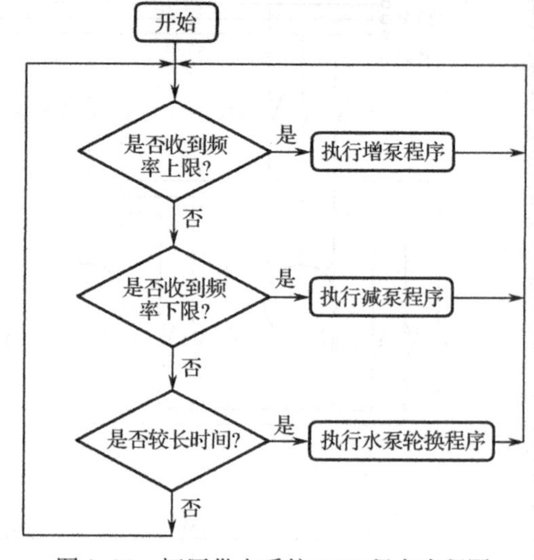

图 3-29　恒压供水系统 PLC 程序流程图

如果变频器频率偏低，即压力过大，输出下限信号，端子 21、22 发出频率下限动作信号，PLC 启动减少水泵程序，将正在运行的变频水泵切除，同时将另一台工频运行的水泵切换为变频运行的水泵，使 PLC 关闭 KM4、KM3，开启 KM2，2 号水泵变频运行。此时电动机 M1 为工频运行，M2 为变频运行。若再次接收到下限信号，就关闭 KM2、KM1，吸合 KM0，只剩 1 号水泵变频运行。

本系统具有以下控制功能及特点：

（1）水泵的启动/停止由 PLC 控制，具备全循环软启动功能。

（2）具有自动、手动切换和手动操作装置，不使用控制柜或控制柜出现故障时，可用手动操作，使水泵直接在工频状态下运行。

（3）控制水泵（包括备用水泵）周期性自动交换使用，以期水泵寿命基本一致。

（4）工作水泵发生故障后可自动切换至备用水泵。

（5）具有地下储水池缺水后停泵保护及故障显示功能。

（6）具有自动用工频电源启动消防水泵功能，或者自动变频运行以适应消防供水要求。

（7）具有缺相、漏电、过载和瞬时断电保护等电气保护功能。

（8）变频恒压供水技术不仅节电节水效果明显，还可以极大改善系统的工作性能，并能延长系统的使用寿命，具有良好的技术、经济效益及广阔的应用前景和推广价值。

任务拓展

（1）演示并汇报恒压供水控制系统的工作过程。

（2）编写恒压供水控制系统的说明书。

（3）进行一次市场调查，在身边寻找变频恒压供水（或恒压通风）的实例，并说明其应用场合。

扫一扫看 2019 年职业技能大赛-现代电气控制系统安装与调试-自动涂装系统任务书

任务测验 9

变频器在离心机控制系统中的应用，其工艺步骤分为以下 3 步：

（1）慢速阶段 2～3 min，使混凝土分布在钢模内壁四周而不塌落。

（2）中速阶段 0.5～1 min，防止离心过程混凝土结构受到破坏，这是从低速到高速的一个短时过渡阶段。

（3）高速阶段 6～15 min，将混凝土沿离心力方向挤向内模壁四周，达到均匀密实成型，并排除多余水分。

3 个阶段的运行频率和运行时间分别为 f_1=20 Hz，t_1=5 min；f_2=30 Hz，t_2=8 min；f_3=40 Hz，t_3=10 min。根据上述要求完成系统的分析设计。

项目 4

变频器的选用、安装与维护

项目概述

扫一扫看变频器的选型、设计、安装与维护注意事项

变频器是精密的电力电子装置，为使其正常工作，在安装方面应有一定要求。在实际应用中，变频器受周围的温度、湿度、震动、粉尘、腐蚀性气体等环境条件的影响，其性能可能会有一些变化。若对变频器使用合理、维护得当，则能延长其使用寿命，并减少因突发故障造成的生产损失。若对变频器使用不当，维护保养工作跟不上，就会出现运行故障，导致变频器不能正常工作，甚至造成变频器过早损坏，影响生产设备的正常运行。因此变频器的日常维护与定期检查是必不可少的。

由于电力电子技术和微电子技术的快速发展，变频器的改型换代速度也比较快，不断推出新型产品，性能不断提高，功能不断充实增强。现在国内外生产的变频器品牌种类繁多，但功能及使用上却基本类似。总地来讲，变频器的安装使用、维护保养及故障处理方法是基本相同的。

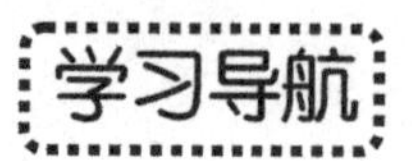

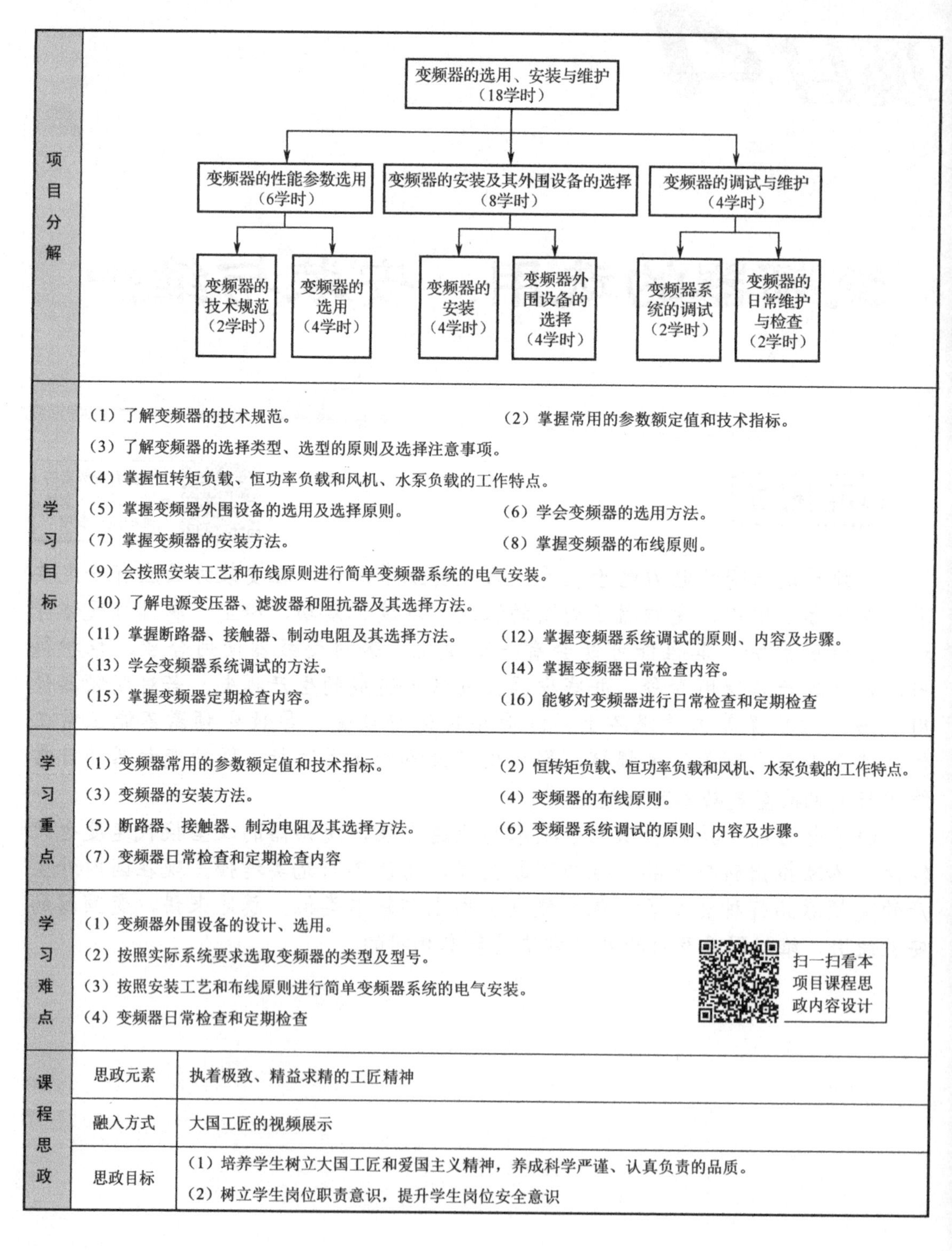

项目分解	变频器的选用、安装与维护（18学时） ├ 变频器的性能参数选用（6学时）：变频器的技术规范（2学时）；变频器的选用（4学时） ├ 变频器的安装及其外围设备的选择（8学时）：变频器的安装（4学时）；变频器外围设备的选择（4学时） └ 变频器的调试与维护（4学时）：变频器系统的调试（2学时）；变频器的日常维护与检查（2学时）	
学习目标	（1）了解变频器的技术规范。 （2）掌握常用的参数额定值和技术指标。 （3）了解变频器的选择类型、选型的原则及选择注意事项。 （4）掌握恒转矩负载、恒功率负载和风机、水泵负载的工作特点。 （5）掌握变频器外围设备的选用及选择原则。 （6）学会变频器的选用方法。 （7）掌握变频器的安装方法。 （8）掌握变频器的布线原则。 （9）会按照安装工艺和布线原则进行简单变频器系统的电气安装。 （10）了解电源变压器、滤波器和阻抗器及其选择方法。 （11）掌握断路器、接触器、制动电阻及其选择方法。 （12）掌握变频器系统调试的原则、内容及步骤。 （13）学会变频器系统调试的方法。 （14）掌握变频器日常检查内容。 （15）掌握变频器定期检查内容。 （16）能够对变频器进行日常检查和定期检查	
学习重点	（1）变频器常用的参数额定值和技术指标。 （2）恒转矩负载、恒功率负载和风机、水泵负载的工作特点。 （3）变频器的安装方法。 （4）变频器的布线原则。 （5）断路器、接触器、制动电阻及其选择方法。 （6）变频器系统调试的原则、内容及步骤。 （7）变频器日常检查和定期检查内容	
学习难点	（1）变频器外围设备的设计、选用。 （2）按照实际系统要求选取变频器的类型及型号。 （3）按照安装工艺和布线原则进行简单变频器系统的电气安装。 （4）变频器日常检查和定期检查 扫一扫看本项目课程思政内容设计	
课程思政	思政元素	执着极致、精益求精的工匠精神
	融入方式	大国工匠的视频展示
	思政目标	（1）培养学生树立大国工匠和爱国主义精神，养成科学严谨、认真负责的品质。 （2）树立学生岗位职责意识，提升学生岗位安全意识

任务4.1　变频器的性能参数与选用

子任务4.1.1　变频器的技术规范

任务描述

在选用变频器时，用户通常要查看该型号变频器的产品资料，每一个品牌的变频器有多种规格型号供选择。只有了解了变频器的技术规范，才能在实际工程应用中正确选择变频器。通过该任务的学习，要求掌握变频器的参数额定值和技术指标。

任务目标

（1）了解变频器的技术规范。

（2）掌握变频器常用的参数额定值和技术指标。

（3）熟悉变频器常见品牌。

相关知识

一般通用变频器的技术数据包括型号及订货号、额定输入/输出参数、控制参数等，其中包括控制精度、控制参数、显示模式参数、保护特性参数及环境参数五大类。实际工程应用涉及以下参数。

1. 输入参数

额定输入参数包括电源输入相数、电压、频率、容许电压频率波动范围、瞬时低电压容许值（相当于标准适配电动机85%负载下的试验）、额定输入电流和需要的电源容量。

中小容量变频器的输入侧额定值主要有 3 种：三相/380 V/50 Hz、单相/220 V/50 Hz 和三相/220 V/50 Hz。

2. 输出参数

变频器输出参数包括通用变频器的额定输出电压（不能大于电源电压）、额定输出电流、额定输出容量等。

1）额定输出电压 U_{CN}

变频器在工作时除改变输出频率外，还要改变输出电压。额定输出电压 U_{CN} 是指最大输出电压值，也就是变频器输出频率等于电动机额定频率时的输出电压。通常，输出电压的额定值总是和输入电压相等。

扫一扫看额定电流微课视频

2）额定输出电流 I_{CN}

额定输出电流 I_{CN} 是指变频器长时间使用容许输出的最大电流。额定输出电流 I_{CN} 主要反映变频器内部电力电子器件的过载能力。

3）额定输出容量 S_{CN}

额定输出容量 S_{CN} 决定于额定输出电流与额定输出电压下的三相视在输出功率。输出容

量一般用作衡量变频器容量的一种辅助手段。额定输出容量 S_{CN} 一般采用下面的式子计算。

$$S_{CN}=\sqrt{3}U_{CN}I_{CN} \tag{4-1}$$

式中，S_{CN} 为额定输出容量，单位是 kVA；U_{CN} 为额定输出电压，单位是 kV；I_{CN} 为额定输出电流，单位是 A。

扫一扫看额定容量微课视频

4）配用电动机容量 P_N

变频器说明书中规定的配用电动机容量 P_N 是估算值，公式为：

$$P_N=S_N\eta_M\cos\phi_M \tag{4-2}$$

式中，η_M 为电动机的效率；$\cos\phi_M$ 为电动机的功率因数。

变频器说明书中的配用电动机容量仅对长期连续负载适用，对于各种变动负载则不适用。

5）过载能力

变频器的过载能力是指容许其输出电流超过额定电流的能力，大多数变频器规定为 150%I_N、1 min。

扫一扫看变频器性能指标微课视频

3. 性能指标

变频器的性能就是通常所说的功能，这类指标是可以通过各种测量仪器、工具在较短时间内测量出来的，这类指标是 IEC 标准和国家标准所规定的出厂须检验的质量指标。用户选择几项关键指标就可以知道变频器的质量高低，而不是单纯看价格的高低。

1）在 0.5 Hz 时能输出多大的启动转矩

性能比较优良的变频器在 0.5 Hz 时，22 kW 以下的能输出 200%的启动转矩，30 kW 以上的能输出 180%的启动转矩。具有这一性能的变频器，根据负载要求可实现短时间平稳加减速，能快速响应急变负载，能及时检测出再生功率。

2）频率指标

变频器的频率指标包括频率范围、频率稳定精度和频率分辨率。

（1）频率范围以变频器输出的最高频率 f_{max} 和最低频率 f_{min} 表示，各种变频器的频率范围不尽相同。通常，最低工作频率为 0.1～1 Hz，最高工作频率为 200～500 Hz。

（2）频率稳定精度也称频率精度，是指在频率给定值不变的情况下，当温度、负载变化，电压波动或长时间工作后，变频器的实际输出频率与给定频率之间的最大误差与最高工作频率之比（用百分数表示）。

扫一扫看变频器性能指标教学课件

举例：用户给定的最高工作频率 f_{max}=120 Hz，最大误差为 $\Delta f_{max}=0.012$（Hz），则频率精度为 0.012/120=0.01%。

通常，数字量给定时的频率精度约比模拟量给定时的频率精度高一个数量级，前者通常能达到±0.01%（−10～+50 ℃），后者通常能达到±0.5%（25～35 ℃）。

（3）频率分辨率是指输出频率的最小改变量，即每相邻两挡频率之间的最小差值。

举例：当工作频率 f_x=25 Hz 时，如果变频器的频率分辨率为 0.01 Hz，则上一挡的最低频率为：

$$f_x'=25+0.01=25.01(\text{Hz})$$

下一挡的最高频率为：

$$f_x''=25-0.01=24.99\text{(Hz)}$$

对于数字量给定的变频器，频率分辨率取决于微机系统的性能，在整个调速范围（如0.5～400 Hz）内是一个常数（如±0.01 Hz）。对于模拟量给定的变频器，频率分辨率还与频率给定电位器的分辨率有关，一般可达到最高输出频率的±0.05%。

3）速度调节范围控制精度和转矩控制精度

现有变频器速度调节范围控制精度能达到±0.005%，转矩控制精度能达到±3%。

4）低转速时的脉动情况

低转速时的脉动情况是检验变频器好坏的一个重要标准。有的高质量变频器在 1 Hz 时的转速脉动只有 1.5 r/min。

此外，变频器的噪声及谐波干扰、发热量等都是重要的性能指标，这些指标与变频器所选用的开关器件、调制频率和控制方式有关。用 IGBT 和 IPM（intelligent power module，智能功率模块）制成的变频器，由于调制频率高，噪声很小，但其高次谐波始终存在。如果采用较好的控制方式，也可减小谐波量。

扫一扫看IGBT介绍微课视频

4．控制参数

选用变频器时可根据控制参数及其说明进行选择，应核对控制参数与自己的需要是否相符，有些参数可能用不上，可以不予考虑。

1）控制方式

控制方式包括 *U/f* 控制方式（线性 *U/f* 控制方式、多点 *U/f* 控制方式等）、矢量控制方式、无速度传感器矢量控制方式、直接转矩控制方式等，还要考虑它们的控制特性。

2）转矩提升

转矩提升功能可根据不同的负载特性选择不同的方式。

3）运行操作方法

运行操作方法通常有以下 3 种：面板操作、端子操作、串行通信接口操作。

4）频率设定

变频器的频率设定方法一般有以下 4 种：

（1）操作面板设定。利用操作面板上的数字增大键（▲键）和数字减小键（▼键）进行频率的数字量给定或调整。

（2）预置给定。通过程序预置的方法预置给定频率。

（3）外接给定。从控制接线端子引入外部的模拟信号，如电压或电流信号，进行频率给定。这种方法常用于远程控制的情况。

（4）通信给定。从变频器的通信接口端子引入外部的通信信号，进行频率给定。这种方法常用于微机控制或远程控制的情况。

扫一扫看变频器主要参数微课视频

5）频率上、下限值

通常预设的频率上限值和下限值。

6）运行状态信号

通常说明该型号变频器具有的晶体管输出回路数、继电器输出回路数、报警输出回路数及模拟（或脉冲）输出回路数等。

7）加减速时间

通常说明该参数（加/减速时间）的范围，如 0.01～3600 s，加速和减速时间可分别调整。

扫一扫看变频器复位重启功能

8）自动再启动功能

对于具有此功能的变频器，可设定自动再启动的次数。设定后，当变频器跳闸时，能自动复位、试投入运行，若故障消失则再运行。

9）转矩限制

对于具有此功能的变频器，当电动机转矩达到预设值时，此功能自动调整输出频率，防止变频器由于过电流而跳闸。可以分别设定转矩限制值，并可用触点输入信号进行选择。这一功能是由内部电流调节器完成的。

10）PID 控制

PID 控制功能通常需要设定控制信号及反馈信号的类型及设定值，如操作面板设定、串行通信接口设定（RS-485），设定频率（最高频率 100%）、反馈信号（DC 0～10 V、DC 4～20 mA）等。

11）第二台电动机设定

此功能通常说明第二台电动机设定功能的特性，如一台变频器能切换驱动 2 台电动机，能设定第二台电动机的最高频率、基本频率、额定电流、转矩提升、电子继电器等数据。第二台电动机亦有自整定功能，能单独改变其常数。

12）自动节能运行

当变频器选择自动节能运行时，如电动机轻载运行时，能按损耗最小的运行方式运行，实现最大限度的节能。

13）冷却风扇控制

具有冷却风扇控制功能的变频器可检测变频器的内部温度，温度低时，冷却风扇停止运行，以延长风扇寿命和降低噪声。

14）输出电压

根据所配电动机的额定电压选择变频器的输出电压。

15）瞬时过载能力

根据主回路半导体器件的过载能力，通用变频器的电流瞬时过载能力常常设计成 150%额定电流、1 min，或 120%额定电流、1 min。与标准异步电动机（过载能力通常为 200%左右）相比较，变频器的过载能力较小。

5. 显示功能及类型

在变频器的产品说明书中，通常提供操作面板的类型及是否有可供选择的操作面板，

如远程操作面板、高级操作员操作面板等，另外还说明如下性能：

1）运行显示模式

在运行过程中可以显示的参数，如输出频率（Hz）、输出电流（A）、输出电压（V）、设定频率、线速度、PID 设定值、PID 反馈值、电动机同步转速、通信参数等。当主电路直流电压大于 50 V 时，充电指示灯亮。

2）停止显示模式

说明通用变频器在停止输出时可以显示的内容，如显示设定值或输出值等。

3）跳闸显示模式

说明通用变频器在故障跳闸时显示的内容，常常以代码方式显示跳闸原因。例如，F0020 表示电源断相，F0023 表示电动机的一相断开，等等。

6. 环境参数

环境参数说明该变频器的使用场所（如 EMC 环境、室内，没有腐蚀性气体、可燃气体、灰尘，不受阳光直晒）、周围温度（如-10～+50 ℃）、周围湿度、海拔、震动、保存条件等。

任务拓展

1. 变频器的常见品牌

近年来，随着计算机技术、电力电子技术和控制技术的飞速发展，通用变频器在种类、性能和应用等方面都取得了很大发展，这些变频器基本上能满足现代工业控制的需要，且用户的选择范围也非常大。

目前，国内市场上流行的通用变频器多达几十种：

国产的品牌有德力西、惠丰、佳灵、华为、安邦信、汇川、风光、利德华福、明阳、森兰等。

发展于我国港澳台地区的品牌有曾传、台达、台安、正频、东元、富凌、阿尔法、时代、格利特、海利、英威腾等。

欧美国家的品牌有 Siemens（西门子）、ABB、Vacon（伟肯）、Lenze（伦茨）、Rockwell（罗克韦尔）、KEB（科比）、Schneider（施耐德）、Danfoss（丹佛斯）、Moeller（穆勒）、SIEI（西威）等。

日本的品牌有富士、三菱、三肯、安川、日立、松下、东芝、春日、明电舍、东洋等。

韩国的品牌有 LG、三星、现代等。

大体上，欧美国家的产品有性能指标高、适应环境性强的特点；日本的产品外形小巧、功能多；我国的产品功能略显简单、专用性强、操作方便、价格低。下面介绍几种常见变频器。

2. 西门子新型变频器

西门子公司的通用变频器产品包括标准通用变频器和大型通用变频器。标准通用变频器主要包括 MM4 系列标准变频器、MM3 系列标准变频器和电动机变频器一体化装置等。

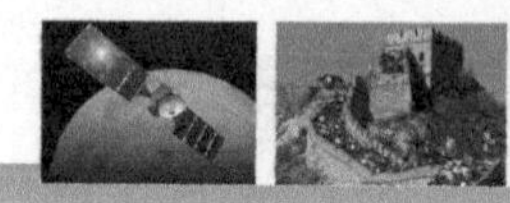

MM4 系列标准变频器包括 MM440 矢量通用变频器、MM430 节能型通用变频器、MM420 基本型通用变频器和 MM410 紧凑型通用变频器 4 个系列。

MM3 系列标准变频器包括 MMV 矢量型通用变频器、Eco 节能型通用变频器和 MM 基本型通用变频器 3 个系列。MMV 矢量型通用变频器又分为 MM Vector（MM V）和 MD Vector（MD V）两种机型。Eco 节能型通用变频器包括 MM Eco（MM Eco）和 MD Eco 两个系列，是适用于风机和水泵变频调速的经济型通用变频器。

电动机变频器一体化装置包括 CM411 和 CM3 等系列产品。MM411 变频器是在 MM420 系列通用变频器的基础上开发的新产品，适合用于防护等级要求较高的分布式传动领域。CM411 是由可集成的通用变频器 MM411 和电动机组合成的一体化变频调速装置，功率范围为 0.37～3 kW。CM3 也是由通用变频器和电动机所组成的一体化变频调速装置，功率范围为 0.12～7.5 kW。

选择西门子变频器时，应根据负载特性来选择，若负载为恒转矩负载，应选择 MM V/MD V 和 MM420/MM440 系列变频器；若负载为风机、泵类负载，则应选择 MM430/MM Eco 系列变频器。西门子标准大型通用变频器主要包括 SIMOVERTMV、SIMOVERTS、Master Drives 等系列。

西门子公司还推出两种变频调速器 G110 和 G150。其特点是单相输入且能广泛应用于诸如水泵、风机等负载，是目前最安静和最轻巧的机型。G110 单相变频器的功率覆盖了 0.12～3 kW 的范围，设计简单、成本低，是西门子 Micromaster4 系列变频器的补充部分，而不是完全替代它。G150 比现有的 Master Drives 工程型变频器使用更简单，容量范围为 75～800 kW，提供了西门子传动固有的 Profibus 接口。

3. 罗克韦尔 PowerFlex 700 交流变频器

罗克韦尔 PowerFlex 700 交流变频器使用中压功率元器件 SGCT，提高了可靠性，同时降低了导通和开关损耗，并由此推出了先进的无变压器变频方案。该产品提供了一种对电源、控制和操作界面的灵活封装，用于满足空间、灵活性和可靠性要求，并提供丰富的功能，容许用户在大多数应用中很容易地对变频器进行组态。其特点是：人机界面及调试灵活，零间隙安装，多种通信连接，组态容易，控制方式多样。

4. 普传 PI-168G 通用型系列变频器

普传产品包括 PI-97、PI-168、HPI-2000 系列，汇集通用型 G、风机水泵节能型 F、中频主轴型 H 和纺织专用型 S 等，单机最大容量为 500 kW。PI-168G 系列的输入电压包括交流 220 V、380 V、460 V、575 V、660 V、1140 V、1450 V、1700 V，以及直流电压；容许 30%的电源电压变动范围；具有完善的保护功能及故障诊断系统；转矩自动提升功能保证低频、大转矩输出；具有 RS-485 接口，通信方便。

在学习完上面知识后，请同学们分组讨论，并回答下列问题：

（1）通用变频器的容量用什么参数表示？

（2）通用变频器的输出频率精度和分辨率各有什么含义？如何计算？

（3）变频器的频率设定方法一般有哪几种？

（4）西门子 MM4 系列变频器有哪几种？

子任务4.1.2 变频器的选用

任务描述

(1) 对比恒转矩负载、恒功率负载和风机、水泵负载的变频器选择原则。

(2) 根据不同的运行场合，选择变频器的容量。

(3) 根据使用要求，选用变频器的外围设备。

任务目标

(1) 了解变频器的选择类型、选型原则及选择注意事项。

(2) 掌握恒转矩负载、恒功率负载和风机、水泵负载的工作特点。

(3) 了解变频器外围设备的选用及选择原则。

(4) 学会变频器选用的方法。

扫一扫看异步电动机的典型负载微课视频

扫一扫看异步电动机的典型负载教学课件

相关知识

在选用变频器时，一般根据负载的性质及负荷大小来确定变频器的容量和控制方式。

1. 根据负载类型选择变频器类型

变频器类型选择的基本原则是根据负载的要求进行选择，不同类型的负载，应选择不同类型的变频器。

1）恒转矩负载

恒转矩负载是指转矩大小只取决于负载的轻重，而与负载转速大小无关的负载。挤压机、搅拌机、桥式起重机、提升机和带式输送机等都属于恒转矩负载类型。

对于恒转矩负载，若是调速范围不大，并对机械特性要求不高的场合，可选用 U/f 控制方式或无反馈矢量控制方式的变频器。

若负载转矩波动较大，应考虑采用高性能的矢量控制变频器；对要求有高动态响应的负载，应选用有反馈的矢量控制变频器。

2）恒功率负载

恒功率负载是指转矩大小与转速成反比，而功率基本不变的负载。卷取类机械一般属于恒功率负载，如薄膜卷取机、造纸机械等。

对于恒功率负载，可选用通用性 U/f 控制变频器。对于动态性能和精确度要求高的卷取机械，必须采用有矢量控制功能的变频器。

3）二次方律负载

二次方律负载是指转矩与转速的二次方成正比的负载。风扇、离心风机和水泵等都属于二次方律负载。这类负载在过载能力方面要求较低，由于负载转矩与速度的二次方成正比，低速运行时负载较轻，又因为这类负载对转速精度没有什么要求，故选型时通常以价廉为主要原则，选择普通功能型通用变频器。

2. 选择变频器容量的基本原则

（1）选择通用变频器时，应以电动机的额定电流和负载特性为依据选择通用变频器的额定容量。通用变频器的额定容量通常以不同的过载能力，如 125%、持续 1 min 为标准确定额定容许输出电流，或以 150%、持续 1 min 为标准确定额定容许输出电流。通用变频器的容量多数是以千瓦数及相应的额定电流标注的，对于三相通用变频器，该千瓦数是指该通用变频器可以适配的四极三相异步电动机满载连续运行的电动机功率。一般情况下，可以据此确定需要的通用变频器的容量。

一般风机、泵类负载不宜在 15 Hz 以下运行，如果确实需要在 15 Hz 以下长期运行，应采用外置强迫风冷措施。要特别注意 50 Hz 以上高速运行的情况，若超速过多，会使负载电流迅速增大，导致设备烧毁，使用时应设定上限频率，限制最高运行频率。

对于恒转矩负载，转矩基本上与转速无关，当负载调速运行到 15 Hz 以下时，电动机的输出转矩会下降，电动机温升会增高。

在恒功率负载的设备上采用通用变频器时，应在异步电动机的额定转速、机械强度和输出转矩的选择上慎重考虑。一般尽量采用变频专业电动机或 6、8 个磁极的电动机。这样，在低转速时，电动机的输出转矩较高。

扫一扫看变频电动机微课视频

（2）通用变频器输出端容许连接的电缆长度是有限制的。当需要长电缆运行或控制几台电动机时，应采取措施抑制对地耦合电容的影响，并应放大一两挡选择变频器容量或在变频器的输出端安装输出电抗器。另外，在此种情况下变频器的控制方式只能为 *U/f* 控制方式，并且变频器无法实现对电动机的保护，需要在每台电动机上加装热继电器实现保护。

（3）对于一些特殊的应用场合，如环境温度高、海拔高于 1000 m 等，会引起通用变频器过电流，选择的变频器容量需放大一挡。

（4）通用变频器用于变极电动机时，应充分注意选择变频器的容量，使电动机的最大运行电流小于变频器的额定输出电流。另外，在运行中进行磁极转换时，应先停止电动机工作，否则会造成电动机空载加速，严重时会造成变频器损坏。

扫一扫看防爆电动机的文档

（5）通用变频器用于驱动防爆电动机时，由于变频器没有防爆性能，所以应该考虑是否能将变频器设置在危险场所之外。

（6）通用变频器用于驱动绕线转子异步电动机时，绕线转子异步电动机比普通鼠笼异步电动机绕组的阻抗小，因此容易发生由于谐波电流而引起的过电流跳闸现象，应选择比通常容量稍大的变频器。

（7）通用变频器用于压缩机、振动机等转矩波动大的负载及油压泵等有功率峰值的负载时，有时按照电动机的额定电流选择变频器，可能发生因峰值电流使过电流保护动作的情况，因此，应选择比其工频运行下的最大电流更大的运行电流作为选择变频器容量的依据。

扫一扫看潜水泵的微课视频

（8）通用变频器用于驱动潜水泵电动机时，因为潜水泵电动机的额定电流比通常电动机的额定电流大，所以选择变频器时，其额定电流要大于潜水泵电动机的额定电流，

（9）通用变频器不适用于驱动单相异步电动机，当通用变频器作为变频电源时，应在

变频器输出侧加装特殊制作的隔离变压器。因为当普通变压器工作在高于 50 Hz 及波形失真的情况下时，其铁芯损耗和涡流损耗会大大增加，温度会大幅提高，使其发热严重。

（10）选择的通用变频器的防护等级要符合现场环境情况，否则现场环境会影响变频器的运行。

3. 变频器容量的计算

1）按标称功率选择变频器容量

变频器的产品说明书都提供了标称功率数据，但实际上限制变频器使用功率的是定子电流参数。因此，直接按照变频器标称功率选择变频器在实践中可能行不通。根据具体工程的情况，可以有几种不同的选择方式。

在一般情况下，按照标称功率选择变频器只适合作为初步估算依据，在恒转矩负载应用时可以放大一挡估算，例如，90 kW 电动机可以选择 110 kW 变频器。在需要按照过载能力选择时可以放大一倍来估算，例如，90 kW 电动机可以选择 185 kW 变频器。

对于二次方转矩负载，可以直接将标称功率作为最终选择依据，并且不必放大，例如，75 kW 风机电动机就选择 75 kW 的变频器。

2）按电动机额定电流选择变频器容量

对于多数恒转矩负载，可以按照下面这个方式选择变频器的规格参数值：

$$I_{CN} \geqslant K_1 I_M \tag{4-3}$$

式中，I_{CN} 为变频器的额定电流；I_M 为电动机的额定电流；K_1 为电流裕量系数，一般可取为 1.05～1.15。

☆**注意：** K_1 在一般情况下可取小值，在电动机持续负载率超过 80%时，则应该取大值，因为多数变频器的额定电流都是以持续负载率不超过 80%来确定的。另外，启动、停止频繁的时候也应该取大值，这是因为启动过程及有制动电路的停止过程，电流会超过额定电流，频繁启动、停止相当于增大了负载率。

3）按电动机实际运行电流选择变频器容量

这种方式特别适用于技术改造工程，计算公式为

$$I_{CN} \geqslant K_2 I_d \tag{4-4}$$

式中，K_2 为裕量系数，考虑到测量误差，可取 1.1～1.2，在频繁启动、停止时应该取大值；I_d 为电动机实测运行电流，指的是稳态运行电流，不包括启动、停止和负载突变时的动态电流，实测时应该针对不同工况做多次测量，取其中最大值。

☆**注意：** 按照式（4-4）计算时，变频器的标称功率可能小于电动机的额定功率。由于减小变频器容量不仅会降低变频器稳定运行时的功率，也会减小变频器的最大过载转矩，减小太多时可能导致变频器启动困难，所以按照式（4-4）计算后，进行实际变频器选择时，恒转矩负载的变频器标称功率不应小于电动机额定功率的 80%，二次方率负载的变频器标称功率不应小于电动机额定功率的 65%。如果应用时对启动时间有要求，则通常不应该降低变频器功率。

4）多台电动机并联启动且部分直接启动时变频器容量的选择

在这种情况下，所有电动机由变频器供电且同时启动，但一部分功率较小的电动机（一般小于 7.5 kW）直接启动，功率较大的电动机则使用变频器实行软启动。此时，变频器的额定输出电流按下式计算：

$$I_{CN} \geqslant [N_2 I_K + (N_1 - N_2) I_n]/K_g \tag{4-5}$$

式中，N_1 为电动机总台数；N_2 为直接启动的电动机台数；I_K 为电动机直接启动时的堵转电流，单位是 A；I_n 为最大额定电流，单位是 A；K_g 为变频器容许过载倍数（取 1.3～1.5）。

5）并联运行中追加投入启动时变频器容量的选择

用一台变频器驱动多台电动机并联运转时，对于一小部分电动机开始启动后，再追加投入其他电动机启动的场合，如图 4-1 所示。

此时，变频器的电压、频率已经上升，追加投入的电动机将产生较大的启动电流。因此，变频器容量与同时启动时相比需要增大一些。变频器额定输出电流可按下式计算：

$$I_{CN} = \sum_{i=1}^{N_1} K I_{Hi} + \sum_{j=1}^{N_2} K I_{Sj} \tag{4-6}$$

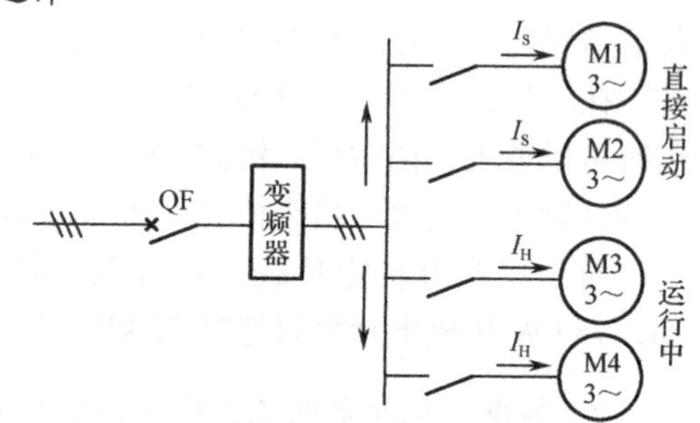

图 4-1　并联运行时追加投入电动机

式中，N_1 为先启动的电动机台数；N_2 为追加投入启动的电动机台数；I_{Hi} 为先启动的电动机的额定电流，单位是 A；I_{Sj} 为追加投入电动机启动的额定电流，单位是 A；K 为修正系数（取 1.05～1.10）。

任务实施

（1）某台 110 kW 电动机的额定电流为 212 A，取电流裕量系数为 1.05，按电动机额定电流选择变频器容量。

解：按式（4-3）计算可得变频器的额定电流应不小于 222.6 A，可选择某型号 110 kW 变频器，其额定电流为 224 A。

在本例中，在变频器上设定电动机的额定电流时应该是 212 A，而不是 222.6 A。

在多数情况下，按照式（4-3）计算的结果，变频器功率与电动机功率是匹配的，不需要放大，因此在选择变频器时盲目把功率放大一挡是不可取的，这样会造成不必要的浪费。

（2）某风机电动机额定功率为 160 kW，额定电流为 289 A，实测稳定运行电流在 112～148 A 之间变化，启动时间没有特殊要求。取 I_d=148 A，K_2=1.1，按电动机实际运行电流选择变频器的容量。

解：按式（4-4）计算，变频器额定电流应不小于 162.8 A，可选择某型号的 90 kW 变频器，额定电流为 180 A。但 90/160=56.25%，与二次方转矩负载的变频器标称功率不应小于电动机额定功率的 65%不符。因此，实际选择该型号 110 kW 变频器，110/160=68.75%，符合要求。

当选择的变频器功率小于电动机额定功率时，不能按照电动机额定电流进行保护，这时可不更改变频器内的电动机额定电流，直接使用默认值，变频器将会把电动机当作标称功率电动机进行保护。在本例中，变频器会把那台电动机当作 110 kW 电动机来保护。

任务拓展

1. 控制离心泵时变频器容量的选择

对于控制离心泵的变频器，可用下式确定变频器的容量：

$$P_{CN} = K_1(P_1 - K_2Q\Delta H) \tag{4-7}$$

式中，P_{CN} 为变频器测算容量，单位是 kVA；K_1 为考虑电动机和泵调速后的效率变化系数，一般取 1.1～1.2；P_1 为节流运行时电动机实测功率，单位是 kW；K_2 为换算系数，K_2=0.278；ΔH 为泵出口压力与干线压力之差，单位是 MPa；Q 为泵的实测流量，单位是 m^3/h。

对于控制离心泵的变频器，也可用下式确定变频器的容量：

$$P_{CN} = K_1P_1(1-\Delta H/H) \tag{4-8}$$

式中，P_{CN} 为变频器测算容量，单位是 kVA；K_1 为考虑电动机和泵调速后的效率变化系数，一般取 1.1～1.2；P_1 为节流运行时电动机实测功率，单位是 kW；ΔH 为泵出口压力与干线压力之差，单位是 MPa；H 为泵出口压力，单位是 MPa。

对于往复泵，由于它的多余能量消耗在打回流上，它的输出压力不变，所以可用下列公式确定变频器容量：

$$P_{CN} = K_1(P_1 - K_2\Delta QH) \tag{4-9}$$

或者

$$P_{CN} = K_1(P_1 - \Delta Q/Q) \tag{4-10}$$

式中，ΔQ 为泵打回流时的回流量，单位是 m^3/h，其他参数同式（4-7）和式（4-8）中。

按上述公式计算出变频器的容量后，若计算值在变频器两容量之间，应向大一挡容量选择，以确保变频器的安全运行。

2. 变频器的选用实例

已知 6SH-6 型泵的测试结果为：配套电动机 55 kW、额定电流 103 A，泵扬程为 89 m，额定流量为 168 m^3/h，P_1 为 51.1 kW，Q 为 164.0 m^3/h，ΔH 为 0.57 MPa，求适用变频器的容量。

将上述参数代入式（4-7），可得：

$$P_{CN} = K_1(P_1 - K_2Q\Delta H) = 1.1\times(51.1-0.278\times164.0\times0.57) \approx 27.62\text{（kW）}$$

则变频器应选容量为 27.62 kW。考虑到变频器的可选容量，选用 30 kW 的变频器。

在学习完上述知识后，请同学们分组合作并进行讨论，再完成以下问题：

（1）通用变频器容量选择的原则有哪些？

（2）某加热炉鼓风机的性能数据：额定功率为 55 kW，转速为 1480 r/min，额定电流为 102.5 A，工频运行时的实际工作电流为 96 A，K_2=1.1。试选择合适的变频器容量。

[illegible] 110 kW [illegible]

任务实施

1．控制离心泵时变频器容量的选择

对于离心泵 [illegible]

$$[illegible] \quad (4-7)$$

[illegible]

$$[illegible] \quad (4-8)$$

[illegible]

$$[illegible] \quad (4-9)$$

或者

$$[illegible] \quad (4-10)$$

式中，ΔQ [illegible]

[illegible]

2．变频器的选用实例

[illegible] 6SH 6 [illegible] 105 A [illegible] 80 m [illegible] 108 m³/h [illegible] 51.1 kW [illegible] 104.0 m³/h [illegible] ΔH 为 0.57 MPa [illegible]

将上述参数代入式（4-7）中得

$$P_{CN} = K(P_1 - K_Q Q\Delta H) = 1.1\times(51.1 - 0.278\times104.0\times0.57) \approx 23.62(\text{kW})$$

则变频器的容量为 23.62 kW [illegible] 30 kW 的变频器。

[illegible]

（1）通用变频器容量选择的原则有哪些？

（2）某台 [illegible] 55 kW [illegible] 1480 r/min [illegible] 102.5 A [illegible] 96 A [illegible] 的变频器容量。

任务测验10

一、选择题

1．卷扬机负载转矩属于（　　）。

A．恒转矩负载　　B．恒功率负载

C．二次方律负载　　D．以上都不是

2．风机、泵类负载属于（　　）。

A．恒转矩负载　　B．恒功率负载

C．二次方律负载　　D．以上都不是

3．空气压缩机属于（　　）负载。

A．恒转矩　　B．恒功率

C．二次方律　　D．以上都不是

4．变频器的额定容量为在连续不变的负载中容许配用的最大负载容量，只容许 150% 负载时运行（　　）。

A．1 s　　B．1 min　　C．10 min　　D．1 h

5．下面属于国内变频器品牌的是（　　）。

A．佳灵　　B．安川　　C．富士　　D．三菱

6．以下型号的变频器中不是西门子公司产品的是（　　）。

A．MM440　　B．ACS800　　C．6SE70　　D．G150

7．在空气压缩机的控制中，变频器一般采用（　　）控制方式。

A．*U*/*f*　　B．转差频率　　C．矢量　　D．直接转矩

二、填空题

1．变频器输入侧的额定值主要是 ________和 ________。

2．变频器输出侧的额定值主要是输出 ________、________、________、配用电动机容量和超载能力。

3．变频器的频率指标有频率________、频率 ________、频率 ________。

4．变频器输出容量的公式是：______________。

5．变频器的额定容量为在连续不变的负载中容许配用的最大负载容量。只容许 150% 负载时运行________。

任务4.2　变频器的安装及其外围设备的选择

子任务4.2.1　变频器的安装

任务描述

对照变频器的工艺及布线原则，优化任务3.3控制电路的安装（或自行对某一简单变频器系统进行控制电路的安装），并点评分析安装工艺。

任务目标

（1）掌握变频器的安装方法。
（2）掌握变频器的布线原则。
（3）掌握电源与电动机的连接方法。
（4）会按照安装工艺和布线原则进行简单变频器系统的电气安装。

相关知识

扫一扫看变频器的安装使用环境微课视频

1. 变频器的使用环境要求

变频器最好安装在室内，避免阳光直接照射。安装在室外时，则要加装防雨水、防冰雹、防雾、防高温、防低温的装置。在寒冷地区的室外安装变频器时，一定要考虑冬天的加热装置，若变频器是断续运行的，应该用恒温装置保持环境为恒温；若变频器是长期运行的，则恒温装置应待机运行。在南方比较潮湿的地区使用变频器，必要时需要加装除湿器。在野外运行的变频器还要加设避雷器，以免遭雷击。在不加装控制柜时，要求变频器安装在牢固的墙壁上，墙面材料应为钢板或其他非易燃的坚固材料，安装的墙壁应不受震动。

1）安装设置场所的要求

（1）结构房或电气室应湿气少、无水浸。
（2）无爆炸性、燃烧性或腐蚀性气体和液体，粉尘少。
（3）变频装置应容易被搬入后进行安装，并有足够的空间便于后期维修检查。
（4）应备有通风口或换气装置，以排出变频器产生的热量。
（5）应有变频器产生的高次谐波干扰和无线电干扰的分离装置。
（6）若安装在室外，须单独按照户外配电装置进行设置。

2）周围温度条件

变频器的周围温度是指变频器端面附近的温度，运行中周围温度的容许值多为0～40 ℃或-10～+50 ℃，避免阳光直射。

（1）安装环境的上限温度。使用单元型变频器安装柜时，要注意变频器柜体的通风性。变频器运行时，安装柜内的温度将比周围环境温度高出10 ℃左右，所以上限温度多定为50 ℃。当全封闭结构、上限温度为40 ℃的壁挂型变频器被装入安装柜使用时，为了减少温升，可以装设厂家选用件，如装设通风板，或者取掉单元外罩等。

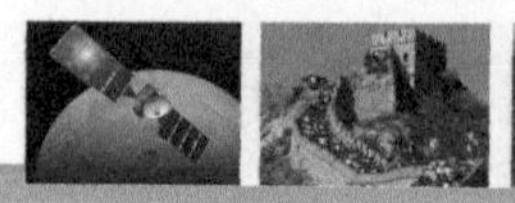

（2）安装环境的下限温度。在不发生冻结的前提条件下，变频器周围温度的下限多为0 ℃或-10 ℃。

3）周围湿度条件

变频器要注意防止水或水蒸气直接进入变频器内，以免引起漏电，甚至打火、击穿。周围湿度过高时，会使电气绝缘降低，金属部分腐蚀，因此，周围相对湿度的推荐值为40%～80%。另外，变频器柜安装平面应高出水平地面 800 mm 以上。如果受安装场所的限制，变频器不得已安装在湿度高的场所，变频器的柜体应尽量采用密封结构。为防止变频器停止运行时结露，有时需加对流加热器。

4）周围气体条件

在室内安装变频器时，其周围不应有腐蚀性、易燃、易爆的气体及粉尘和油雾。如有腐蚀性气体，很容易使金属部分产生锈蚀，影响变频器的长期运行。有易燃、易爆的气体时，会由于开关、继电器等在电流通断过程中产生电火花而引燃、引爆气体，发生事故。另外，还要选择粉尘和油雾少的设置场所，以保证变频器的安全运行。如果变频器周围存在粉尘和油雾，这些物质在变频器内附着、堆积将导致其绝缘降低。对于强迫风冷的变频器，过滤器堵塞将引起变频器内温度异常上升，致使变频器不能稳定运行。

5）海拔条件

变频器的安装场所一般在海拔 1000 m 以下。对于进口变频器，一般绝缘耐压以海拔1000 m 为基准，在 1500 m 降低 5%，在 3000 m 降低 20%。另外，海拔越高时，冷却效果下降越多，因此必须注意温升。

6）耐震性条件

变频器的耐震性因机种的不同而不同，震动超过变频器的容许值时，将产生部件紧固部分松动，以及继电器和接触器等的可动部分的器件误动作，这往往导致变频器不能稳定运行。因此，设置场所的震动加速度多被限制在（0.3～0.6）g 以下（震动强度不大于5.9 m/s^2）。另外，在有震动的场所安装变频器，必须定期进行检查和加固。

2. 变频器的安装方式及空间和方向要求

扫一扫看变频器的安装使用环境教学课件

1）变频器的安装方式

变频器的效率一般为 97%～98%，也就是说有 2%～3%的电能转变为热能。变频器在工作时，其散热片的温度可达 90 ℃，故安装底板与背面必须为耐热材料，还要保证不会有杂物进入变频器，以免造成短路或更大的故障。变频器可安装在开放的控制板上，也可以安装在控制柜内。变频器常用的安装方式如图 4-2 所示。

2）空间和方向要求

（1）控制板安装。若将变频器安装在控制板上时，要注意变频器与周围物体有一定的空隙，以便能良好地散热。当变频器安装在有通风扇的控制柜内时，要注意安装位置，应能使对流的空气通过变频器，以带走工作时散发的热量。

特别注意，对于非水冷却的变频器，在安装空间上，要保证变频器与周围墙壁留有15 cm 的距离，有通畅的气流通道，如图 4-3 所示。

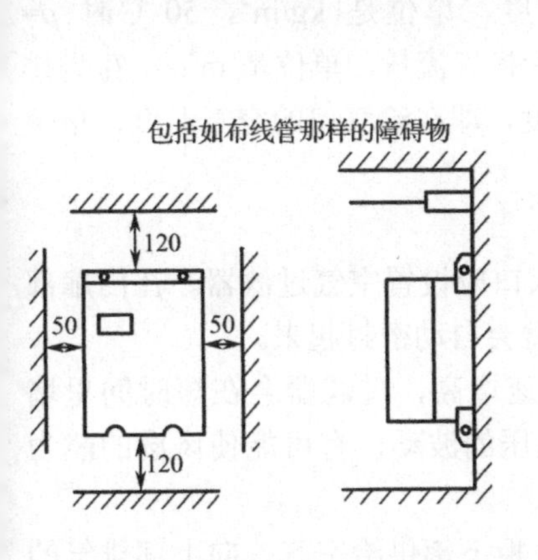

(a) 横排式（单位：mm）

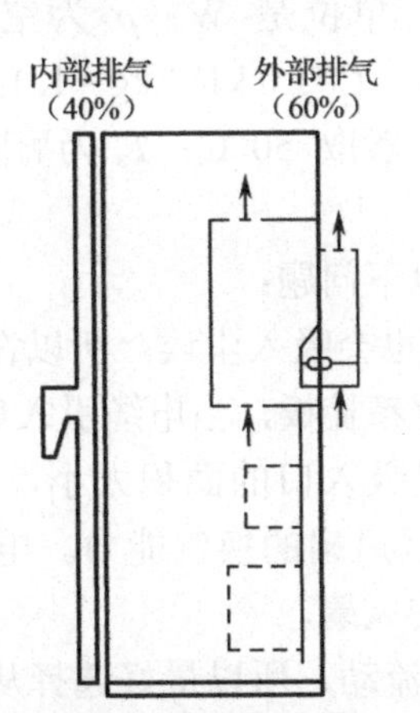

(b) 变频器散热片露在盘外冷却安装

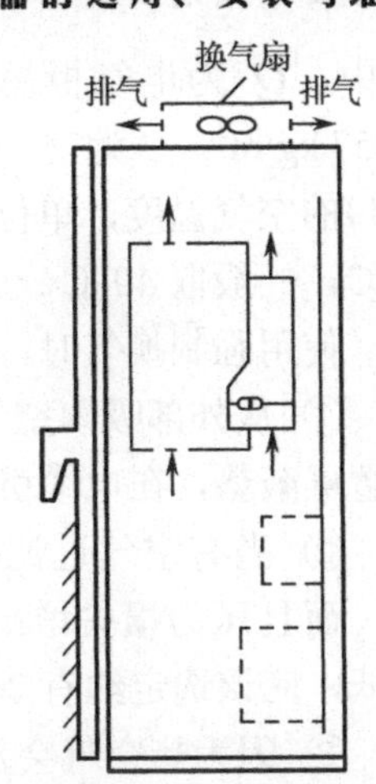

(c) 变频器散热片露在盘内冷却安装

图 4-2　变频器常用的安装方式

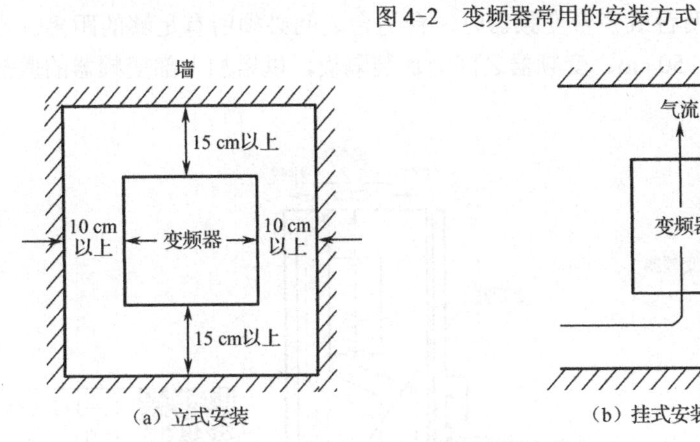

(a) 立式安装

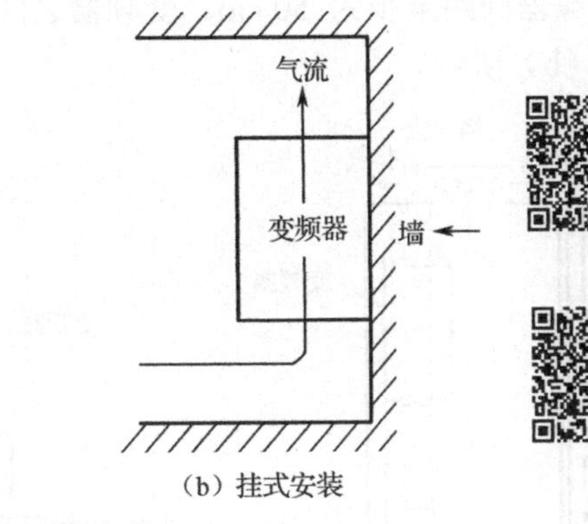

(b) 挂式安装

扫一扫看变频器的发热与散热微课视频

扫一扫看变频器的发热与散热教学课件

图 4-3　非水冷却变频器的安装

（2）柜式安装。若将变频器安装于电气柜内时，应注意散热问题。变频器的最高容许温度为 T_i=50 ℃，如果安装柜的周围温度 T_a=40 ℃（max），则必须使柜内温升在 T_i–T_a=10 ℃以下。

散热问题有以下两种情况：

① 电气柜不采用强制换气，变频器发出的热量经过电气柜内部的空气，由柜表面自然散热，这时散热所需要的电气柜有效表面积 A 用下式计算。

$$A = \frac{Q}{h(T_s - T_a)} \tag{4-11}$$

式中，Q 为电气柜总发热量，单位是 W；h 为传热系数（散热系数）；A 为电气柜有效散热面积，去掉了靠近地面、墙壁及其他影响散热的面积，单位是 m^2；T_s 为电气柜的表面温度，单位是℃；T_a 为周围温度，单位是℃，一般最高时为 40 ℃。

② 设置换气扇，采用强制换气时，散热效果更好，是盘面自然对流散热无法达到的。换气流量 P 可用下式计算，该式也可用于计算风扇容量。

$$P = \frac{Q \times 10^{-3}}{\rho C(T_0 - T_a)} \tag{4-12}$$

式中，Q 为电气柜总发热量，单位是 W；ρ 为空气密度，单位是 kg/m^3，50 ℃时 ρ=1.057 kg/m^3；C 为空气的比热容，C=1.0 kJ/（kg • K）；P 为换气流量，单位是 m^3/s；T_0 为排气口的空气温度，单位是℃，一般取 50 ℃；T_a 为周围温度，即在给气口的空气温度，单位是℃，一般取 40 ℃。

使用强制换气时，应注意以下问题：

① 从外部吸入空气的同时也会吸入尘埃，所以在吸入口应设置空气过滤器。在门扉部设置屏蔽垫，在电缆引入口设置精梳板，当电缆引入后，就会自动密封起来。

② 当有空气过滤时，如果吸入口的面积太小，则风速增高，过滤器会在短时间里堵塞，而且压力损失增高，会降低风扇的换气能力。电源电压的波动，有可能使风扇的能力降低，应该选定约有 20%余量的风扇。

③ 因为热空气会从下往上流动，所以最好选择从电气柜下部供给空气、向上部排气的结构，如图 4-4（a）所示。

④ 当需要在邻近并排安装两台或多台变频器时，台与台之间必须留有足够的距离。当竖排安装时，变频器间距至少为 50 cm，变频器之间应加装隔板，以增加上部变频器的散热效果，如图 4-4（b）所示。

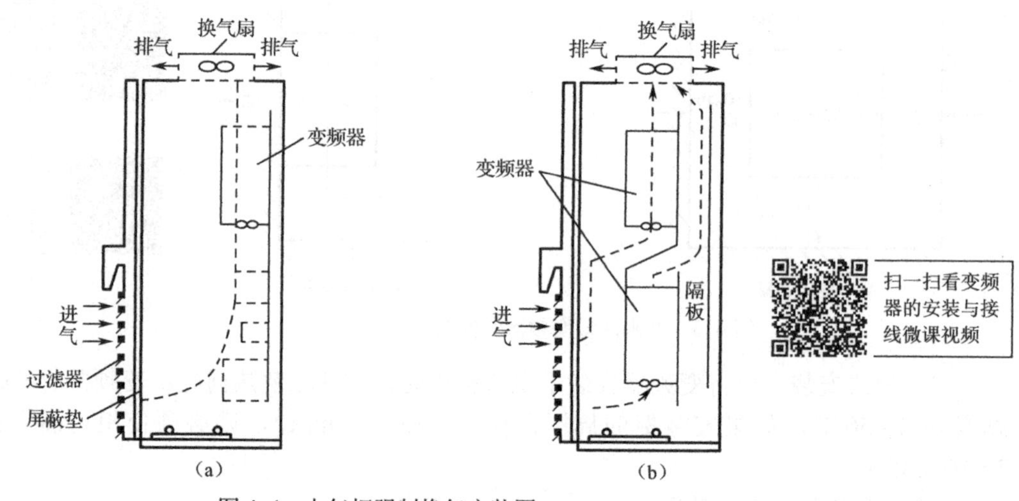

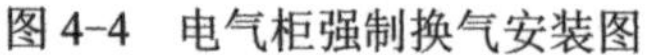
图 4-4　电气柜强制换气安装图

☆注意：不论采用哪种安装方式，在安装变频器时，一定要将变频器垂直安装，不要卧式、侧式安装，如图 4-5 所示。

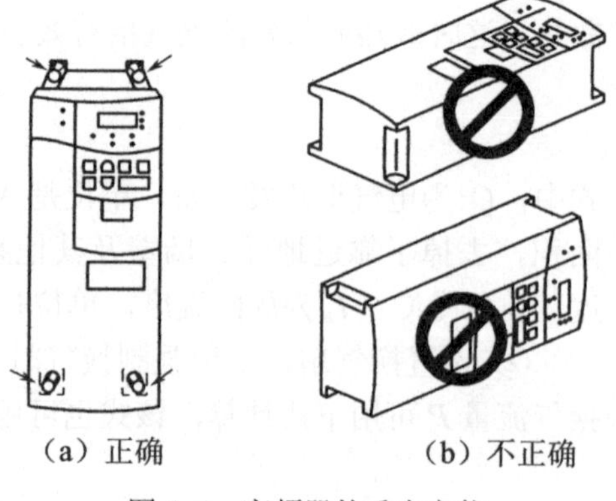

图 4-5　变频器的垂直安装

3. 变频器的接线

1）变频器与电动机的距离

在使用现场，变频器与电动机的安装距离可以分为 3 种情况：100 m 以上为远距离；20～100 m 为中距离；20 m 以内为近距离。

变频器在运行中，其输出端电压波形中含有大量谐波成分，这些谐波将产生极大的副作

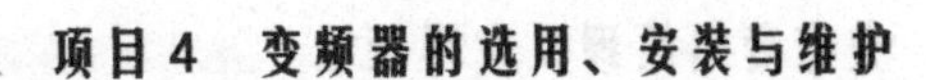

用，影响变频器系统的性能。变频器的安装位置及变频器与电动机的连接距离恰当，可减小其高次谐波的影响。远距离的连接会在电动机的绕组两端产生浪涌电压，叠加的浪涌电压会使电动机绕组的电流增大，电动机的温度升高，绕组绝缘被损坏。因此，希望变频器尽量安装在被控电动机的附近，但在实际生产现场，变频器和电动机之间总会有一定的距离，如果变频器和电动机之间的距离在 20～100 m，需要调整变频器的载波频率来减少谐波和干扰。当变频器和电动机之间的连接距离在 100 m 以上时，不但要适度降低载波频率，还要加装浪涌电压抑制器或输出用交流电抗器。

2）变频器主电路接线

（1）一般型号的变频器主电路接线。

① 在电源和变频器的输入侧应安装一个接地漏电保护开关，它对变频电流比较敏感，还需要加装一个断路器和交流电磁接触器。断路器本身带有过电流保护功能，并且能自动复位，在故障条件下可以用手动来操作。交流电磁接触器由触点输入控制，可以连接变频器的故障输出和电动机过热保护继电器的输出，从而在故障时使整个系统从输入侧切断电源，实现及时保护。如果交流电磁接触器和漏电保护开关同时出现故障，断路器能提供可靠的保护。

扫一扫看热继电器微课视频

② 变频器和电动机之间应加装热继电器，用变频器驱动大功率电动机时尤为需要。变频器内部虽带有热保护功能，但可能还不够保护外部电动机。用户选择变频器的容量往往大于电动机的额定容量，当用户设定的额定值不佳时，变频器在电动机烧毁之前可能还没有来得及动作；或者变频器保护失灵时，电动机就需要外部热继电器提供保护。尤其是在驱动一些旧电动机时，还需要考虑生锈、老化带来的负载能力降低等问题。综合这些因素，外部热继电器可以很直观、便捷地设定保护值，特别是在有多台电动机运行或有工频/变频切换的系统中，热继电器的保护更加必要。

③ 变频器与电动机之间连接线太长时，高次谐波的作用会使热继电器误动作。因此，要在变频器和电动机之间安装交流电抗器或用电流传感器配合继电器作热保护而代替热继电器。

④ 为了增强传动系统的可靠性，保护措施的设计原则一般是多重冗余，单一的保护设计虽然可以节省资金，但会降低系统的整体安全性。

（2）主电路各端子的具体连接。

① 主电路电源输入端（L1/R、L2/S、L3/T）通过线路保护用断路器和交流电磁接触器连接到三相电源上，无须考虑连接相序。变频器保护功能动作时，接触器的主触点断开，从而及时切断电源，防止故障扩大。不能采用主电路电源的开/关方式来控制变频器的运行和停止，而应使用变频器本身的控制键来控制。还需要注意变频器的电源三相与单相的区别，不能接错。

② 变频器输出端子应按正确相序连接到三相异步电动机，如果电动机旋转方向不对时，则应交换 U、V、W 中任意两相接线。变频器的输出侧一般不能安装电磁接触器，若必须安装，则严禁变频器在运行中切换输出侧的电磁接触器，要切换接触器必须等到变频器停止输出后才可以。变频器的输出侧不能连接电力电容器、浪涌抑制器和无线电噪声滤波器，这将导致变频器故障或电容器和浪涌抑制器的损坏。驱动较大功率电动机时，在变频

器输出端与电动机之间要加装热继电器。主电路基本接线如图 4-6 所示。

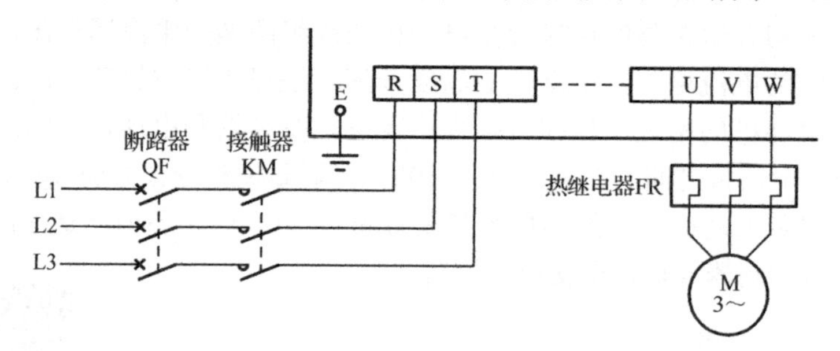

图 4-6　主电路基本接线

③ 变频器和电动机之间的连线过长时，线间分布电容会产生较大的高频电流，从而引起变频器过电流故障。因此，4 kW 以下的，电动机连线不要超过 50 m；5.5 kW 以上的，不要超过 100 m。如果连线必须很长，可使用外选件输出电路滤波器（OFL 滤波器）。

④ 直流电抗器连接端子[P1、P（+）]。这是为改善功率因数而设的直流电抗器（选件）的连接端子，出厂时端子上连接有短路导体。使用直流电抗器时，先取掉此短路导体；不使用直流电抗器时，让短路导体接在直流电抗器上（西门子 MM440 变频器中是 DC/R+、B+/DC+两个端子）。

⑤ 外部制动电阻连接端子[P（+）、DB]。不同品牌的变频器，外部制动电阻的连接端子有所不同。西门子 MM440 变频器的外部制动电阻的连接端子为 B+/DC+和 B−，要求制动电阻必须垂直安装并紧固在隔热的面板上。

⑥ 变频器接地端子（G）。为了安全和减少噪声，变频器的接地端子 G（或 PE）必须可靠接地。接地线要短而粗，变频器系统应连接专用接地极。

3）变频器控制电路接线

控制信号分为模拟量信号、频率脉冲信号和数字量信号三大类。对应的模拟量控制主要包括输入侧的给定信号和反馈信号，输出侧的频率信号和电流信号。数字量信号控制线有启动、点动、多挡转速控制等控制线。与主电路接线不同，控制线的选择和配置要增加抗干扰措施。

控制端的接线应注意以下问题：

（1）电线的种类。在一般情况下，控制信号的传送采用聚氯乙烯电线、聚氯乙烯护套屏蔽电线。

（2）电缆的截面。控制电缆导体的截面必须考虑机械强度、线路压降及铺设费用等因素。推荐使用导体截面面积为 1.25 mm^2 或 2 mm^2 的电缆。当铺设距离短，线路压降在容许值以下时，使用 0.75 mm^2 的电缆较为经济。

（3）电缆的分离。变频器的控制电缆与主回路电缆或其他电力电缆分开铺设，且尽量远离主电路 100 mm 以上；尽量不和主电路电缆交叉，必须交叉时，应采取垂直交叉的方式。

（4）电缆的屏蔽。当电缆不能分离或者即使分离也不会有抗干扰效果时，必须进行有效屏蔽。电缆的屏蔽可利用已接地的金属管或金属通道和带屏蔽的电缆。屏蔽层靠近变频器的一端，应接控制电路的公共端（COM），而不要接到变频器的地端（E）或大地，屏蔽层的另一端悬空，如图 4-7 所示。

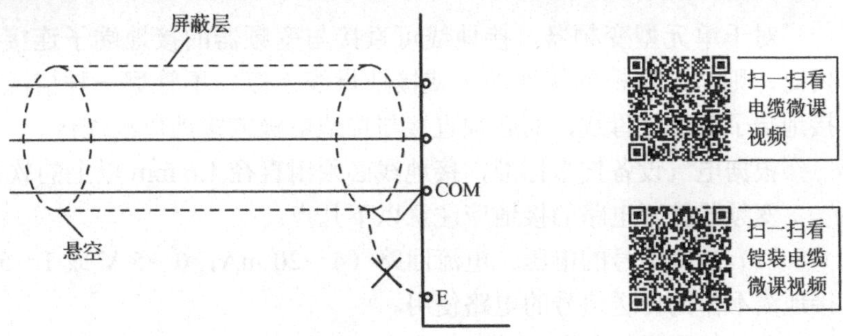

扫一扫看电缆微课视频

扫一扫看铠装电缆微课视频

图 4-7　屏蔽线的接法

（5）绞合电缆。控制信号的电压、电流回路（4～20 mA，0～5 V 或 1～5 V）应使用电缆。长距离的控制回路电缆应采用绞合电缆，且应是屏蔽的铠装电缆，绞合电缆的绞合间距应尽可能小。

（6）铺设路线。为减少电磁感应干扰，路线铺设应尽可能得短，特别是与频率表端子连接的电缆长度应在 200 m 以下（也可根据说明书等确定）。铺设距离越长，频率表的指示误差越大。另外，大容量变压器和电动机的漏磁通会对控制电缆直接感应，产生干扰，电缆线路要尽量远离这些设备。同时，控制信号的电压、电流回路使用的电缆，不要接近装有很多断路器和继电器的控制柜。

（7）大电感线圈的浪涌电压吸收电路。接触器、继电器的线圈及其他各类电磁铁的线圈都具有很大的电感，导致接触器、继电器的线圈在与变频器的控制端子连接时，在接通和断开的瞬间，由于电流的突变会产生很高的感应电动势，因而电路中会形成峰值很高的浪涌电压，导致系统内部的保护电路误动作。在电感线圈的两端，必须接入浪涌电压吸收电路。在大多数情况下，在直流电路的电感线圈中可采用阻容吸收电路，也可以只用一个二极管，如图 4-8 所示。

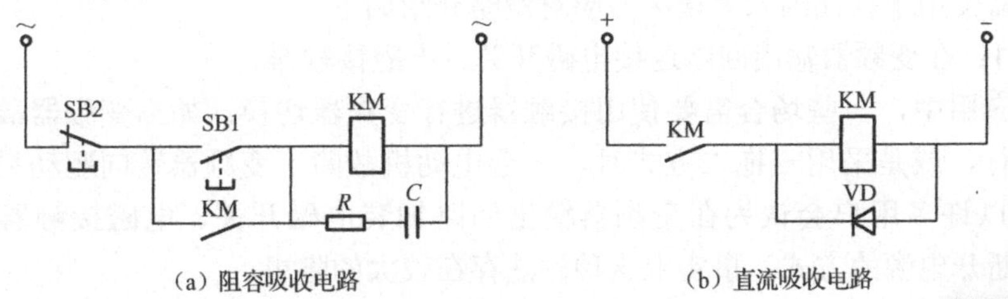

（a）阻容吸收电路　　（b）直流吸收电路

图 4-8　浪涌电压吸收电路

扫一扫看接地微课视频

4. 变频器的接地

变频器系统接地的主要目的是防止漏电及干扰的侵入或对外辐射。回路必须按电气设备技术标准和规定接地，采用实用牢固的接地桩。变频器的接地方式如图 4-9 所示，其中图（a）所示的方式最好；图（b）所示的方式中，其他机器的接地线未连接到变频器上，可以采用；图（c）所示方式则不可采用。

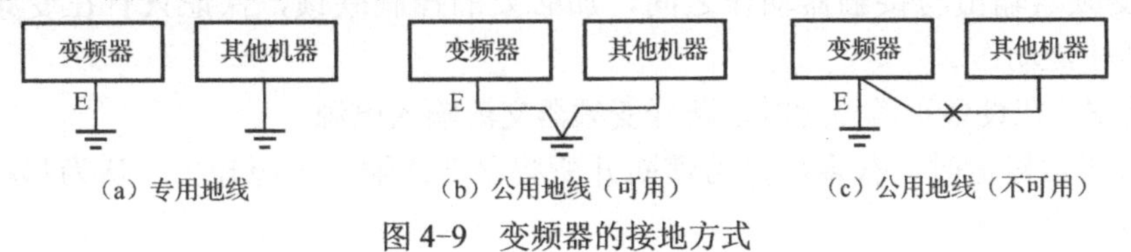

（a）专用地线　　（b）公用地线（可用）　　（c）公用地线（不可用）

图 4-9　变频器的接地方式

对于单元型变频器，接地线可直接与变频器的接地端子连接；当变频器安装在配电柜内时，则与配电柜的接地端子或接地母线连接。不管哪一种情况，都不能经过其他装置的接地端子或接地母线，而必须直接与接地电极或接地母线连接。

根据电气设备技术标准，接地线必须用直径 1.6 mm 以上的软铜线。

变频器控制电路的接地应注意以下几点：

（1）控制信号的电压、电流回路（4～20 mA，0～5 V 或 1～5 V）的电线取一点接地，接地线不作为传送信号的电路使用。

（2）使用屏蔽电线时要使用绝缘屏蔽电线，以免屏蔽金属与被接地的通道金属管接触。

（3）电路的接地在变频器侧进行，应使用专设的接地端子，不与其他的接地端共用。

（4）屏蔽电线的屏蔽层应与电线导体长度相同，电线在箱子里进行中继时，应装设屏蔽端子，并互相连接。

任务实施

（1）收集整理变频器安装、布线的相关案例，并围绕以下问题展开讨论。

① 变频器的安装环境需要考虑哪些因素？

② 简要描述变频器的安装有哪些要求。

③ 对变频器进行电气安装时，电源和电动机的接线有哪些注意事项？

（2）对照变频器的安装工艺及布线原则，安装任务 3.3.2 中消防排风控制系统电气控制线路（或其他简单变频器系统的），小组间相互分析并点评安装工艺。

任务拓展

对变频器使用中存在的六大误区与应对策略介绍如下。

※误区 1：在变频器输出回路连接电磁开关、电磁接触器。

在实际应用中，一些场合需要使用接触器进行变频器切换：如当变频器故障时切换到工频状态运行，或是采用一拖二方式时，一台电动机故障，变频器转向驱动另一台电动机等情况。所以许多用户会认为在变频器输出回路加装电磁开关、电磁接触器是标准的配置，是安全断开电源的方式，事实上这种做法存在较大的隐患。

【存在弊端】在变频器还在运行的时候，接触器先行断开，突然中断负载，浪涌电流会使过电流保护动作，会给整流逆变主电路产生一定的冲击。严重的，甚至会使变频器输出模块的 IGBT 造成损坏。同时，在带感性电动机负载时，感性磁场能量无法快速释放，将产生高电压，损伤电动机和连接电缆的绝缘。

【应对策略】将变频器输出侧直接与电动机电缆相连接，正常启动/停止电动机可以通过触发变频器控制端子来实现，达到软启/软停的效果。若必须在变频器输出侧使用接触器，则必须在变频器输出与接触器动作之间，加必要的控制联锁，保证只有在变频器无输出时，接触器才能动作。

※误区 2：在设备正常停运时，断开变频器交流输入电源。

在设备正常停运时，很多用户习惯断开变频器交流输入电源开关，认为那样更安全，也可以节能。

【存在弊端】此种做法，表面上似乎可以起到保护变频器不受电源故障冲击的作用。实际上，变频器长时间不带电，加上现场环境湿度影响，会造成内部电路板受潮而发生缓慢氧化、逐渐出现短路现象。这就是在变频器断电停运一段时间后，再次送电时会频繁报软故障的原因。

【应对策略】除设备检修外，应使变频器长时间处于带电状态。除此之外，还应开启变频控制柜的上下风扇、在柜内放置干燥剂或安装自动温湿度控制加热器，保持通风和环境干燥。

※误区3：露天或粉尘环境下安装的变频器控制柜采用密封型式。

在部分厂矿、地下室、露天安装使用的变频器控制柜，会经受如高温、粉尘、潮湿等恶劣环境的严酷考验。为此，很多用户会选用密封型式的控制柜。这样虽然在一定程度上可以起到防雨、防尘的效果，但同时也带来了变频器散热不良的问题。

【存在弊端】控制柜密封严实会使得变频器因通风散热能力不足而引起内部元器件过热，热敏元件保护动作，造成故障跳闸，设备被迫停运。

【应对策略】在变频器控制柜上部加装透气的防雨罩，且带有防尘滤网，同时作为排气口；下部也同样开槽安装带滤网的风扇，作为进气口；可以形成空气流通，同时过滤环境里的粉尘。冷却空气流通方向：从底部流向顶部。变频器之间的横向安装距离应不小于5 mm，进入变频器的冷却空气温度不能超过 40 ℃。如果环境温度长时间在 40 ℃以上，则需考虑将变频器安装在带空调的小室内。在控制柜中，变频器一般应安装在柜体上部，绝对不容许把发热元件或易发热的元件紧靠变频器的底部安装。

※误区4：为提高电压品质，在变频器输出端并联功率因数补偿电容器。

部分企业由于用电容量限制，电压品质得不到保障，特别是大型用电设备投用时，会造成厂站内母线电压降低，负载功率因数明显下降。为提高电压品质，用户通常在变频器输出端并联功率因数补偿电容器，希望可以改善电动机功率因数。

【存在弊端】将功率因数补偿电容器与浪涌吸收器连接在电动机电缆上（在变频器和电动机之间），它们的影响不仅会降低电动机的控制精度，还会在变频器输出侧形成瞬变电压，引起变频器的永久性损坏。如果在变频器的三相输入线上并联功率因数补偿电容器，必须确保该电容器和变频器不会同时充电，以避免浪涌电压损坏变频器。变频器的电流流入改善功率因数用的电容器，由于其充电电流造成变频器过电流，所以不能启动。

【应对策略】将电容器拆除后运转。至于改善功率因数，在变频器的输入侧接入 AC 电抗器是有效的。

※误区5：选用断路器作为变频器热过载和短路保护，效果比熔断器好。

断路器具备较为完善的保护功能，已广泛应用在配电设备中，大有取代传统熔断器的趋势。现在许多厂商生产的成套变频调速设备，也基本上配置了断路器（空气开关），其实这也存在一些安全隐患。

【存在弊端】在电源电缆发生短路故障时，断路器保护动作跳闸，由于断路器本身的固有动作时间而产生延时，此期间会将短路电流引入变频器内部，造成元器件损坏。

【应对策略】只要电缆是根据额定电流选型的，变频器就能保护自身、输入端和电动机电缆，以防止热过载，并不需要附加额外的热过载保护设备。配置熔断器将可在短路情况

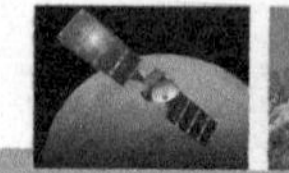

下保护输入电缆，在变频器内部短路时减少装置损坏和防止相连设备的损坏。

配置的熔断器动作时间应低于 0.5 s。动作时间取决于熔断器类型（gG 或 aR），供电网路阻抗，电源电缆的横截面积、材料和长度。当使用 gG 熔断器超出 0.5 s 动作时间时，快熔（aR）在多数情况下可将动作时间减小到一个可接受的水平。熔断器必须为无延时类型。

扫一扫看熔断器微课视频

断路器对变频器不能提供足够快的保护，因为它们的反应速度比熔断器慢。因此需要快速保护时，应使用熔断器而不是断路器。

※误区 6：变频器选型只需考虑负载功率。

许多用户在采购变频器时，通常只根据驱动电动机的功率来匹配变频器容量。其实，电动机所带动的负载不一样，对变频器的要求也不一样。

【存在弊端】由于电动机所带的负载特性存在差异，如果不充分考虑综合因素，可能会造成变频器使用不当而损坏，同时由于未配备必要的制动单元和滤波器，可能会引起安全风险。

【应对策略】针对负载的特性和类型，合理选用变频器的容量和配置。

（1）风机、水泵是最普通的负载：对变频器的要求最为简单，只要变频器容量等于电动机容量即可（空气压缩机、深水泵、泥沙泵、快速变化的音乐喷泉需加大容量）。

（2）起重机类负载：这类负载的特点是启动时冲击很大，因此要求变频器有一定余量。同时，在重物下放时，会有能量回馈，因此要使用制动单元或采用共用母线方式。

（3）不均衡负载：有的负载有时轻、有时重，此时应按照重负载的情况来选择变频器容量，如轧钢机机械、粉碎机械、搅拌机等。

（4）大惯性负载：如离心机、冲床、水泥厂的旋转窑，此类负载的惯性很大，因此启动时可能会振荡，电动机减速时有能量回馈。应该用容量稍大的变频器来加快启动，避免振荡，配合制动单元消除回馈电能。

子任务 4.2.2　变频器外围设备的选择

任务描述

变频器要实现正确、合理的运行，还需要正确选择其外围设备，这些外围设备通常是选购件。选择外围设备的目的是：提高变频器的某种性能；增强对变频器和电动机的保护；减轻变频器对其他设备的影响。

设计变频器外围设备电路，并点评分析每种器件的作用及选取原则。

任务目标

扫一扫看变频器外围设备及选择教学课件

（1）了解电源变压器及其选择。

（2）掌握断路器和接触器及其选择。

（3）了解滤波器和阻抗器及其选择。

（4）掌握制动电阻及其选择。

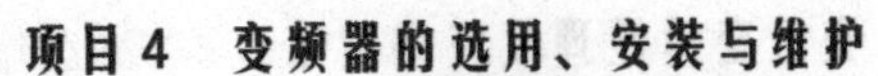

扫一扫看变频器外围设备及选择微课视频

相关知识

变频器主回路设备直接接触高电压、大电流，主回路的外围设备若选用不当，轻则变频器不能正常工作，重则损坏变频器。变频器主回路的外围设备和接线如图 4-10 所示，这是一个较齐全的主回路接线图，在实际中有些设备可不采用。

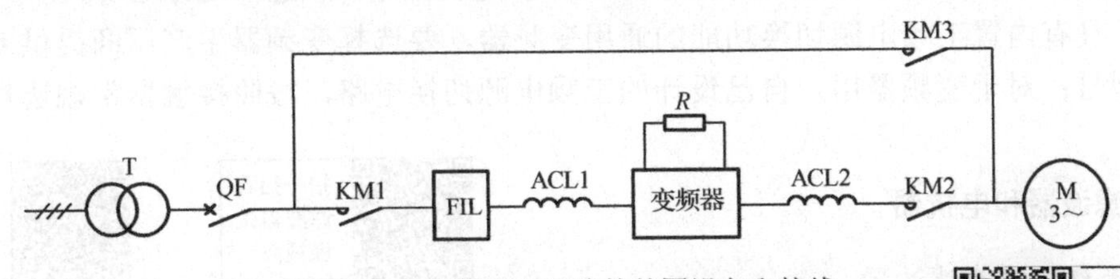

图 4-10 变频器主回路的外围设备和接线

扫一扫看电源变压器微课视频

1. 电源变压器

电源变压器用于将高压电源变换到通用变频器所需的电压等级。变频器的输入电流含有一定量的高次谐波，使电源侧的功率因数降低，若再考虑变频器的运行效率，则变压器的容量（单位为 kVA）常按下式计算：

$$变压器的容量=\frac{变频器的输出功率}{变频器的输入功率因数\times变频器的效率}$$

式中，变频器的输入功率因数在有输入交流电抗器 ACL1 时取 0.8～0.85，无输入交流电抗器 ACL1 时取 0.6～0.8；变频器的效率可取 0.95；变频器的输出功率应为所连接电动机的总功率。

2. 断路器和接触器

1）电源侧断路器

电源侧断路器用于变频器、电动机与电源回路的正常通断，并且在出现过电流或短路事故时能自动切断变频器与电源的联系，以防事故扩大。如果需要进行接地保护，也可以采用漏电保护式断路器。

扫一扫看断路器微课视频

☆注意：使用变频器都应采用断路器。

如果没有工频电源切换电路，由于在变频调速系统中电动机的启动电流可控制在较小范围内，因此电源侧断路器的额定电流可按变频器的额定电流来选用。

如果有工频电源切换电路，当变频器停止工作时，电源直接连接电动机，所以电源侧断路器应按电动机的启动电流进行选择。最好选用无熔丝断路器。

2）电源侧电磁接触器

电源侧电磁接触器用于电源的开闭，电源一旦断电，自动将变频器与电源脱开，防止重新供电时变频器自行工作，以保护设备的安全及人身安全。在变频器内部保护功能起作用时，通过电源侧电磁接触器使变频器与电源脱开。

☆注意：不要用电磁接触器进行频繁的启动或停止（变频器输入回路的开闭寿命大约为 10 万次），不能用电源侧的接触器停止变频器。当然，变频器即使无电源侧电磁接触器，也可使用。

扫一扫看接触器微课视频

3）电动机侧电磁接触器和工频电网切换用接触器

变频器和工频电源之间切换运行方式下，电动机侧电磁接触器是必不可少的，用于变频器和工频电源之间的切换运行。KM2 和 KM3 之间的互锁可以防止变频器的输出端接到工频电源上。如果不需要变频器和工频电源的切换功能，可以不用 KM3。

☆**注意**：有些机种要求 KM2 只能在电动机和变频器停机状态下进行通断。

对于具有内置工频电源切换功能的通用变频器，要选择变频器生产厂商提供或推荐的接触器型号；对于变频器用户自己设计的工频电源切换电路，按照接触器常规选择原则进行选择。

3. 滤波器和电抗器

扫一扫看滤波器微课视频

扫一扫看电抗器微课视频

1）无线电噪声滤波器

无线电噪声滤波器用于限制变频器因高次谐波对外界的干扰，可酌情选用。在电力回路中使用的交流滤波器通常有调谐滤波器和二次型高次滤波器。调谐滤波器适用于单一高次谐波的吸收，高次滤波器适用于多个高次谐波的吸收，一般将两者组合起来作为一个设备使用。

使用滤波器，要注意以下几个问题：

（1）电源滤波器只容许特定频率的电流通过，如 50 Hz 或 60 Hz 的电流，其他频率的电流受到很大的衰减。

（2）在设计滤波器的输入损耗时，要知道滤波器接入时电源的阻抗及负载阻抗（产品说明书上已注明）。如果电源的阻抗及负载阻抗与滤波器设计时的阻抗不一样，可以在输入端并接一个固定电阻。

（3）滤波器的额定电压必须满足接入电路的额定电压的要求。滤波器接入后，电路电压损耗一般要求不大于线路额定电压的 2%。

（4）滤波器接入电路后，电路的工作电流通过滤波器。因此，滤波器内的电子元件必须满足要求，否则有可能被击穿或者损坏。滤波器容许通过的电流值为额定电流，另外，由于滤波器中有电容元件，所以在外加电压的情况下有漏电电流产生。漏电电流在各电压下不能超过某一定值。

（5）滤波器在使用期限内，绝缘性能会有一定的下降。设计时应对绝缘电阻最大容许范围加以限定。滤波器接入线路后会消耗电能发出热量，所以，滤波器还要求满足一定的温度要求。

2）电源侧交流电抗器和电动机侧交流电抗器

选择合适的电抗器与变频器配套使用，既可以抑制谐波电流，降低变频器系统所产生的谐波总量，提高变频器的功率因数，又可以抑制来自电网的浪涌电流对变频器的冲击，保护变频器，降低电动机噪声，保证变频器和电动机的可靠运行。

电源侧交流电抗器 ACL1 能限制电网电压突变和操作过电压所引起的冲击电流，有效保护变频器，改善变频器的功率因数，抑制变频器输入电网的谐波电流。是否选用电源侧交流电抗器视电源变压器与变频器容量的匹配情况及电网电压容许的畸变程度而定，一般情况以选用为好。

应该安装电源侧交流电抗器的场合有以下几种：

（1）变频器容量为500 kVA以上，且变频器安装位置与大容量变压器距离在10 m以内。

（2）三相电源的电压不平衡率$K>3\%$，K按下式计算：

$$K=\frac{\text{最大一相电压}-\text{最小一相电压}}{\text{三相平均电压}}\times 100\%$$

（3）有晶闸管变流器共同使用同一电源，或者进线电源端接有通过开关切换以调整功率因数的电容器装置。

（4）需要改善变频器输入侧的功率因数（用电抗器可提高到0.75～0.85）。

电动机侧交流电抗器ACL2的主要目的和作用是补偿长线路分布电容的影响，并抑制通用变频器输出的谐波分量，降低电动机的噪声。

在一般情况下，通用变频器厂商对容许连接的电动机电缆的最大长度作了规定，使用时应参照产品说明书的规定接线。如果电缆长度超出变频器厂商容许连接电缆的最大长度不太多，工程上比较常用的方法是选用额定功率较大的变频器，即通常说的降额使用，而不是安装电抗器。另外，在许多场合通常并不需要高过负载倍数，如150%过负载，这时就可通过设定功能码来降低过负载倍数，从而可适当延长连接的电缆长度。

在选用交流电抗器时，为了减小电抗器对电能的损耗，要求电抗器的电感量与变频器的容量相适应。表4-1列出了常用交流电抗器的规格。

表4-1 常用交流电抗器的规格

电动机容量/kW	30	37	45	55	75	90	110	132	160	200	220
变频器容量/kW	30	37	45	55	75	90	110	132	160	200	220
电感量/mH	0.32	0.26	0.21	0.18	0.13	0.11	0.09	0.08	0.06	0.05	0.05

4. 制动电阻

制动电阻用于吸收电动机再生制动的再生电能，可以缩短大惯量负载的自由停车时间；还可以在位能负载下放时，实现再生运行。

异步电动机停止或减速时，如果轴转速高于变频器指令转速，则异步电动机处于再生发电运行状态。运动系统所存储的动能经逆变器回馈到直流侧，中间直流回路的滤波电容的电压会因吸收这部分回馈能量而提高。如果回馈能量较大，则有可能使变频器的过电压保护功能动作。利用制动电阻可以耗散这部分能量，使电动机的制动能力提高。制动电阻的选择，包括制动电阻的阻值及转矩的计算，可按如下步骤进行。

1）制动转矩的计算

制动转矩的计算公式为：

$$T_{\mathrm{B}}=\frac{(\mathrm{GD}_{\mathrm{M}}^{2}+\mathrm{GD}_{\mathrm{L}}^{2})(n_{1}-n_{2})}{375t_{\mathrm{s}}}-T_{\mathrm{L}} \tag{4-13}$$

式中，$\mathrm{GD}_{\mathrm{M}}^{2}$为电动机的飞轮矩，单位是$\mathrm{Nm}^2$；$\mathrm{GD}_{\mathrm{L}}^{2}$为负载折算到电动机轴上的飞轮矩，单位是$\mathrm{Nm}^2$；$T_{\mathrm{L}}$为负载转矩，单位是$\mathrm{Nm}^2$；$n_1$为开始减速时的速度，单位是r/min；$n_2$为减速完成时的速度，单位是r/min；$t_{\mathrm{s}}$为减速时间，单位是s。

2）制动电阻阻值的计算

在附加制动电阻进行制动的情况下，电动机内部的有功损耗部分折合成制动转矩，大约为电动机额定转矩的20%。考虑到这一点，制动电阻为：

$$R_{BO}=\frac{U_D^2}{0.1047(T_B-0.2T_M)n_1} \tag{4-14}$$

式中，U_D为直流回路电压，单位是V；T_B为制动转矩，单位是Nm^2；T_M为电动机额定转矩，单位是Nm^2；n_1为开始减速时的速度，单位是r/min。

当系统所需制动转矩$T_B<0.2T_M$，即制动转矩在额定转矩的20%以下时，则不需要另外的制动电阻，仅电动机内部的有功损耗的作用，就可使中间直流回路电压限制在过电压保护的动作水平以下。

在制动晶体管和制动电阻构成的放电回路中，其最大电流受制动晶体管的最大容许电流I_C的限制。制动电阻的最小容许值为：

$$R_{min}=\frac{U_D}{I_C} \tag{4-15}$$

式中，U_D为直流回路电压，单位是V。

因此，选用的制动电阻应由下式来决定：

$$R_{min}<R_B<R_{BO} \tag{4-16}$$

3）制动时平均消耗功率的计算

如前所述，制动中电动机自身损耗的功率相当于20%额定值的制动转矩，因此，制动电阻上消耗的平均功率P_{RO}(kW)为：

$$P_{RO}=0.1047(T_B-0.2T_M)\frac{n_1+n_2}{2}\times10^{-3} \tag{4-17}$$

4）制动电阻额定功率的计算

制动电阻额定功率的选择与电动机的工作方式相关，根据电动机的运行模式，可以确定制动时的平均消耗功率和制动电阻的容许功率提高系数m，据此可以求出制动电阻的额定功率P_R(kW)，即

$$P_R=\frac{P_{RO}}{m} \tag{4-18}$$

根据如上计算得到R_{BO}和P_R，可在市场上选择合乎要求的标准电阻。

制动电阻的阻值和电动机容量的对应关系如表4-2所示。

表4-2　制动电阻的阻值和电动机容量的对应关系

电动机容量/kW	电阻值/Ω	电阻功率/kW	电动机容量/kW	电阻值/Ω	电阻功率/kW
0.40	1000	0.14	5.50	110	1.30
0.75	750	0.18	7.50	75	1.80
1.50	350	0.40	11.0	60	2.50
2.20	250	0.55	15.0	50	4.00
3.70	150	0.90	18.4	40	4.00

续表

电动机容量/kW	电阻值/Ω	电阻功率/kW	电动机容量/kW	电阻值/Ω	电阻功率/kW
22.0	30	5.00	110	7.0	27
30.0	24	8.00	132	7.0	27
37	20.0	8	160	5.0	33
45	16.0	12	200	4.0	40
55	13.6	12	220	3.5	45
75	10.0	20	280	2.7	64
90	10.0	20	315	2.7	64

不同品牌的变频器，其外围设备及其选择条件也有许多差别，应根据其说明书尽量选用厂家推荐的外围设备。

任务实施

正确选择变频器的主电路和外围设备，并分析完成以下问题：

（1）设计工频、变频切换变频器主电路。

（2）变频器的正常过电流情况有哪些？如何选择断路器的额定电流？

（3）如何正确地根据接触器连接位置选择其额定电流？

（4）在哪些情况下需要输入交流电抗器？

（5）接入变频器外围制动电阻的作用是什么？如何正确地选择制动电阻的阻值？

任务拓展

通用变频器都具有内部电子热敏保护功能，不需要热继电器保护电动机，但遇到下列情况时，应考虑使用热继电器：

（1）在 10 Hz 以下或 60 Hz 以上连续运行时。

（2）一台变频器驱动多台电动机时。

☆注意：如果导线过长（10 m 或更长），继电器会过早跳开，在此情况下应在输出侧串入滤波器或者利用电流传感器。50 Hz 时热继电器的设定值为电动机额定电流的 1.0 倍，60 Hz 时热继电器的设定值为电动机额定电流的 1.1 倍。

扫一扫看 2019 年职业技能大赛-现代电气控制系统安装与调试-智能立体车库任务书

任务测验 11

一、选择题

1．变频器输入端安装交流电抗器的作用有（　　）。

A．改善电流波形、限流　　B．减小干扰、限流

C．保护器件、改善电流波形、减小干扰　　D．限流、与电源匹配

2．在变频器的输出侧切勿安装（　　）。

A．移相电容　　B．交流电抗器　　C．噪声滤波器　　D．测试仪表

3．变频器的干扰有电源干扰、地线干扰、串扰、公共阻抗干扰等。尽量缩短电源线和地线是竭力避免（　　）。

A．电源干扰　　B．地线干扰　　C．串扰　　D．公共阻抗干扰

4．变频器的控制电缆布线应尽可能远离供电电源线，（　　）。

A．用平行电缆且单独走线槽　　B．用屏蔽电缆且汇入走线槽

C．用屏蔽电缆且单独走线槽　　D．用双绞线且汇入走线槽

5．变频器安装场所周围的震动加速度应小于（　　）m/s^2。

A．1　　B．6.8　　C．9.8　　D．10

6．变频器的冷却风扇使用（　　）年应更换。

A．1　　B．3　　C．5　　D．10

7．用户根据使用情况，每（　　）月对变频器进行一次定期检查。

A．1～3　　B．3～6　　C．6～9　　D．12个月

8．在变频调速系统中，变频器的热保护功能能够更好地保护电动机的（　　）。

A．过热　　B．过电流　　C．过电压　　D．过载

二、填空题

1．直流电抗器的主要作用是改善变频器的输入________________，防止电源对变频器的影响，保护变频器及抑制________________。

2．输出电磁滤波器安装在变频器和______之间，抑制变频器输出侧的______电压。

3．变频器安装场所周围的震动加速度应不小于________。

4．变频器的输出侧不能接_______或__________，以免造成开关管过电流损坏或变频器不能正常工作。

三、分析解答题

1．为什么根据工作电流选取变频器，更能使其安全工作？

2．为什么要把变频器与其他控制部分分区安装？变频器的控制信号线和输出线都采用屏蔽电缆安装，其目的有什么不同？

任务 4.3　变频器的调试与维护

子任务 4.3.1　变频器系统的调试

任务描述

（1）归纳变频器系统的调试步骤和方法。

（2）区分变频器空载调试和带负载调试的不同，归纳两种调试方法的关键内容。

任务目标

（1）掌握变频器系统的调试原则、内容及步骤。

（2）学会变频器系统的调试方法。

扫一扫看变频器系统的调试微课视频

扫一扫看变频器系统的调试教学课件

相关知识

变频器安装和接线后需要进行调试，调试时先要对系统进行检查，然后按照“先空载，再轻载，后重载”的原则进行调试。

1. 检查

在变频调速系统试车前，先要对系统进行检查。检查分为断电检查和通电检查。

1）断电检查

断电检查内容主要有以下几项：

（1）外观、结构的检查。主要检查变频器的型号、安装环境是否符合要求，装置有无损坏和脱落，电缆线径和种类是否合适，接线有无松动、错误，接地是否可靠等。

（2）绝缘电阻的检查。在测量变频器主回路的绝缘电阻时，要将 R、S、T 端子（输入端子）和 U、V、W 端子（输出端子）都连接起来，再用 500 V 的绝缘电阻表测量这些端子与接地端之间的绝缘电阻，正常时绝缘电阻应在 10 MΩ 以上。在测量控制回路的绝缘电阻时，应采用万用表 $R\times10\ k\Omega$ 挡测量各端子与地之间的绝缘电阻，不能使用绝缘电阻表或其他高电压仪表测量，以免损坏控制回路。

（3）供电电压的检查。检查主回路的电源电压是否在容许范围之内，避免变频调速系统在容许电压范围外工作。

2）通电检查

通电检查内容主要有以下几项：

（1）检查显示是否正常。通电后，变频器显示屏会有显示，不同变频器通电后显示内容会有所不同，应对照变频器操作说明书观察显示内容是否正常。

（2）检查变频器内部风机能否正常运行。通电后，变频器内部风机开始运转（有些变频器工作时需达到一定温度，风机才运行，可查看变频器说明书），用手在出风口感觉风量是否正常。

2. 熟悉变频器的操作面板

不同品牌的变频器，操作面板会有差异，在调试变频调速系统时，先要熟悉变频器的操作面板。在操作时，可对照操作说明书对变频器进行一些基本的操作，如测试面板各按键的功能、设置变频器的一些参数等。

3. 空载试验

在进行空载试验时，先脱开电动机的负载，再将变频器输出端与电动机连接，然后进行通电试验，试验步骤如下：

（1）启动试验。先将频率设为0 Hz，然后慢慢调高频率至50 Hz，观察电动机的升速情况。

（2）电动机参数检测。带有矢量控制功能的变频器需要通过电动机空载运行来自动检测电动机的参数，其中有电动机的静态参数（如电阻、电抗），还有动态参数（如空载电流等）。

（3）基本操作。对变频器进行一些基本操作，如启动、点动、升速和降速等。

（4）停车试验。让变频器在设定的频率下运行 10 min，然后将频率迅速调到 0 Hz，观察电动机的制动情况。如果停车过程正常，空载试验结束。

4. 带载试验

空载试验通过后，再接上电动机负载进行试验。带载试验主要有启动试验、停车试验和带载能力试验。

1）启动试验

启动试验的主要内容有以下几项：

（1）将变频器的工作频率由 0 Hz 开始慢慢调高，观察系统的启动情况，同时观察电动机负载运行是否正常。记下系统开始启动的频率，若在频率较低的情况下电动机不能随频率上升而运转起来，说明启动困难，应进行转矩补偿设置。

（2）将显示屏切换至电流显示，再将频率调到最大值，使电动机按设定的升速时间上升到最高转速，在此期间观察电流变化。若在升速过程中变频器出现过电流保护而跳闸，说明升速时间不够，应设置延长升速时间。

（3）观察系统启动升速过程是否平稳。对于大惯性负载，按预先设定的频率变化率升速或降速时，有可能会出现加速转矩不够，导致出现电动机转速与变频器输出频率不协调，这时应考虑低速时设置暂停升速功能。

（4）对于风机类负载，应观察停机后风叶是否因自然风而反转，若有反转现象，应设置启动前的直流制动功能。

2）停车试验

停车试验内容主要有以下几项：

（1）将变频器的工作频率调到最高频率，然后按下停机键，观察系统是否出现过电流或过电压而跳闸现象，若有此现象出现，应延长减速时间。

（2）当频率降到0 Hz 时，观察电动机是否出现“爬行”现象（电动机停不住），若有此

现象出现，应考虑设置直流制动。

3）带载能力试验

带载能力试验的内容主要有以下几项：

（1）在负载要求的最低转速时，电动机带额定负载长时间运行，观察电动机的发热情况，若发热严重，应对电动机进行散热。

（2）在负载要求的最高转速时，变频器工作频率高于额定频率，观察电动机能否驱动这个转速下的负载。

任务实施

归纳变频器系统的调试步骤和方法，并填写完成表4-3。

表4-3 变频器调试步骤和方法

变频器调试步骤	对应内容	具体操作
检查		
熟悉变频器的操作面板		
空载试验		
带载试验		

任务拓展

1. 系统调试

（1）手动操作变频器面板的上停止键，观察电动机的运行、停止过程及变频器的显示状态，看是否有异常现象。如果有异常现象，相应地改变预定参数后再运行。

（2）如果启动、停止电动机的过程中变频器出现过电流保护动作，应重新设定加速、减速时间。

（3）电动机在加、减速时的加速度取决于加速转矩，而变频器在启动、制动过程中的频率变化率是用户设定的。当电动机的转动惯量或电动机负载变化，按预先设定的频率变化率升速或减速时，有可能出现加速转矩不够，从而造成电动机失速，即出现电动机转速与变频器输出频率不协调，从而造成过电流或过电压。因此，需要根据电动机的转动惯量和负载合理设定加、减速时间，使变频器的频率变化率能与电动机的转速变化率相协调。检查此项设定是否合理的方法是，先按经验选定加、减速时间，若在启动过程中出现过电流，则可适当延长加速时间；若在制动过程中出现过电流，则适当延长减速时间。另一方面，加、减速时间不宜设定太长，时间太长时将影响生产效率，特别是频繁启动、制动时。

（4）如果变频器在限定的时间内仍然发生保护动作，应改变启动/停止的运行曲线，从直线改为S形、U形线或反S形、反U形线。电动机负载惯性较大时，应该采用更长的启动/停止时间，并且根据其负载特性设置运行曲线类型。

（5）如果变频器仍然存在运行故障，应尝试增大最大电流的保护值，但是不能取消保护，应留有至少 10%的保护余量。

（6）如果变频器的运行故障总是发生，应更换更大一挡功率的变频器。

（7）如果变频器带动电动机在启动过程中达不到预设速度，可能有两种情况：

① 系统发生机电共振，可以从电动机运转的声音进行判断。采用设置频率跳跃值的方法可以避开共振点。一般变频器能设定 3 级跳跃点。*U/f* 控制的变频器驱动异步电动机时，在某些频率段，电动机的电流、转速会发生振荡，严重时系统无法运行，甚至在加速过程中出现过电流保护，使得电动机不能正常启动，在电动机轻载或转动惯量较小时更为严重。普通变频器均备有频率跨跳功能，用户可以根据系统出现振荡的频率点，在 *U/f* 曲线上设置跨跳点及跨跳宽度。当电动机加速时可以自动跳过这些频率段，保证系统能够正常运行。

② 电动机的转矩输出能力不够。不同品牌的变频器出厂参数设置不同，在相同的条件下，也可能因变频器的控制方法不同，造成电动机的带负载能力不同；或因系统的输出效率不同，造成带负载能力会有所差异。对于这种情况，可以增大转矩提升量的值。如果达不到，可用手动转矩提升功能，不能设定得过大，电动机这时的温升会增加。如果仍然不行，应改用新的控制方法。例如，日立变频器采用 *U/f* 比值恒定的方法，启动达不到要求时，改用无速度传感器空间矢量控制方法，它具有更大的转矩输出能力。风机和泵类负载，应减少降转矩的曲线值。

2. 变频器与上位机相连进行系统调试

（1）在手动操作基本设定完成后，如果系统中有上位机，将变频器的控制线直接与上位机控制线相连，并将变频器的操作模式改为端子控制。根据上位机系统的需要，调节变频器接收频率信号端子的量程 0～5 V 或 0～10 V，以及变频器对模拟频率信号采样的响应速度。如果需要另外的监视表头，应选择模拟输出的监视量，并调整变频器输出监视量端子的量程。

（2）变频器与上位机联机调试时可能会遇到的问题：

① 上位机给出控制信号后，变频器不执行或不接收指令。

② 上位机给出控制信号后，变频器能执行指令但有误差或不精确。

原因：有的上位机（如 PLC）输出的是 24 V 的直流信号，而变频器的主控板端子只接收无源信号，如果直接从 PLC 端子放线到变频器的主控板端子，变频器是不会有动作的，这时应考虑外加 24 V 直流继电器，输出一个开关信号到变频器的主控板端子，也能提高抗干扰能力。同时检查变频器的支持协议与接口方式是否正确。

子任务 4.3.2　变频器的日常维护与检查

任务描述

对实训使用的变频器进行一次日常检查和定期维护检查，并填写维护记录单。

任务目标

（1）掌握变频器的日常检查内容。

（2）掌握变频器的定期检查内容。

（3）能够对变频器进行日常检查和定期检查。

相关知识

扫一扫看变频器的日常检查与维护教学课件

扫一扫看变频器的日常检查与维护微课视频

1. 日常检查

在进行变频器的日常检查时，必须切断电源，使主电路的电容充分放电，确认电容放电结束后再进行操作。可不取下变频器外盖，而在外部目测变频器的运行状况，观察有无异常情况。

通常要检查以下内容：

（1）运行性能是否符合标准规范。

（2）周围环境是否符合标准规范。

（3）键盘面板显示是否正常。

（4）有无异常噪声、振动和异味。

（5）有无过热或变色等异常情况。

2. 定期检查

变频器需要做定期检查时，须先停止运行，切断电源，打开机壳，然后再进行检查。

☆注意：切断电源主电路，滤波电容放电需要一定时间，应在充电指示灯熄灭后，用万用表或其他仪表确认直流电压已降到安全电压（DC 25 V）以下再进行检查，检查可按表 4-4 所列内容进行。

表 4-4　定期检查

检查部分		检查项目	检查方法	判定标准
周围环境		（1）确认环境温度，震动，有无灰尘、气体、油雾、水滴等； （2）周围有无放置工具等异物和危险品	（1）目视和仪器测量； （2）目视	（1）符合技术规范； （2）没放置
操作面板		（1）显示清晰； （2）不缺少字符	（1）、（2）目视	（1）、（2）能显示，没有异常
框架盖板等结构		（1）没有异常声音、异常震动； （2）螺栓等紧固件没有松动和脱落； （3）没有变形损坏； （4）没有由于过热而变色的现象； （5）没有附着灰尘、污损	（1）依据目视、听觉； （2）拧紧； （3）、（4）、（5）目视	（1）、（2）、（3）、（4）、（5）没有异常
主电路	公共	（1）螺栓等没有松动和脱落； （2）机器、绝缘体没有变形、裂纹、破损或由于过热和老化而变色的现象； （3）没有附着污损、灰尘	（1）拧紧； （2）、（3）目视	（1）、（2）、（3）没有异常（铜排变色不表示特性有问题）
	导体导线	（1）导体没有由于过热而变色和变形； （2）电线护层没有破裂和变色	（1）、（2）目视	（1）、（2）没有异常
	端子排	没有损伤	目视	没有异常

续表

检查部分		检查项目	检查方法	判定标准
主电路	滤波电容	（1）没有漏液、变色、裂纹和外壳膨胀； （2）安全阀没有出来，阀体没有显著膨胀； （3）按照需要测量静电容量	（1）、（2）目视； （3）根据维护信息判断寿命	（1）、（2）没有异常； （3）静电容量不小于初始值的 0.85 倍
	电阻	（1）没有由于过热产生异味和绝缘体开裂； （2）没有断线	（1）依据嗅觉、目视； （2）依据目视或卸开一端的连接，用万用表测量	（1）没有异常； （2）电阻值在±10%标称值以内
	变压器、电抗器	没有异常的震动声和异味	依据听觉、目视、嗅觉	没有异常
	电磁接触器 继电器	（1）工作时没有震动声音； （2）触点接触良好	（1）依据听觉； （2）目视	（1）、（2）没有异常
控制电路	控制印制电路板、连接器	（1）螺钉和连接器没有松动； （2）没有异味和变色； （3）没有裂缝、破损、变形、显著锈蚀； （4）电容没有漏液和变形痕迹	（1）拧紧； （2）依据嗅觉、目视； （3）目视； （4）目视并根据维护信息判断寿命	（1）、（2）、（3）、（4）没有异常
冷却系统	冷却风扇	（1）没有异常声音和异常振动； （2）螺栓等没有松动； （3）没有由于过热而变色	（1）依据听觉、目视、用手转动（必须切断电源）； （2）拧紧； （3）依据目视	（1）旋转平衡； （2）、（3）没有异常
	通风道	散热片和进气、排气口没有堵塞和附着异物	目视	没有异常

一般变频器的定期检查应 1 年进行一次，绝缘电阻检查可以 3 年进行一次。

扫一扫看绝缘电阻微课视频

由于变频器由多种部件组装而成，在正常使用 6～10 年后，就会进入故障高发期，某些部件的性能降低、劣化，这是故障发生的主要原因。为了长期安全生产，某些部件必须及时更换。变频器定期检查的目的就是根据键盘面板上显示的维护信息，估算零部件的使用寿命，及时更换元器件。

扫一扫看滤波电容微课视频

（1）更换滤波电容。变频器中间直流回路中使用的大容量电解电容，由于脉冲电流等因素的影响，其性能会劣化。劣化受周围温度及使用条件影响很大，在一般情况下，使用寿命大约为 5 年。电容劣化经过一定时间后发展迅速，所以检查周期最长为 1 年，接近使用寿命时，最好半年以内检查一次。

（2）更换冷却风扇。变频器主回路半导体器件的冷却风扇用于加速散热，冷却风扇的使用寿命受到轴承的限制，为（1.0～3.5）$\times 10^3$ h。当变频器连续运行时，每 2～3 年需更换一次冷却风扇或轴承。

（3）更换定时器。定时器在使用数年后，动作时间会有很大变化，所以应检查动作时间并进行更换。继电器和接触器经过长久使用会发生接触不良的现象，需根据开关寿命进行更换。

（4）更换熔断器。熔断器的额定电流大于负载电流，在正常使用条件下，寿命约为 10 年，可按此时间更换。

3. 变频器故障的检修

扫一扫看变频器维修微课视频

现代变频器具有较完善的自诊断功能、保护及报警功能。熟悉这些功能对正确使用和维修变频器是极其重要的。当变频调速系统出现故障时，变频器大多能自动停车保护，并给出提示信息，检修时应以这些显示信息为线索，依据变频器使用说明书中有关指示故障原因的内容，分析故障范围，同时采用合理的测试手段确认故障点并进行维修。

通常，变频器的控制核心（微处理器系统）出现故障的概率很低。即使发生故障，用常规手段也难以检测发现。当系统出现故障时，应将检修的重点放在主电路及微处理器以外的接口电路部分。变频器常见故障原因及处理方法如表4-5所示。

表4-5　变频器常见故障原因及处理方法

保护功能		异常原因	对策
欠电压保护	主电路电压不足；瞬时停电保护，控制电路电压不足	电源容量不足；线路压降过大造成电源电压过低；变频器电源电压选择不当（11 kW 以上）；处于同一电源系统的大容量电动机启动；用发电动机供电的电源进行急速加速；切断电源的情况下，执行运转操作，电源端电磁接触器发生故障或接触不良	检测电源电压；检测电源容量及电源系统
过电流保护		加减速时间太短；变频器输出端直接接通电动机电源；变频器输出端发生短路或接地现象；额定值大于变频器容量的电动机启动；驱动的电动机是高速电动机、脉冲电动机或其他特殊电动机	由于可能引起晶体管故障，须认真检查，排除故障后再启动
对地短路保护		电动机的绝缘劣化；负载侧接线不良	检查电动机或负载侧接线是否与地线之间有短路
过电压保护		减速时间太短；出现负负载（由负载带动旋转）；电源电压过高	制动力矩不足，延长减速时间；适当延长减速时间，如仍不能解决问题，选用制动电阻或制动电阻单元
熔丝熔断		过电流保护重复动作；过载保护的电源复位重复动作；过励磁状态下急速加减速（*U/f* 特性不适）；外来干扰	排除故障，确定主电路晶体管无损坏后，更换熔丝后再运行
散热片过热		冷却风扇故障，周围温度太高，过滤网堵塞	更换冷却风扇或清理过滤网；将周围温度控制在 40 ℃以下（封闭悬挂式）或 50 ℃以下（柜内安装式）
过载保护	电动机变频器过转矩	过负载；低速长时间运转；*U/f* 特性不当等；电动机额定电流设定错误；生产机械异常或由于过载使电动机电源超过设定值；因机械设备异常或过载等原因使电动机中电流超过设定值	查找过载的原因，核对运转状况、*U/f* 特性、电动机及变频器的容量（变频器过载保护动作后须找出原因并排除后方可重新通电，否则有可能损坏变频器）；检查生产机械的使用状况，或者将设定值上调到最大容许值
制动晶体管异常		制动电阻的阻值太小；制动电阻被短路或接地	检查制动电阻的阻值或抱闸的使用率，更换制动电阻或考虑加大变频器容量

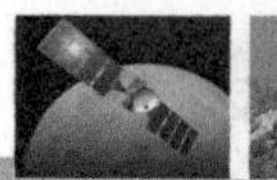

续表

保护功能	异常原因	对策
制动电阻过热	频繁启动、停止；连续长时间再生回馈运转；减速时间过短	缩短减速时间，或使用附加的制动电阻及制动单元
冷却风扇异常	冷却风扇故障	更换冷却风扇
外部异常信号输入	外部异常条件成立	排除外部异常
控制电路故障，选件接触不良，选件故障，参数写入出错	外来干扰；过强的震动、冲击	重新确认系统参数，记下全部数据后进行初始化，切断电源后，再投入电源，如仍异常，则需与厂家联系
通信错误	外来干扰；过强的震动、冲击；通信电缆接触不良	重新确认系统参数，记下全部数据后进行初始化；切断电源后再投入电源，如仍出现异常，则需与厂家联系；检查通信电缆

扫一扫看 2019 年职业技能大赛-现代电气控制系统安装与调试-智能立体车库任务书

任务实施

对变频器进行一次日常检查和定期检查维护，并填写检查任务单。

任务拓展

【例 4-1】 西门子 MM440 变频器的 AOP 面板仅能存储一组参数。

处理方法：变频器选型手册中介绍 AOP 面板中能存储 10 组参数，但在用 AOP 面板做第二台变频器参数的备份时，显示“存储容量不足”。其解决办法如下：

（1）在菜单中选择“语言”项。

（2）在“语言”项中选择一种不使用的语言。

（3）按 Fn+A 组合键选择删除，经提示后，按 P 键确认。

这样，AOP 面板就可以存储 10 组参数。造成这种现象的原因可能是设计时 AOP 面板中的内存不够。

【例 4-2】 在 MM440 变频器调试过程中发现只有参数 P0003 和 P0004 能被修改，其余参数都是只读，不能被修改。

处理方法：这是由于用户在调试过程中修改了参数 P0927（该参数用于定义修改参数的接口）造成的。

其定义如下：

Bit00：Profibus/CB。

Bit01：BOP。

Bit02：BOP 链路的 USS。

Bit03：COM 链路的 USS。

某位为“1”时，表示该位有效。Bit01 为“1”，表示用户可通过 BOP 修改参数。

通常情况下，该参数被设定为全部有效，即 P0927 显示“--nn”。

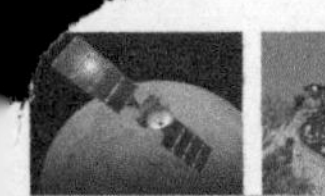

【例 4-3】怎样实现用编码器作为速度给定？

处理方法：编码器装在与纱锭相连的测速轴上，作为变频器 MM440 的速度给定，如图 4-11 所示。

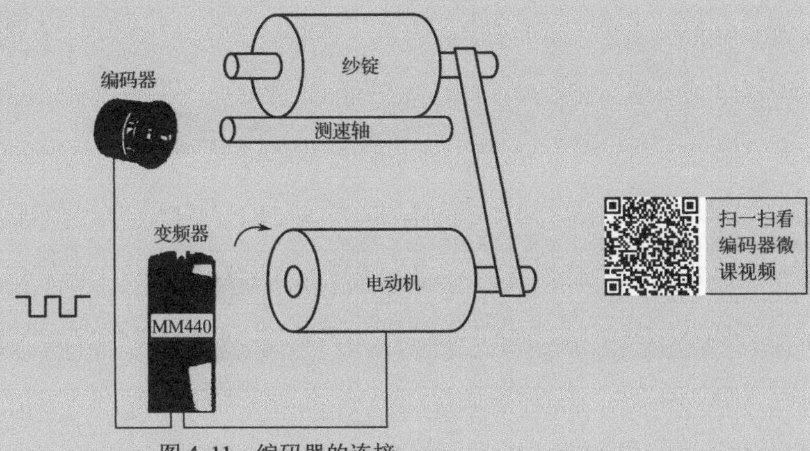

图 4-11　编码器的连接

用编码器作为速度给定，需要做以下参数设置：

（1）P1300 不能为 21 或 23，即不能为闭环速度或闭环转矩控制。

（2）P0400 设为 1 或 2，激活编码器对速度进行检测。

（3）P1070 设定为 63。

【例 4-4】使用 MM440 变频器时转矩提升功能无效。

处理方法：转矩提升功能主要用于启动大惯量负荷或摩擦性负荷，要求启动有足够大的力矩，如拉丝机、回转窑等。许多用户在使用 MM440 变频器的转矩提升功能时发现根本没用，这主要是用户没有正确设置参数，在不同的控制模式下，转矩提升功能的参数不一样。使用 MM440 变频器的转矩提升功能主要考虑以下两种情况：

（1）*U*/*f* 模式：在这种模式下有 3 种提升，即连续转矩提升 P1310、加速度转矩提升 P1311 及启动转矩提升 P1312。

（2）矢量控制模式：在这种模式下，如要加转矩提升功能，则必须设定参数 P1610、连续转矩提升或加速度转矩提升 P1611。

【例 4-5】在 MM440 变频器调试过程中，当设定某个数字量输入点功能为“选择固定频率”+“ON”时，闭合该点，频率设定值有效，但变频器不能运行。

处理方法：当任意一个数字量设定为该功能时（如使用端子 5，对应参数 P0701=17），ON/OFF1 命令是否有效取决于全部 4 个固定频率 FF 方式位（P1016～P1019）的设定值。只有当 4 个全部设定为 3 时，ON/OFF 命令选择开关才能为 1，即此时运行命令来自于“或”的输出。这时，闭合相应的端子，变频器才可能运行。

☆**注意：**设定好参数后，不要随意更改相应端子的定义，如设定 P0701=P0702=P0703=P0704=17，则相应的 P1016～P1019 为 3。闭合相应开关，变频器即按照所选频率运行。

若改变其中任意一个数字量功能，如更改 P0701=9，则端子 5 不用于该功能，相应的参数 P1016 将恢复工厂值 1。此时无论怎样操作，该功能均无效。必须重新用手动设置，以保证 P1016～P1019 为 3。

任务测验 12

一、选择题

1．对变频调速系统的调试工作，应遵循（　　）的一般规律。

A．先空载，后轻载，再重载　　B．先轻载，后空载，再重载

C．先轻载，后重载，再空载　　D．先重载，后轻载，再空载

2．在变频调速系统中，变频器的热保护功能能够更好地保护电动机的（　　）。

A．过热　　B．过电流　　C．过电压　　D．过载

3．变频器有时出现轻载时过电流保护，原因可能是（　　）。

A．变频器选配不当　　B．U/f 比值过小

C．变频器电路故障　　D．U/f 比值过大

4．变频调速时电压补偿过大会出现（　　）情况。

A．负载轻时，电流过大　　B．负载轻时，电流过小

C．电动机转矩过小，难以启动　　D．负载重时，不能带负载

5．在负载不变的情况下，变频器出现过电流故障，原因可能是（　　）。

A．负载过重　　B．电源电压不稳

C．转矩提升功能设置不当　　D．斜坡时间设置过长

6．变频器在停车过程中出现过电压故障，原因可能是（　　）。

A．斜波时间设置过短　　B．转矩提升功能设置不当

C．散热不良　　D．电源电压不稳

二、变频器定期检查

变频器定期检查应在停止运行并切断电源后进行，结合某应用系统将表 4-6 所示定期检查项目填写完整。

表 4-6　变频器的定期检查项目

检查项目		检查内容
电压		
控制面板		
框架		
主电路	导体及连接导线	
	接线端子	
	滤波电容	
	电抗器	
	接触器和继电器	
控制电路板		
冷却系统	冷却风机	
	冷却风道	